高等学校电子信息类专业系列教材

线天线与面天线

张志亚　吴华宁　左少丽　编

西安电子科技大学出版社

内 容 简 介

本书全面系统地介绍了天线工程设计的内容以及各类天线的工程设计方法。全书包括绪论、线天线理论基础、天线基本参数、对称振子天线、直立天线、引向天线与短背射天线、非频变天线、口径天线理论基础、喇叭天线、反射面天线、偏置反射面天线、卡塞格伦反射面天线和环焦反射面天线。

本书既可以为天线设计人员提供各种常用类型的线天线和面天线的设计思路和方法，也能够为他们的科研实践提供帮助。本书适合作为电磁场和微波技术相关专业学生的教材，也可作为专业技术人员的参考资料。

图书在版编目（CIP）数据

线天线与面天线 / 张志亚，吴华宁，左少丽编. -- 西安：西安电子科技大学出版社，2024. 11. -- ISBN 978-7-5606-7318-9

Ⅰ. TN82

中国国家版本馆 CIP 数据核字第 20246MM300 号

策　　划　陈　婷　李惠萍
责任编辑　李惠萍
出版发行　西安电子科技大学出版社（西安市太白南路 2 号）
电　　话　(029) 88202421　88201467　　　邮　编　710071
网　　址　www. xduph. com　　　　　　电子邮箱　xdupfxb001@163. com
经　　销　新华书店
印刷单位　陕西博文印务有限责任公司
版　　次　2024 年 11 月第 1 版　2024 年 11 月第 1 次印刷
开　　本　787 毫米×1092 毫米　1/16　印张 15.5
字　　数　364 千字
定　　价　39.00 元
ISBN 978-7-5606-7318-9
XDUP 7619001-1
＊＊＊如有印装问题可调换＊＊＊

前 言
PREFACE

天线是一种非常重要的电子设备，能够实现导行波与在自由空间传播的电磁波之间的转换。在无线电设备中，天线是用来发射或接收电磁波的主要设备，起到了至关重要的作用。随着人类社会逐步进入信息时代，通信系统中的天线理论也受到了广泛的关注和高度的重视。

在本书中，作者基于从事天线课程教学和科研的经历，参考国内外同类教材，系统地介绍了线天线和面天线的理论和应用。

本书在介绍线天线的基础理论时，首先从天线的辐射原理出发，介绍了天线的基本分析方法，然后详细介绍了各种典型的线天线，包括对称振子天线、直立天线、引向天线、短背射天线以及非频变天线，对每种天线的结构、特点、电性能以及应用场景都进行了详细介绍。此外，本书还通过丰富的实例、照片和图表，帮助读者更好地理解天线的理论和应用。

在介绍面天线的基础理论时，本书首先介绍了面天线的分类、辐射原理以及电性能指标，然后详细介绍了各种典型的面天线，包括喇叭天线和反射面天线，对每种天线的结构、特点、电性能以及应用场景都进行了详细介绍。

总的来说，本书系统性强，由浅入深，推导充分，便于学生自学。通过学习本书，读者可以深入了解天线的基本理论和应用，为进一步研究天线技术打下坚实的基础。建议读者在学习的过程中注重实践和实验，以更好地理解天线的特性，掌握天线的调试和优化方法。

本书的编写得到了西安电子科技大学出版社的鼓励和支持，在此表示衷心的感谢。同时，也要感谢那些对本书提供帮助和指导的专家和学者。

尽管作者在编写本书的过程中力求做到准确和完善，但限于水平和时间，书中可能还存在一些不足之处，恳请读者批评指正，以便在后续版本中进行改进和完善。

作 者
2024 年 6 月

目　录　CONTENTS

绪　　论

天线随处可见，它与我们的日常生活密切相关。例如，收音机需要天线，电视机需要天线，手机也需要天线。在一些建筑物以及汽车、轮船、飞机上都可以看见各种形式的天线。收音机、电视机使用的天线一般是接收天线；广播电视台使用的天线为发射天线；手机天线则收发共用。

实际上，一切无线电设备（包括无线电通信、广播、电视、雷达、导航等系统）都是利用无线电波来进行工作的，从几十兆赫的超长波到四十多千兆赫的毫米波其发射和接收都要通过天线来实现。天线是这样一个部件：发射时，它将电路中的高频电流或馈电传输线上的导行波有效地转换成某种极化的空间电磁波，向规定的方向发射出去；接收时，则将来自空间特定方向的某种极化的电磁波有效地转换为电路中的高频电流或传输线上的导行波。

0.1　天线的功能要求

1. 能量转换

如图 0.1-1 所示，用作发射天线时，天线应将电路中的高频电流能量或传输线上的导行波能量尽可能多地转换为空间的电磁波能量辐射出去；用作接收天线时，天线应将接收的电磁波能量最大限度地转换为电路中的高频电流能量输送到接收机。这就要求天线与发射机源尽可能匹配，或与接收机负载尽可能匹配。一副好的天线就是一个好的能量转换器。

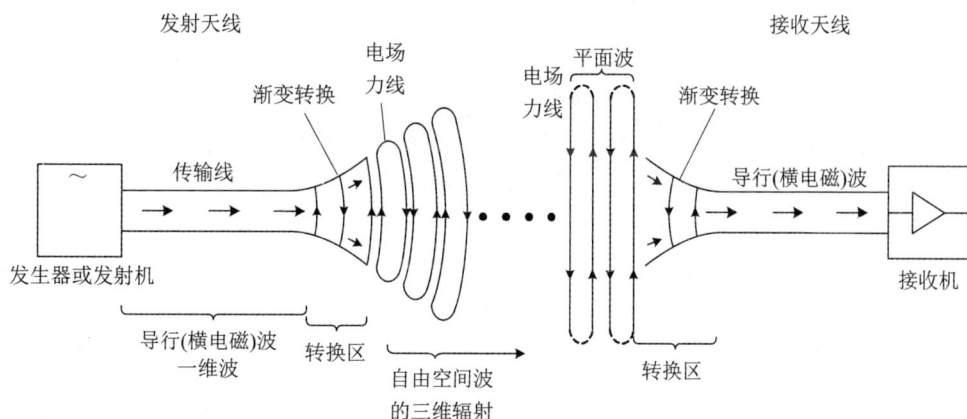

图 0.1-1　无线系统中信号通道示意图

2. 定向辐射或接收

对于发射天线，辐射的电磁波能量应尽可能集中在指定的方向上，在其他方向不辐射或辐射很弱；对于接收天线，只接收来自指定方向上的电磁波，在其他方向接收能力很弱或不接收。

例如，就雷达而言，它的任务是搜索和跟踪特定的目标。如果雷达天线不具有很强的方向性，就无法辨别和测定目标的位置。如果天线没有方向性，或方向性弱，则对发射天线来说，它所辐射的能量中只有一少部分到达指定方向，大部分能量浪费在不需要的方向上。对接收天线来说，在接收到所需要信号的同时，还将接收到来自其他方向的干扰信号或噪声信号，这将导致所需信号完全淹没在干扰和噪声中。因此，一副好的天线应该具有完成某种任务所要求的方向性。

如果我们要接收卫星电视等信号，则由于距离远，因此必须采用定向性好、增益很高的一类天线，如旋转抛物面天线、卡塞格伦天线、阵列天线等。

3．应有适当的极化

天线发射或接收的是规定极化的电磁波。例如，一个垂直极化的天线，不能接收水平极化的来波，反之亦然；一个左旋圆极化的天线不能接收右旋圆极化的电磁波，反之亦然；一个圆极化的天线对线极化的来波将有一半的能量损失。

4．天线应有足够的频带宽度

任何天线都有一定的工作频带。在这个频带范围之外它的工作就会失效。一副天线的收和发是互易的。根据电磁学中的互易原理可以证明，只要天线和馈电网络中不含非线性器件(如铁氧体器件)，则同一副天线用于发射和接收时，其基本特性保持不变。因此，在分析接收天线的特性时，可以采用分析发射天线的方法。

描述天线功能要求等电指标的参数称为天线电参数，包括方向系数、方向图、增益、波瓣宽度、辐射效率、极化及频带宽度等。在无线电系统中，天线的电参数对整个系统的性能指标具有重要的作用，甚至是决定性的作用。

0.2　天线的分类

天线的形式多种多样，可以将其按照不同的特点进行分类。

- 按工作性质分类，有发射天线、接收天线和收发共用天线。
- 按用途分类，有通信天线、广播天线、电视天线、雷达天线、导航天线、测向天线等。
- 按天线特性分类，从方向性分，有强方向性天线、弱方向性天线、定向天线、全向天线、针状波束天线、扇形波束天线等；从极化特性分，有线极化天线、圆极化天线和椭圆极化天线，线极化天线又分为垂直极化天线和水平极化天线；从频带特性分，有窄频带天线、宽频带天线和超宽频带天线。
- 按天线上的电流分布分类，有行波天线、驻波天线。
- 按使用波段分类，有长波天线、超长波天线、中波天线、短波天线、超短波天线和微波天线。
- 按载体分类，有车载天线、机载天线、星载天线、弹载天线等。
- 按天线外形分类，有 T 形天线、Γ 形天线、V 形天线、菱形天线、鱼骨形天线、环形天线、螺旋天线、喇叭天线、反射面天线等。

　　另外还有八木天线、对数周期天线、阵列天线。阵列天线又有直线阵天线、平面阵天线、附在某些载体表面的共面阵列天线。

　　天线所用的分析方法和其具体结构有很大的关系。为了便于分析天线的性能，可以将天线分为四大类，如图 0.2-1 所示。第一类是半径远小于天线传输的电磁波的波长的金属导线构成的线天线，主要用于长、中、短波及超短波波段，作为发射或接收天线，常见的线天线包括偶极子天线、单极子天线、环天线和螺旋天线等。第二类是微带天线，主要用于微波波段，一般分为微带贴片天线、微带缝隙天线以及微带天线阵（主要指微带行波天线）这三种类型；微带天线也可以按形状分为圆形、矩形、环形微带天线等。第三类是用尺寸大于波长的金属或介质面构成的口径天线，主要用于微波波段，常见的包括矩形波导、角锥喇叭、圆锥喇叭、反射面天线等。第四类是用各种形式的天线根据需求按照一定的规则组成的天线阵，叫作阵列天线。

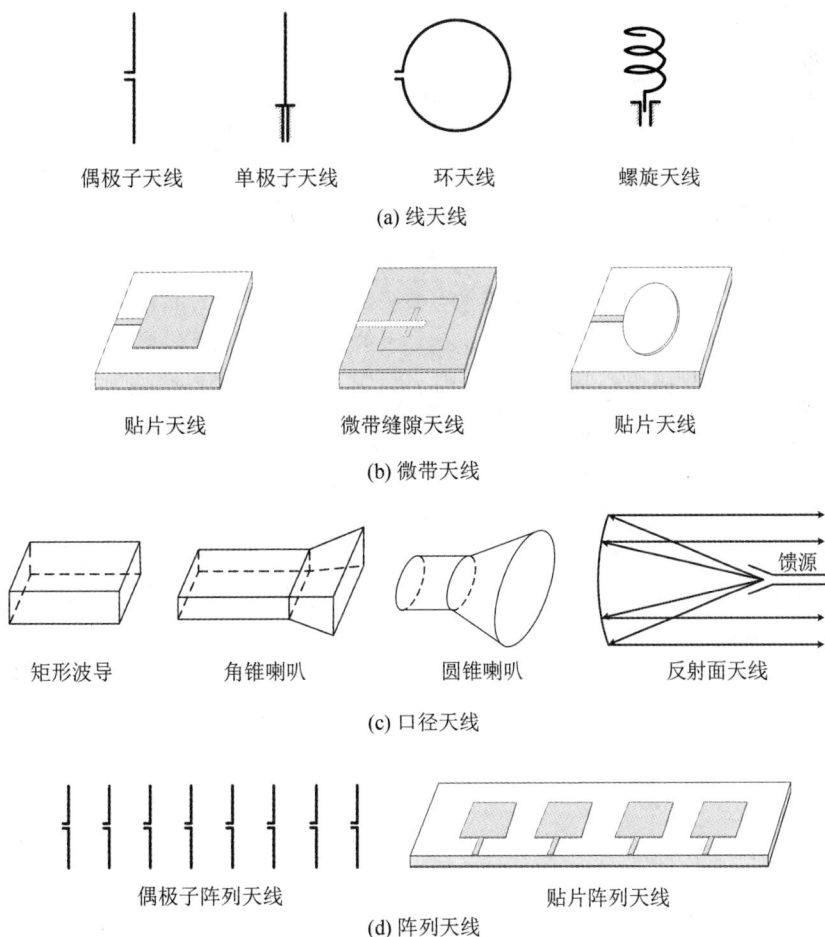

偶极子天线　　单极子天线　　　　环天线　　　　　螺旋天线

(a) 线天线

贴片天线　　　　微带缝隙天线　　　　贴片天线

(b) 微带天线

矩形波导　　　角锥喇叭　　　　圆锥喇叭　　　　馈源　　反射面天线

(c) 口径天线

偶极子阵列天线　　　　　　　　贴片阵列天线

(d) 阵列天线

图 0.2-1　天线的基本类型

　　线天线是基于场强叠加原理而制成的。单根线天线可以看成是由许多无限短的小线段组成的，这些无限短的小线段称为电流元。许多电流元的辐射场叠加在一起就构成整副天线的总辐射场。

一副天线如果由几根导线组成，则它的总辐射方向图就是这几根导线的辐射方向图的叠加结果。

将形式相同的天线按一定位置排列就构成天线阵（或称阵列天线）。天线阵中的每一副天线称为天线阵的单元，或称阵元。阵元排列在一根直线上就形成直线天线阵（简称线阵）；阵元排列在一个平面上就形成平面天线阵（简称面阵）。整个天线阵的辐射方向图是各个阵元的辐射方向图的叠加，因此它与每一阵元的形式、相对位置和电流分布情况有关。选择并调整各个阵元的形式、相对位置和电流的大小与相位就可使叠加出来的天线阵的总方向图适应各种不同的需要。

线天线的主要形式有偶极子天线、半波振子天线、笼形天线、单极子天线、鞭天线、铁塔天线、球形天线、V形天线、菱形天线、鱼骨形天线、八木天线、对数周期天线等。

面天线是具有初级馈源并由反射面形成次级辐射场的天线。前馈式抛物面天线、卡塞格伦式天线和格里高利式双镜天线等均属面天线。

面天线是参照光学原理制成的天线，与光学反射镜相似，它也是利用反射面的聚焦作用形成平面波束的。由焦点发出的射线经抛物面反射后到达与轴线垂直的任意平面（如口径平面）的波程相等且为常数，这说明从抛物面各点的反射线到达任意垂直平面时具有等波程和同相位的特性，这是一切面天线的基础。当馈源或等效馈源的相位中心置于反射面的焦点时，用喇叭或副反射面辐射的球面波激励主反射面，使主反射面的口径场辐射同相位的平面波，从而使反射面轴向出现最大的能量集中，由此形成窄波束。

抛物面直径 D 和工作波长 λ 之比越大，波束越窄。面天线的能量集中的程度可用天线增益来表示，天线增益和 D/λ 的平方成正比，天线直径越大，增益越高。

卡塞格伦式天线与格里高利式天线适用于大中型卫星通信地球站、宇航通信、微波中继、雷达及射电望远镜等。环焦天线适用于小型地球站、甚小口径终端站（VSAT）及电视单收地球站等。

本书在讲解线天线与面天线理论的基础上，对各种天线进行了详细的介绍，从而使读者掌握多种天线的基本原理和基本分析方法。为了使读者对天线建立起一个基础的概念体系，本书还介绍了各种类型的天线实例以及天线在一些领域的应用，希望读者能有所收获。

第1章

线天线理论基础

天线的理论基础是电磁场理论。研究天线问题，实质上是研究天线所产生的空间电磁场分布，以及由空间电磁场分布所决定的天线特性。空间任一点的电磁场满足麦克斯韦(Maxwell)方程和边界条件。因此求解天线问题实质上是求解满足特定边界条件的电磁场方程。本章从电磁场基本方程出发，着重介绍求解天线辐射问题的基本方法。

1.1 电磁场基本方程

在经典、宏观的范围内，麦克斯韦方程是反映电磁场运动规律的基本定理，也是研究一切电磁问题的出发点和基础，它描述了空间场与场之间、场与源之间相互关系的普遍规律。电磁场基本方程包括麦克斯韦方程、边界条件、电流连续性方程和介质特性方程以及由其推导出来的矢量波动方程。本节将对电磁场基本方程进行简要介绍。

1.1.1 麦克斯韦方程

麦克斯韦方程的数学表达形式有两种：微分形式和积分形式。

微分形式为

$$\nabla \times \boldsymbol{H} = \boldsymbol{J}_t + \frac{\partial \boldsymbol{D}}{\partial t} \tag{1-1(a)}$$

$$\nabla \times \boldsymbol{E} = -\frac{\partial \boldsymbol{B}}{\partial t} \tag{1-1(b)}$$

$$\nabla \cdot \boldsymbol{B} = 0 \tag{1-1(c)}$$

$$\nabla \cdot \boldsymbol{D} = \rho_t \tag{1-1(d)}$$

式(1-1(a))说明电流和位移电流都能产生磁场；式(1-1(b))为法拉第电磁感应定律；式(1-1(c))说明无散场，电流是唯一场源；式(1-1(d))为库仑定律。

积分形式为

$$\oint_l \boldsymbol{H} \cdot \mathrm{d}l = \oint_s \left(\boldsymbol{J}_t + \frac{\partial \boldsymbol{D}}{\partial t} \right) \cdot \mathrm{d}S \tag{1-2(a)}$$

$$\oint_l \boldsymbol{E} \cdot \mathrm{d}l = -\oint_s \frac{\partial \boldsymbol{B}}{\partial t} \cdot \mathrm{d}S \tag{1-2(b)}$$

$$\oint_s \boldsymbol{B} \cdot \mathrm{d}S = 0 \tag{1-2(c)}$$

$$\oint_s \boldsymbol{D} \cdot \mathrm{d}S = Q \tag{1-2(d)}$$

式(1-1)和式(1-2)中，$\boldsymbol{E}$ 为电场强度(V/m)，$\boldsymbol{H}$ 为磁场强度(A/m)，$\boldsymbol{D}$ 为电感应强

度（C/m²），$\boldsymbol{B}$ 为磁感应强度（T），$\boldsymbol{J}_t$ 为体电流密度（A/m²），ρ_t 为体电荷密度（C/m³），Q 为电荷量（C）。

麦克斯韦方程说明：不仅电荷能产生电场，电流能产生磁场，变化的电场也能产生磁场，变化的磁场又能产生电场。

如果 $\rho_t(t)$、$\boldsymbol{J}_t(t)$ 在辐射频率 ω 上随时间按正弦变化，则场也按正弦变化，这种磁场称为正弦电磁场。

正弦电磁场的瞬时向量场可做如下表示：

$$\boldsymbol{H}(r,t) = R_e(\boldsymbol{H}(r)e^{j\omega t}) \qquad (1-3)$$

$$\boldsymbol{E}(r,t) = R_e(\boldsymbol{E}(r)e^{j\omega t}) \qquad (1-4)$$

这些相量仅是空间坐标的复量函数，即不显示对时间的依赖，因而基本的电磁方程的解可以简化。

设时间因子为 $e^{j\omega t}$，则 $\partial/\partial t \rightarrow j\omega$，得到 Maxwell 方程的复数形式：

$$\begin{cases} \nabla \times \boldsymbol{H} = j\omega \boldsymbol{D} + \boldsymbol{J}_t \\ \nabla \times \boldsymbol{E} = -j\omega \boldsymbol{B} \\ \nabla \cdot \boldsymbol{B} = 0 \\ \nabla \cdot \boldsymbol{D} = \rho_t \end{cases} \qquad (1-5)$$

$\boldsymbol{E}$ 和 $\boldsymbol{H}$ 为复矢量，所以

$$\nabla \cdot \boldsymbol{J}_t = -j\omega \rho_t \qquad (1-6)$$

式（1-6）为电流连续性方程。式中，总电流密度 $\boldsymbol{J}_t$ 的计算公式为 $\boldsymbol{J}_t = \boldsymbol{J} + \sigma \boldsymbol{E}$。其中，$\boldsymbol{J}$ 为外加电流（源流），$\sigma \boldsymbol{E}$ 为传导电流。

除了电导率 σ 之外，材料特性还可由介电常数 ε 和磁导率 μ 来表征。

$$\boldsymbol{D} = \varepsilon \boldsymbol{E} \qquad (1-7)$$

$$\boldsymbol{B} = \mu \boldsymbol{H} \qquad (1-8)$$

将式（1-7）和式（1-8）代入式（1-5）中的第二式，可得

$$\nabla \times \boldsymbol{H} = j\omega\left(\varepsilon + \frac{\sigma}{j\omega}\right)\boldsymbol{E} + \boldsymbol{J} = j\omega\varepsilon' \boldsymbol{E} + \boldsymbol{J} \qquad (1-9)$$

其中，$\varepsilon' = \varepsilon - j(\sigma/\omega)$。对于天线问题，通常解出天线周围空气中的场 $\sigma = 0$，$\varepsilon' = \varepsilon$。

设时间因子为 $e^{j\omega t}$，则 $\partial/\partial t \rightarrow j\omega$，则得到 Maxwell 方程的复数形式如下：

$$\begin{cases} \nabla \times \boldsymbol{E} = -j\omega\mu \boldsymbol{H} - \boldsymbol{M} \\ \nabla \times \boldsymbol{H} = j\omega\varepsilon \boldsymbol{E} + \boldsymbol{J} \\ \nabla \cdot \boldsymbol{E} = \dfrac{\rho}{\varepsilon} \\ \nabla \cdot \boldsymbol{H} = 0 \end{cases} \qquad (1-10)$$

式中，M 为假想的磁流密度。

1.1.2 边界条件

两种介质的分界面，由于介质参数发生突变，Maxwell 方程的微分形式不再成立，但积分形式依然成立，使某些场量产生不连续。时谐场中一组充分的边界条件是

$$\begin{cases} \hat{\boldsymbol{n}} \times (\boldsymbol{E}_2 - \boldsymbol{E}_1) = \boldsymbol{M}_s \\ \hat{\boldsymbol{n}} \times (\boldsymbol{H}_2 - \boldsymbol{H}_1) = \boldsymbol{J}_s \end{cases} \tag{1-11}$$

其中，表面电流 $\boldsymbol{J}_s$ 和表面磁流 $\boldsymbol{M}_s$ 在两种结构参数为 $(\varepsilon_2, \mu_2, \sigma_2)$、$(\varepsilon_1, \mu_1, \sigma_1)$ 的均匀介质间的边界上流动，$\hat{\boldsymbol{n}}$ 为垂直于边界面的单位矢量。图 1.1-1 为两种介质的分界面示意图。

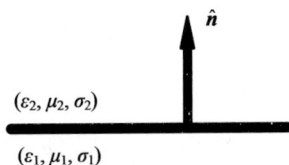

图 1.1-1　两种介质的分界面

与单位垂直矢量的叉积构成对边界的切向分量，相关方程可以写成

$$\begin{cases} \boldsymbol{E}_{\text{tan}2} = \boldsymbol{E}_{\text{tan}1} + \boldsymbol{M}_s \\ \boldsymbol{H}_{\text{tan}2} = \boldsymbol{H}_{\text{tan}1} + \boldsymbol{J}_s \end{cases} \tag{1-12}$$

若一边为导电体，则边界条件变为

$$\begin{cases} \boldsymbol{E}_{\text{tan}} = \boldsymbol{0} \\ \boldsymbol{H}_{\text{tan}} = \boldsymbol{J}_s \end{cases} \tag{1-13}$$

导体表面的切向电场为零。

1.1.3　坡印廷定理

空间电磁场的能量关系满足能量守恒定律。坡印廷(Poynting)定理是电磁场的能量守恒定律。考虑到电磁场的时间关系和能量的空间流动，坡印廷定理反映了电磁场的功率关系，考虑被封闭面 S 和包围的体积 V，源供给体积 V 的功率 P_s 等于 S 面流出的功率 P_f、V 内耗散的时间平均功率 P_{dav} 和 V 内储存的时间平均功率的总和：

$$P_s = P_f + P_{\text{dav}} + \text{j}2\omega(W_{\text{mav}} - W_{\text{eav}}) \tag{1-14}$$

式中，流出功率：

$$P_f = \frac{1}{2} \oiint_S \boldsymbol{E} \times \boldsymbol{H}^* \cdot \text{d}\boldsymbol{S}$$

其中，$\text{d}\boldsymbol{S} = \text{d}S\hat{\boldsymbol{n}}$，积分号内的被积函数定义为坡印廷矢量(功率密度的单位为 W/m^2)。

复坡印廷矢量：

$$\boldsymbol{S}(r) = \frac{1}{2}\boldsymbol{E}(r) \times \boldsymbol{H}^*(r)$$

平均损耗功率：

$$P_{\text{dav}} = \frac{1}{2} \iiint_V \sigma |\boldsymbol{E}|^2 \cdot \text{d}V$$

储存的平均磁能：

$$W_{\text{eav}} = \frac{1}{2} \iiint_V \frac{1}{2}\mu |\boldsymbol{H}|^2 \cdot \text{d}V$$

储存的平均电能：

$$W_{\text{eav}} = \frac{1}{2} \iiint\limits_{V} \frac{1}{2}\varepsilon |\boldsymbol{E}|^2 \cdot \mathrm{d}V$$

在天线问题中，仅着重计算流过表面的实功率（天线的辐射功率）：

$$P_r = \mathrm{Re}\left(\iint\limits_{S} \boldsymbol{S}(r) \cdot \mathrm{d}\boldsymbol{S}\right) = \frac{1}{2}\mathrm{Re}\left(\oiint\limits_{S} \boldsymbol{E}(r) \times \boldsymbol{H}^*(r) \cdot \mathrm{d}\boldsymbol{S}\right) \tag{1-15}$$

坡印廷矢量分为时域坡印廷矢量和频域坡印廷矢量。下面来讨论一下时域和频域的坡印廷定理。

1. 时域坡印廷定理

利用矢量恒等式 $\nabla \cdot (\boldsymbol{a} \times \boldsymbol{b}) = \boldsymbol{b} \cdot \nabla \times \boldsymbol{a} - \boldsymbol{a} \cdot \nabla \times \boldsymbol{b}$，有

$$\nabla \cdot (\boldsymbol{E} \times \boldsymbol{H}) = \boldsymbol{H} \cdot \nabla \times \boldsymbol{E} - \boldsymbol{E} \cdot \nabla \times \boldsymbol{H}) \tag{1-16}$$

将 Maxwell 旋度方程代入，可得

$$\nabla \cdot (\boldsymbol{E} \times \boldsymbol{H}) = -\boldsymbol{H}\frac{\partial \boldsymbol{B}}{\partial t} - \boldsymbol{E} \cdot \boldsymbol{J} - \boldsymbol{E} \cdot \frac{\partial \boldsymbol{D}}{\partial t} \tag{1-17}$$

设介质非色散，$\dfrac{\partial \varepsilon}{\partial t} = \dfrac{\partial \mu}{\partial t} = 0$，则

$$\nabla \cdot (\boldsymbol{E} \times \boldsymbol{H}) = -\boldsymbol{E} \cdot \boldsymbol{J} - \frac{1}{2}\left(\frac{\partial}{\partial t}\boldsymbol{H} \cdot \boldsymbol{B} + \frac{\partial}{\partial t}\boldsymbol{E} \cdot \boldsymbol{D}\right) \tag{1-18}$$

令

$$\boldsymbol{S} = \boldsymbol{E} \times \boldsymbol{H}, \ W_e = \frac{1}{2}\boldsymbol{E} \cdot \boldsymbol{D}, \ W_m = \frac{1}{2}\boldsymbol{H} \cdot \boldsymbol{B}, \ W_f = W_e + W_m, \ \boldsymbol{J} = \boldsymbol{J}_\rho + \boldsymbol{J}_\sigma$$

其中，W_e 和 W_m 分别为电场能量密度和磁场能量密度，$\boldsymbol{J}_\sigma = \sigma\boldsymbol{E}$ 为导电介质中的传导电流，$\boldsymbol{J}_\sigma$ 为外部电流源。

又因为 $\dfrac{\mathrm{d}\boldsymbol{W}_p}{\mathrm{d}t} = \boldsymbol{J}_\rho \cdot \boldsymbol{E}$，所以

$$\nabla \cdot \boldsymbol{S} = -\frac{\partial}{\partial t}(W_p + W_f) - \sigma\boldsymbol{E} \cdot \boldsymbol{E} \tag{1-19}$$

式（1-19）的积分形式为

$$-\int\limits_{S} \boldsymbol{S} \cdot \hat{\boldsymbol{n}}\mathrm{d}S = \frac{\partial}{\partial t}\int\limits_{V} (W_p + W_f)\mathrm{d}V + \int\limits_{V} \sigma |\boldsymbol{E}|^2 \mathrm{d}V \tag{1-20}$$

式中，W_p 为连续分布电荷系统的能量密度；W_f 为电磁场的能量密度；$\boldsymbol{S}$ 为电磁场的能量密度（功率密度），称为 Poynting 矢量；$\sigma |\boldsymbol{E}|^2$ 为欧姆损耗功率密度。

式（1-20）表明，从闭合面 S 流入的功率等于 S 所包围的体积 V 内总能量（电荷系统的能量和电磁场的能量之和）在单位时间内的增加量与 V 中的损耗功率之和。如果 S 面为理想导体面，则式（1-20）左边的面积分为 0，V 中的损耗功率等于总能量的减小率；如果 $\sigma = 0$，则电磁场能量与电荷系统能量相互转换；如果 $W_p = 0$，则电场能量与磁场能量相互转换，即发生谐振。

2. 频域坡印廷定理

同理可知，可以得到

$$\nabla \cdot \left(\frac{1}{2}\boldsymbol{E} \times \boldsymbol{H}^*\right) = -\frac{1}{2}\boldsymbol{J}^* \cdot \boldsymbol{E} - \mathrm{j}2\omega\left(\frac{1}{4}\boldsymbol{H}^* \cdot \boldsymbol{B} - \frac{1}{4}\boldsymbol{E} \cdot \boldsymbol{D}^*\right) \tag{1-21}$$

令 $S = \dfrac{1}{2}E \times H^*$，$W_e = \dfrac{1}{4}E \cdot D^*$，$W_m = \dfrac{1}{4}H^* \cdot B$，得频域坡印廷定理为

$$\nabla \cdot S = -\frac{1}{2}J^* \cdot E - \mathrm{j}2\omega(\dot{W}_m - \dot{W}_e) \tag{1-22}$$

1.1.4 矢量波动方程

为了求解麦克斯韦方程，将式(1-12)的第一方程和第二方程取旋度，考虑到该式的第三方程和第四方程，利用矢量公式 $\nabla \times (\nabla \times A) = \nabla(\nabla \cdot A) - \nabla^2 A$ 和 $J_t = J + \sigma E$，可以得到电磁场的矢量波动方程：

$$\begin{cases} \nabla^2 E - \mu\varepsilon\dfrac{\partial^2 E}{\partial t^2} - \mu\sigma\dfrac{\partial E}{\partial t} = \mu\dfrac{\partial J}{\partial t} + \dfrac{1}{\varepsilon}\nabla\rho \\[3mm] \nabla^2 H - \mu\varepsilon\dfrac{\partial^2 H}{\partial t^2} - \mu\sigma\dfrac{\partial H}{\partial t} = -\nabla \times J \end{cases} \tag{1-23}$$

给定电流密度 J 和电荷密度 ρ，求解矢量波动方程便可得到麦克斯韦方程的解。

对于时谐场源，可用 $\mathrm{j}\omega$ 代替 $\partial/\partial t$，式(1-23)变为

$$\begin{cases} \nabla^2 E + k^2 E = \mathrm{j}\omega\mu J + \dfrac{1}{\varepsilon}\nabla\rho \\[3mm] \nabla^2 H + k^2 H = -\nabla \times J \end{cases} \tag{1-24}$$

式中：

$$k^2 = \omega^2\mu\varepsilon - \mathrm{j}\mu\varepsilon\sigma \tag{1-25}$$

在非导电介质中，$\sigma = 0$，则有

$$k^2 = \omega^2\mu\varepsilon \tag{1-26}$$

这里的 k 称为波数。

式(1-24)称为矢量形式的非齐次亥姆霍兹(Helmholtz)方程。在无源区域，当 $J = \rho = 0$ 时，式(1-24)化为齐次亥姆霍兹方程：

$$\begin{cases} \nabla^2 E + k^2 E = 0 \\[2mm] \nabla^2 H + k^2 H = 0 \end{cases} \tag{1-27}$$

直接求解矢量波动方程得到电磁场解，就是直接法。但要指出，满足麦克斯韦方程的场量必然满足矢量波动方程，反之并不成立。因此，通常是先求解一个场量的矢量波动方程，再利用麦克斯韦方程求解第二个场量，这样得到的结果既满足波动方程，又满足麦克斯韦方程。

满足波动方程或麦克斯韦方程的场量的解有无穷多个，其中满足具体问题的电磁场边界条件的解才是所需要的唯一解。

1.2 理想偶极子

一段长度 $l \ll \lambda$，半径 $d \ll l$，沿线电流均匀分布（等幅同相）的理想高频电流直导线又称电流元。线天线是由许多首尾相接的电流元组成的，一旦求得电流元的电磁场，利用电

磁场的叠加定理便可求得整个天线的电磁场。电流元是天线的基本辐射单元之一。

1.2.1　电流元的空间场分布

假设电流元位于坐标原点，并沿着 z 轴放置，长度为 l，其上电流等幅同相分布，$I = I_0 \boldsymbol{a}_z$，这里 I_0 是常数。为求其空间的场分布，首先求出其矢量磁位 $\boldsymbol{A}$，再由 $\boldsymbol{A}$ 求出电场 $\boldsymbol{E}$ 和磁场 $\boldsymbol{H}$。

根据电磁场理论，电流分布为 $\boldsymbol{I}(x', y', z') = I_0 \hat{\boldsymbol{a}}_z$ 的电流源，其矢量磁位 $\boldsymbol{A}$ 可以表示为

$$\boldsymbol{A}(x,y,z) = \frac{\mu}{4\pi} \int_l \boldsymbol{I}_e(x', y', z') \frac{e^{-jkr}}{r} dl' \qquad (1-28)$$

式中，(x, y, z) 为观察点坐标，(x', y', z') 为源点坐标，r 为源点到观察点的距离。

由于基本电振子的长度 l 远小于波长 λ 和距离 r，因此式(1-28)可以表示成

$$\boldsymbol{A}(x,y,z) = \hat{\boldsymbol{a}}_z \frac{\mu I_0}{4\pi r} e^{-jkr} \int_{-\frac{l}{2}}^{\frac{l}{2}} dz' = \hat{\boldsymbol{a}}_z \frac{\mu I_0 l}{4\pi r} e^{-jkr} \qquad (1-29)$$

引用直角坐标与球坐标的变换关系，将式(1-29)改写为

$$A_r = A_z \cos\theta = \frac{\mu I_0 l e^{-jkr}}{4\pi r} \cos\theta \qquad (1-30)$$

$$A_\theta = -A_z \sin\theta = -\frac{\mu I_0 l e^{-jkr}}{4\pi r} \sin\theta \qquad (1-31)$$

$$A_\phi = 0 \qquad (1-32)$$

依据 $\boldsymbol{H} = \frac{1}{\mu_0} \nabla \times \boldsymbol{A} = \hat{\boldsymbol{a}}_\phi \frac{1}{\mu r} \left[\frac{\partial}{\partial t}(r\boldsymbol{A}_\theta) - \frac{\partial \boldsymbol{A}_r}{\partial \theta} \right]$，得到磁场表达式：

$$\boldsymbol{H}_\phi = \frac{I_0 l \sin\theta}{4\pi} \left[j\frac{k}{r} + \frac{1}{r^2} \right] e^{-jkr} \qquad (1-33)$$

$$H_r = 0 \qquad (1-34)$$

由 $\boldsymbol{E} = \frac{1}{j\omega\varepsilon} \nabla \times \boldsymbol{H}$ 可得电场表达式为

$$E_r = \frac{I_0 l \cos\theta}{2\pi\omega\varepsilon} \left[\frac{k}{r^2} + \frac{1}{jr^3} \right] e^{-jkr} \qquad (1-35)$$

$$E_\theta = \frac{I_0 l \sin\theta}{4\pi\omega\varepsilon} \left[j\frac{k^2}{r} + \frac{1}{r^2} - j\frac{1}{r^3} \right] e^{-jkr} \qquad (1-36)$$

$$E_\phi = 0 \qquad (1-37)$$

或表示为

$$\boldsymbol{E} = \frac{\boldsymbol{I}l}{4\pi} j\omega\mu \left[1 + \frac{1}{jkr} - \frac{1}{(kr)^2} \right] \frac{e^{-jkr}}{r} \sin\theta \hat{\theta} + \frac{\boldsymbol{I}l}{2\pi} \eta \left[\frac{1}{r} - j\frac{1}{kr^2} \right] \frac{e^{-jkr}}{r} \cos\theta \hat{r} \qquad (1-38)$$

由此可见，基本电振子的场强矢量由 H_ϕ、E_r、E_θ 组成。式(1-35)～(1-37)是一般表达式，对于任意距离 r 的场点都适用。

1.2.2　场区域划分

基本电振子场矢量与距离 r 的关系复杂，必须分区进行讨论。

1. 近区场

当 $r \ll \lambda/(2\pi)$ 或 $kr \ll 1$ 时,称为近区。在近区内,由于 $(kr)^{-3} \gg (kr)^{-2} \gg (kr)^{-1}$,因此可忽略小项。又因为 $kr \ll 1$,因此 $e^{-jkr} \approx 1$。近区场的表达式为

$$\begin{cases} E_r = -j\dfrac{\eta Il}{2\pi kr^3}\cos\theta \\[2mm] E_\theta = -j\dfrac{\eta Il}{4\pi kr^3}\sin\theta \\[2mm] E_\phi = 0 \\[2mm] H_r = H_\theta = 0 \\[2mm] H_\phi = \dfrac{Il}{4\pi r^2}\sin\theta \end{cases} \tag{1-39}$$

由式(1-39)可知,电流元的近区场有如下特点:

(1) E_r 和 E_θ 与静电场问题中电偶极子的电场相似,而 H_ϕ 和恒定电流元的磁场相似。近区又称为似稳区,近区场又称为似稳场。

(2) 电场相位滞后于磁场相位 $90°$,因而坡印廷矢量是纯虚数,该区内能量的振荡占了绝对优势,这种似稳场又称感应场,表示没有能量向外辐射。

(3) 近区场与 r^2、r^3 成反比,因而随距离 r 的增大而迅速减小,在离开天线较远的地方,近区场衰减很快,变得很小。

2. 远区场

$kr \gg \lambda/(2\pi)$ 或 $kr \gg 1$ 的区域称为远场区,此区域内:

$$\frac{1}{kr} \gg \frac{1}{(kr)^2} \gg \frac{1}{(kr)^3} \tag{1-40}$$

因此远区场的(自由空间中)表达式为

$$E_\theta = j\frac{60\pi I_0 l}{\lambda r}\sin\theta\, e^{-jkr} \tag{1-41}$$

$$H_\phi = j\frac{I_0 l}{2\lambda r}\sin\theta\, e^{-jkr} \tag{1-42}$$

$$E_r = E_\phi = H_r = H_\theta = 0 \tag{1-43}$$

式(1-43)说明有能量沿 r 方向向外辐射,远区场为辐射场。

电流元的远区场具有如下特点:

(1) 远区场仅有 E_θ 和 H_ϕ 两个分量,两者在空间上互相垂直,在时间上同相,且与矢径 r 垂直。

(2) E_θ 和 H_ϕ 两个分量均与 $1/r$ 成正比,随距离的增加,场强衰减较缓慢。

(3) 辐射电场与 $\sin\theta$ 成正比,在 θ 等于 $0°$ 和 $180°$ 方向上,即振子轴线的方向上,辐射场为零,而在通过振子中心并垂直于振子轴线的平面上,即 $\theta = 90°$ 的平面内,辐射场最大。

(4) 坡印廷矢量为实数,沿矢径方向(即远区场)是一沿着径向向外传播的横电磁波。

(5) 远区电场与磁场的大小有这样的比值关系,即 $E_\theta/H_\phi = \sqrt{\mu/\varepsilon} = \eta$,称为波阻抗。

3. 中间场区

$r > \lambda/(2\pi)$ 或 $kr > 1$ 的区域称为中间场区。在此区域，场表达式为

$$E_r = \eta \frac{I_0 l}{2\pi r^2} \cos\theta \, \mathrm{e}^{-\mathrm{j}kr} \tag{1-44}$$

$$E_\theta = \mathrm{j}\eta \frac{k I_0 l}{4\pi r} \sin\theta \, \mathrm{e}^{-\mathrm{j}kr} \tag{1-45}$$

$$H_\phi = \mathrm{j} \frac{k I_0 l}{4\pi r} \sin\theta \, \mathrm{e}^{-\mathrm{j}kr} \tag{1-46}$$

$$E_\phi = H_r = H_\theta = 0 \tag{1-47}$$

在该区域感应场和辐射场都不占绝对优势，场的结构很复杂。

1.3　理想磁偶极子

基本磁振子又称理想磁偶极子、磁流元或磁偶极子，不能孤立存在，其实际模型是小电流环。产生辐射的电流元的最普通的例子是细导线上流动的线电流，当然也包括表面电流和体电流密度。一般用矢量磁位来分析它们的辐射。远区电场正比于矢量磁位，即 $\boldsymbol{E} = -\mathrm{j}\omega\mu\boldsymbol{A}$，式中，$\boldsymbol{A}$ 是矢量磁位，μ 是磁导率（在自由空间中其值为 $4\pi\times10^{-7}\,\mathrm{H/m}$）。由电场可求得磁场的值为 $|\boldsymbol{H}| = -\dfrac{|\boldsymbol{E}|}{\eta}$，磁场垂直于电场，而电场的方向确定了波的极化，因此，今后的分析中仅讨论电场即可。

1.3.1　电磁对偶原理

假设介质 (ε,μ) 中存在电荷 Q_e、磁荷 Q_m、电流 I_e、磁流 I_m，产生的场满足下面的麦克斯韦方程：

$$\oint_l \boldsymbol{H} \cdot \mathrm{d}l = \varepsilon_1 \frac{\partial}{\partial t}\iint \boldsymbol{E} \cdot \mathrm{d}\hat{S} + I_\mathrm{e} \tag{1-48}$$

$$\oint_l \boldsymbol{E} \cdot \mathrm{d}l = -\mu_1 \frac{\partial}{\partial t}\iint \boldsymbol{H} \cdot \mathrm{d}\hat{S} - I_\mathrm{m} \tag{1-49}$$

$$\oiint_S \boldsymbol{E} \cdot \mathrm{d}\hat{S} = \frac{Q_\mathrm{e}}{\varepsilon_1} \tag{1-50}$$

$$\oiint_S \boldsymbol{H} \cdot \mathrm{d}\hat{S} = \frac{Q_\mathrm{m}}{\mu_1} \tag{1-51}$$

其中，$\boldsymbol{E} = \boldsymbol{E}_\mathrm{e} + \boldsymbol{E}_\mathrm{m}$，$\boldsymbol{H} = \boldsymbol{H}_\mathrm{e} + \boldsymbol{H}_\mathrm{m}$。

如果介质 (ε_1,μ_1) 只存在电荷 Q_e 和电流 I_e，则麦克斯韦方程可改写成

$$\oint_l \boldsymbol{H}_\mathrm{e} \cdot \mathrm{d}l = \varepsilon_1 \frac{\partial}{\partial t}\iint \boldsymbol{E}_\mathrm{e} \cdot \mathrm{d}\hat{S} + I_\mathrm{e} \tag{1-52}$$

$$\oint_l \boldsymbol{E}_\mathrm{e} \cdot \mathrm{d}l = -\mu_1 \frac{\partial}{\partial t}\iint \boldsymbol{H}_\mathrm{e} \cdot \mathrm{d}\hat{S} \tag{1-53}$$

$$\oiint_S \boldsymbol{E}_e \cdot \mathrm{d}\hat{S} = \frac{Q_e}{\varepsilon_1} \tag{1-54}$$

$$\oiint_S \boldsymbol{H}_e \cdot \mathrm{d}\hat{S} = \boldsymbol{0} \tag{1-55}$$

如果介质(ε_2, μ_2)中只存在磁荷 Q_m 和磁流 I_m，则其场满足如下的麦克斯韦方程：

$$\oint_l \boldsymbol{H}_m \cdot \mathrm{d}l = \varepsilon_2 \frac{\partial}{\partial t} \iint \boldsymbol{E}_m \cdot \mathrm{d}\hat{S} \tag{1-56}$$

$$\oint_l \boldsymbol{E}_m \cdot \mathrm{d}l = -\mu_2 \frac{\partial}{\partial t} \iint \boldsymbol{H}_m \cdot \mathrm{d}\hat{S} - I_m \tag{1-57}$$

$$\oiint_S \boldsymbol{E}_m \cdot \mathrm{d}\hat{S} = 0 \tag{1-58}$$

$$\oiint_S \boldsymbol{H}_m \cdot \mathrm{d}\hat{S} = \frac{Q_m}{\mu_2} \tag{1-59}$$

由上可见，两组方程具有对偶性，其解也是对偶的。对偶关系如下：

$$\begin{cases} \boldsymbol{E}_e \Leftrightarrow \boldsymbol{H}_m, \ I_e \Leftrightarrow I_m, \ \varepsilon_1 \Leftrightarrow \mu_2 \\ \boldsymbol{H}_e \Leftrightarrow -\boldsymbol{E}_m, \ Q_e \Leftrightarrow Q_m, \ \mu_1 \Leftrightarrow \varepsilon_2 \end{cases} \tag{1-60}$$

1.3.2　基本磁振子辐射场

长度为 $l(l \ll \lambda)$ 的磁流源 I_m 置于球坐标系的原点，可根据基本电振子的辐射电磁场，由对偶原理得到基本磁振子(如图 1.3-1 所示)的远区辐射场为

$$E_\phi = -\mathrm{j} \frac{I_m l}{2\lambda r} \sin\theta \, \mathrm{e}^{-\mathrm{j}kr} \tag{1-61}$$

$$H_\theta = \mathrm{j} \frac{I_m l}{2\eta\lambda r} \sin\theta \, \mathrm{e}^{-\mathrm{j}kr} \tag{1-62}$$

$$E_r = E_\theta = H_r = H_\phi = 0 \tag{1-63}$$

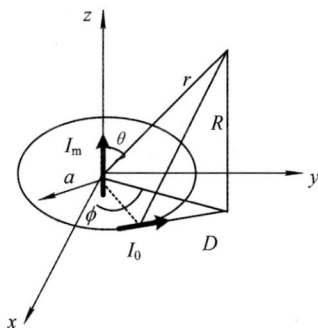

图 1.3-1　基本磁振子示意图

与基本电振子的辐射场相比，只是电场和磁场的方向发生了变化，其他特性完全相同。

基本磁振子的实际模型是小电流环。假设小电流环的半径为 a，环面积 $S = \pi a^2$，环上电流为 I_0，二者的等价关系为

$$P_{\text{m}} = \mu IS = q_{\text{m}} l \tag{1-64}$$

$$q_{\text{m}} = \frac{\mu IS}{l} \tag{1-65}$$

$$I_{\text{m}} = j\omega q_{\text{m}} = j\omega \frac{\mu IS}{l} \tag{1-66}$$

$$I_{\text{m}} l = jS\omega\mu_0 I_0 \tag{1-67}$$

由此可得小电流环的辐射场表达式为

$$E_\phi = \frac{\omega\mu_0 SI_0}{2\lambda r}\sin\theta\, \text{e}^{-jkr} \tag{1-68}$$

$$H_\theta = -\frac{\omega\mu_0 SI_0}{2\eta\lambda r}\sin\theta\, \text{e}^{-jkr} \tag{1-69}$$

$$E_r = E_\theta = H_r = H_\phi = 0 \tag{1-70}$$

总辐射功率：

$$P_r = \oiint_S \frac{1}{2}\text{Re}\left[\boldsymbol{E} \times \boldsymbol{H}^*\right] \cdot \text{d}S = 160\pi^4 I_{\text{m}}^2 \left(\frac{S}{\lambda^2}\right)^2 \tag{1-71}$$

第 2 章
天线基本参数

电磁场表达式可以准确全面地表征天线的辐射特性，但是场表达式不方便在实际中应用。为此，指定能够简捷定量表征天线特性的参数。天线既然是空间无线电波信号电路中的交流电流信号的转换装置，必然一端和电路中的交流电流信号接触，另一端和自由空间中的无线电波信号接触。因此，天线的基本参数可以分为两部分：一部分描述天线在电路中的特性（即阻抗特性）；另一部分描述天线与自由空间中电波的关系（即辐射特性）。另外，从实际出发还引入了带宽这一参数。

天线的辐射特性参数主要包括辐射方向图、方向性、效率、增益、极化等。当天线与收发机连接时，从收发机的角度看，天线是一个单端口负载，这时描述天线特性的是从馈电端口向天线看过去的输入阻抗。描述端口负载的电路特性参数都可以描述天线，如输入阻抗、辐射阻抗、回波损耗、驻波比、工作带宽等。本章首先讨论电参数的定义。

2.1 辐射方向图

天线的辐射方向图定义为天线的辐射参量随空间坐标的变化图形。辐射参量包括场强、辐射强度、功率密度、相位及极化等，相应的方向图有场强、相位、功率及极化方向图等。在通常情况下，辐射方向图在远区测定，并表示为空间方向坐标的函数，称为方向（图）函数。实际上我们最关心的是天线辐射能量的空间分布。在没有特别指明的情况下，辐射方向图一般均指功率通量密度的空间分布。下面介绍场强和功率的方向图。

2.1.1 辐射方向图的定义

取如图 2.1-1 所示的球坐标系，天线的相位中心位于坐标原点，在距天线等距离（远区，r 为常数）的球面上，天线在各点产生的功率通量密度或场强大小（电场或磁场）随空间方向 (θ, ϕ) 变化的图形表示称为功率方向图或场强方向图，其数学表示式为功率方向函数或场强方向函数。

在远区观察点 $P(r, \theta, \phi)$ 处，辐射场仅有横向分量 E_θ 和 E_ϕ，在空间方向 (θ, ϕ) 上，天线电场强度幅度 $|E(\theta, \phi)|$ 可表示为

$$|E(\theta, \phi)| = A_0 f(\theta, \phi) \tag{2-1}$$

式中，A_0 为与方向无关的常数，$f(\theta, \phi)$ 称为场强方向图函数，且有：

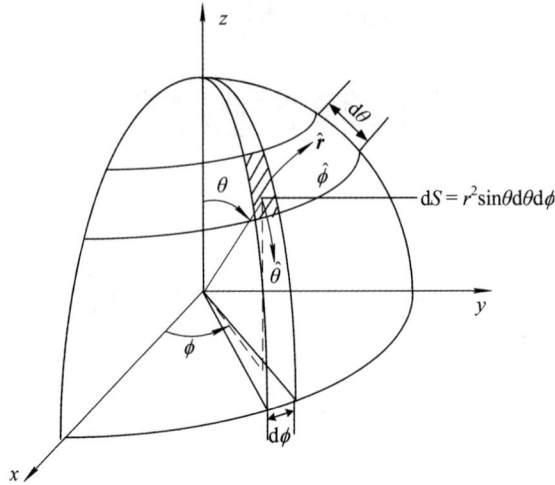

图 2.1 - 1　采用的球坐标系

$$f(\theta,\phi) = \frac{|\boldsymbol{E}(\theta,\phi)|}{A_0} \qquad (2-2)$$

归一化场强方向函数 $F(\theta,\phi)$ 为场强方向函数 $f(\theta,\phi)$ 对其最大值 f_m 归一化的函数，即

$$F(\theta,\phi) = \frac{f(\theta,\phi)}{f_m} = \frac{|\boldsymbol{E}(\theta,\phi)|}{|\boldsymbol{E}_m|} \qquad (2-3)$$

式中，$\boldsymbol{E}(\theta,\phi)$ 为天线在任意方向 (θ,ϕ) 上的辐射场强，$\boldsymbol{E}_m$ 为天线在最大辐射方向 (θ_m,ϕ_m) 上的辐射场强。

天线的方向性也可用归一化功率方向函数表示，其表示在以天线为中心，远区某一恒定半径的球面上，辐射场平均功率密度的相对分布情况。它与场强方向函数的关系为

$$P(\theta,\phi) = \frac{S(\theta,\phi)}{S_m} = \frac{|\boldsymbol{E}(\theta,\phi)|^2}{|\boldsymbol{E}_m|^2} = F^2(\theta,\phi) \qquad (2-4)$$

式中，S_m 为天线在最大辐射方向 (θ_m,ϕ_m) 上的功率密度，且有

$$S = \frac{1}{2}\boldsymbol{E} \times \boldsymbol{H}^* = \frac{1}{2\eta}|\boldsymbol{E}|^2 \cdot r \qquad (2-5)$$

方向函数的值通常用分贝表示，场强方向函数和功率方向函数的分贝值相同。用分贝表示的场强方向函数为

$$F(\theta,\phi)\big|_{dB} = 20\lg F(\theta,\phi) \qquad (2-6)$$

以分贝表示的功率方向函数为

$$P(\theta,\phi)\big|_{dB} = 10\lg P(\theta,\phi) = 10\lg F^2(\theta,\phi) \qquad (2-7)$$

因而

$$F(\theta,\phi)\big|_{dB} = P(\theta,\phi)\big|_{dB} \qquad (2-8)$$

用分贝表示的方向图如图 2.1 - 2 所示，图中放大了副瓣，更易于分析天线的辐射特性，所以工程上多采用这种形式的方向图。

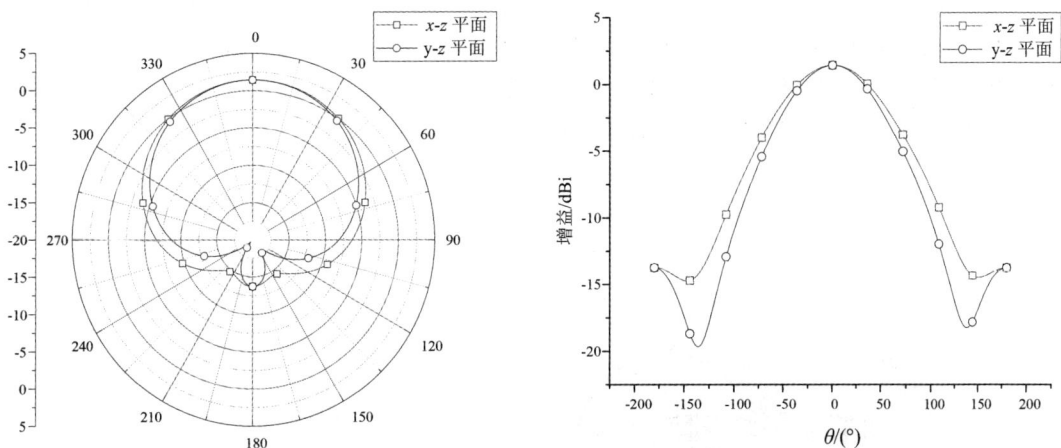

图 2.1-2　用分贝表示的方向图

2.1.2　基本振子的方向图

位于自由空间的电基本振子的归一化场强方向函数为

$$F(\theta,\phi) = |\sin\theta| \qquad (2-9)$$

归一化功率方向函数为

$$P(\theta,\phi) = \sin^2\theta \qquad (2-10)$$

电基本振子的 3D 方向图和主平面方向图如图 2.1-3 所示。其中，E 面是包含振子轴的平面(ϕ＝常数的平面)，H 面是垂直于振子轴的平面(θ＝90°的平面)，如图 2.1-3(a)所示。图 2.1-3(b)、(c)中给出的是在直角坐标下电基本振子的 E 面和 H 面方向图，其 E 面方向图呈"∞"字形，H 面方向图则为圆形。在 θ 等于 0°和 180°的方向上，即振子轴线的方向上，辐射为零，而在通过振子中心并垂直于振子轴线的平面(即 θ＝90°的平面)内，辐射为最大值。

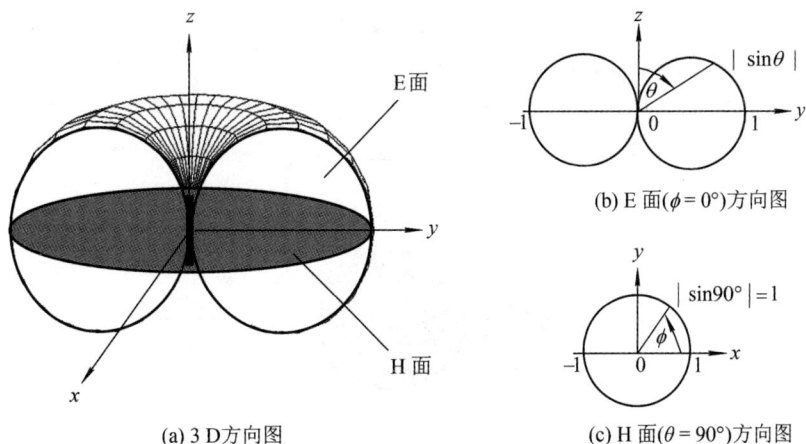

(a) 3 D方向图

(b) E 面(ϕ＝0°)方向图

(c) H 面(θ＝90°)方向图

图 2.1-3　电流元方向图

　　磁流元(小环天线)的远区辐射场结果与电流元的远区辐射场结果形成对偶,其 3D 方向图和主平面方向图如图 2.1-4 所示。可见,磁流元的 3D 方向图与电流元的 3D 方向图的形状相同,但二者的主平面方向图不同:在通过 z 轴的平面内是磁流元的 H 面方向图,在垂直于 z 轴的平面内是磁流元的 E 面方向图。

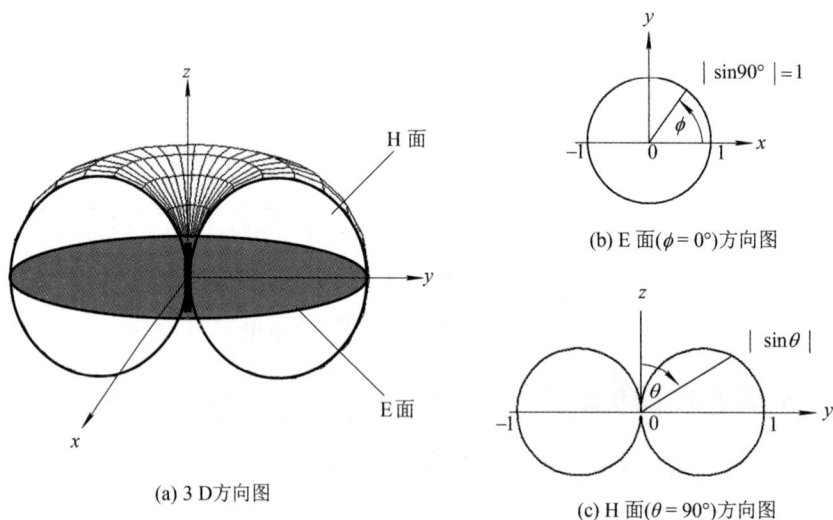

图 2.1-4　磁流元的方向图

2.2　方向图参数

　　天线方向图通常有一个全局最大值和若干局部最大值。最大值两边的两个最小值之间的辐射区域称为波瓣。全局最大值的辐射区域称为主瓣,局部最大值的辐射区域称为副瓣或旁瓣。实际天线或者阵列天线的方向图比较复杂,通常有多个波瓣,包括主瓣(主波束)、副瓣(旁瓣)和后瓣(尾瓣),如图 2.2-1 所示。

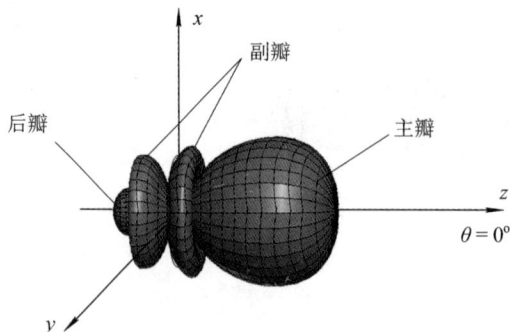

图 2.2-1　波瓣方向图

1. 半功率波瓣宽度

半功率波瓣宽度(half-power beamwidth)又称主瓣宽度或 3dB 波瓣宽度，是指主瓣最大值两边场强等于最大值的 0.707 倍(最大功率密度下降一半)的两辐射方向之间的夹角，通常用 $2\theta_{0.5E}$ 表示。主瓣宽度又称为半功率波束宽度或 3dB 波束宽度。一般情况下，天线的 E 面和 H 面方向图的主瓣宽度不等，可分别记为 $2\theta_{0.5E}$ 和 $2\theta_{0.5H}$。

2. 零功率波瓣宽度

零功率波瓣宽度(first null beamwidth)又称第一零点波束宽度，是指主瓣最大值两边两个零辐射方向之间的夹角，通常用 $2\theta_0$ 表示。

3. 副瓣电平

副瓣电平(side lobe level)是副瓣最大模值与主瓣最大模值之比，一般用分贝表示，即

$$\text{SLL} = 10\lg\frac{W_m}{W_s} = 20\lg\frac{E_m}{E_s} \tag{2-11}$$

主瓣宽度愈小，说明天线辐射能量愈集中，定向性越好。对于电流源主瓣，$2\theta_0 = 180°$，$2\theta_{0.5} = 180°$。通常，最靠近主瓣的第一个副瓣是所有副瓣中最大的，为衡量辐射功率集中于主瓣的程度，引入第一副瓣电平(first side lobe level)的概念，它是第一副瓣最大模值与主瓣最大模值之比。副瓣电平通常指第一副瓣电平。

副瓣方向通常是不需要辐射或接收能量的方向。因此，天线副瓣电平愈低，表明天线在不需要的方向上辐射或接收的能量愈弱，或者说在这些方向上对杂散的来波抑制能力愈强，抗干扰能力就愈强。因此，在天线设计中常有低副瓣的设计要求，如基站的上旁瓣、雷达天线。

不同用途要求天线有不同的方向图。例如，对于广播电视发射天线、移动通信基站天线等，要求在水平面内为全向方向图，而在垂直面内有一定的方向性以提高天线增益；对于微波中继通信、远程雷达、射电天文、卫星接收等用途的天线，要求为笔形波束方向图；对于搜索雷达、警戒雷达天线，则要求天线方向图为扇形波束。图 2.2-2 所示为天线的不同方向图。

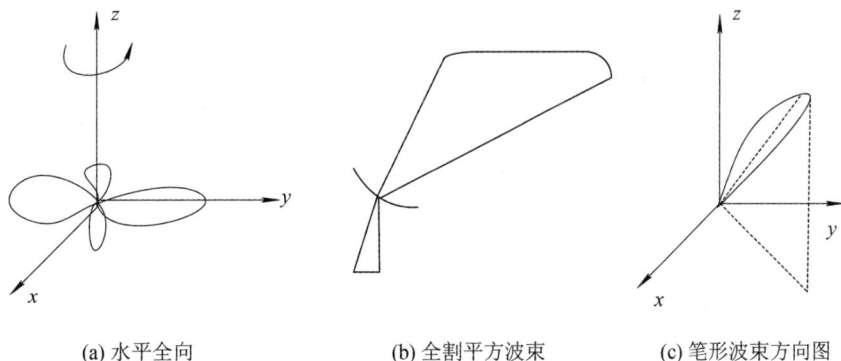

(a) 水平全向　　　　　　　　(b) 全割平方波束　　　　　　(c) 笔形波束方向图

图 2.2-2　天线的不同方向图

4. 前后(辐射)比

前后(辐射)比是主瓣最大模值和后瓣最大模值之比(dB 值大于零)，通常要求尽可能大。

2.3 方 向 系 数

天线的方向系数是天线的主要电参数之一，用来定量描述天线方向性的强弱。下面对天线的方向系数进行计算。电流经过天线转换成电磁波向四周辐射，我们可以将辐射的方向等效成一个球，球面的面积 $4\pi r^2$ 对应的立体角为 $4\pi Sr$。在球坐标系中，球面的面积元为

$$\mathrm{d}S = r^2 \sin\theta \mathrm{d}\theta \mathrm{d}\phi \qquad (2-12)$$

所对应的立体角元为

$$\mathrm{d}\Omega = \frac{\mathrm{d}S}{r^2} = \sin\theta \mathrm{d}\theta \mathrm{d}\phi \qquad (2-13)$$

辐射强度 $U(\theta,\phi)$ 是指天线在单位立体角内所辐射的功率。它是一个远场参数。天线在某方向的辐射强度是该方向单位立体角的辐射功率，即

$$U(\theta,\phi) = \frac{\mathrm{d}P_r(\theta,\phi)}{\mathrm{d}\Omega} = \frac{S_r(\theta,\phi)\mathrm{d}S}{\mathrm{d}\Omega} \qquad (2-14)$$

由 $U(\theta,\phi)$ 的定义可知，所有立体角上的辐射功率：

$$P_r = \int_\Omega U(\theta,\phi) \cdot \mathrm{d}\Omega \qquad (2-15)$$

半径为 r 的球面面积 $S = 4\pi r^2$，其立体角 $\Omega = 4\pi$，在给定方向上的辐射强度表示为

$$U(\theta,\phi) = S_r(\theta,\phi)r^2 = \frac{1}{2}r^2(\boldsymbol{E} \times \boldsymbol{H}^* \cdot \hat{\boldsymbol{r}}) \qquad (2-16)$$

复坡印廷矢量：

$$S(r) = \frac{1}{2}\boldsymbol{E} \times \boldsymbol{H}^* \qquad (2-17)$$

流出的总功率：

$$P_f = \oiint_S \boldsymbol{S} \cdot \mathrm{d}S = \frac{1}{2}\oiint_S \boldsymbol{E} \times \boldsymbol{H}^* \cdot \hat{\boldsymbol{n}}\mathrm{d}S \qquad (2-18)$$

天线的辐射功率：

$$P_r = \mathrm{Re}\oiint_S \boldsymbol{S} \cdot \mathrm{d}S = \frac{1}{2}\mathrm{Re}\oiint_S \boldsymbol{E} \times \boldsymbol{H}^* \cdot \hat{\boldsymbol{n}}\mathrm{d}S \qquad (2-19)$$

平均辐射强度是指理想点源天线的辐射强度，与方向角无关，它可由所讨论天线在立体角内辐射功率的平均值来表示，即

$$U_{av} = \frac{P_r}{4\pi} \qquad (2-20)$$

方向系数是用来表征天线辐射能量集中程度的一个参数。在相同辐射功率 P_r 条件下，某天线在给定方向的辐射强度 $U(\theta_0,\phi_0)$ 与理想点源天线在同一方向的辐射强度 $U_{av}(\theta_0,\phi_0)$ 之比（平均辐射强度）即为方向系数。方向系数也可以定义为在远区场球面上，最大辐射功率

密度与平均辐射功率密度之比，即

$$D(\theta_0,\phi_0)=\frac{U(\theta_0,\phi_0)}{U_{av}(\theta_0,\phi_0)}=\frac{S_{max}}{S_{av}} \tag{2-21}$$

其中，S_{max} 和 S_{av} 分别是最大功率密度和平均功率密度。

由于功率密度与电场强度的平方成正比，因此式(2-22)也可以表述为

$$D(\theta_0,\phi_0)=\frac{E^2(\theta_0,\phi_0)}{E_0^2} \tag{2-22}$$

式中，$E(\theta_0,\phi_0)$ 为天线在指定方向上的电场强度，E_0 为理想点源天线在同一方向的电场强度。

理想点源天线在同一方向的辐射强度 U_{av} 为

$$U_{av}=\frac{P_r}{4\pi} \tag{2-23}$$

因此方向系数也可以表述为

$$D(\theta,\phi)=\frac{U(\theta,\phi)}{\frac{1}{4\pi}\iint U(\theta,\phi)d\Omega}=\frac{|F(\theta,\phi)|^2}{\frac{1}{4\pi}\iint|F(\theta,\phi)|^2d\Omega}=\frac{4\pi|F(\theta,\phi)|^2}{\Omega_A} \tag{2-24}$$

其中，Ω_A 为天线的波束立体角。波束立体角就是这样一个立体角，假如单位立体角的功率(辐射强度)等于波束区的最大值，则全部功率将会从该立体角中辐射出去。

$$F^2(\theta,\phi)=\frac{|\boldsymbol{E}(\theta,\phi)|^2}{E_m^2}=\frac{S(\theta,\phi)}{S_m}=\frac{U(\theta,\phi)}{U_m} \tag{2-25}$$

$$P_r=\int_\Omega U(\theta,\phi)d\Omega \tag{2-26}$$

$$D(\theta,\phi)=\frac{U(\theta,\phi)}{P_r/4\pi}=\frac{4\pi U(\theta,\phi)/U_m}{\int_\Omega U(\theta,\phi)/U_m d\Omega} \tag{2-27}$$

方向系数：

$$D(\theta,\phi)=\frac{4\pi F^2(\theta,\phi)}{\int_0^{2\pi}\int_0^\pi F^2(\theta,\phi)\sin\theta d\theta d\phi} \tag{2-28}$$

方向系数与波束宽度之间的关系如下：

$$D=\frac{41\,000}{(2\theta_{0.5E})(2\theta_{0.5H})} \tag{2-29}$$

任意方向上的方向系数与最大方向系数的关系如下：

$$D(\theta,\phi)=D_{max}F^2(\theta,\phi) \tag{2-30}$$

理想的各向同性天线的方向系数为 1，但实际上不存在这种天线，所有实际天线的方向系数都大于 1。方向性常用分贝表示，需选择一个参考天线，若以各向同性天线为参考，则分贝表示为 dBi，即

$$D(dBi)=10lgD \tag{2-31}$$

若以半波偶极子($D=1.64$)为参考，则分贝表示为 dBd，即

$$D(\text{dBi}) = 10\lg D - 2.15 \tag{2-32}$$

天线的方向性(最大方向的方向系数)为

$$D = \frac{S_{\text{m}}}{P_{\text{r}}/(4\pi r^2)} \tag{2-33}$$

其中,$S_{\text{m}} = \dfrac{|E_{\text{m}}|^2}{2\eta}$。在自由空间,$\eta = 120\pi$,则可得出通信距离与场强的关系:

$$E_{\text{m}} = \frac{\sqrt{60 P_{\text{r}} D}}{r} \tag{2-34}$$

2.4 天 线 效 率

对发射天线来说,天线效率用来衡量天线将高频电流或导波能量转换为无线电波能量的有效程度,是天线的一个重要电参数。天线的效率是用来计算损耗的,表征天线的能量转换效能。天线损耗的类型如图 2.4-1 所示。

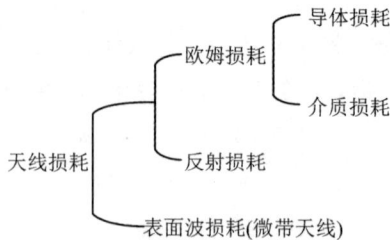

图 2.4-1　天线损耗的类型

天线辐射功率 P_{r} 与输入功率 P_{in} 之比称为天线的效率,用 η_{r} 表示,即

$$\eta_{\text{r}} = \frac{P_{\text{r}}}{P_{\text{in}}} = \frac{P_{\text{r}}}{P_{\text{r}} + P_{\text{l}}} = \frac{R_{\text{r}}}{R_{\text{r}} + R_{\text{l}}} \tag{2-35}$$

其中,R_{r}、R_{l} 分别是天线的辐射电阻和损耗电阻。

如果考虑到馈线与天线失配引起的反射损耗,则天线的总效率应为

$$\eta_{\Sigma} = \eta_{\text{r}}(1 - |\Gamma|^2) \tag{2-36}$$

其中:

$$\Gamma = \frac{Z_{\text{in}} - Z_0}{Z_{\text{in}} + Z_0} \tag{2-37}$$

式中,Γ、Z_{in} 和 Z_0 分别为反射系数、天线输入阻抗和传输线特性阻抗。

说明:

(1) η_{r} 越大越好,$0 \leqslant \eta_{\text{r}} \leqslant 1$。

(2) 若想提高 η_{r},应尽量减小 R_{l},提高 R_{r}。

(3) R_{l} 一般包括天线的热损耗、介质损耗和感应损耗。

(4) 使用良导体、低损耗介质,铺设地网等,可减小 R_{l};加顶、加电感可提高 R_{r}。

发射机一般经过一段传输线给天线馈电,设传输线无耗且输入端 T_{in} 处的输入实功率

为 P_{in}，若天线与传输线失配，则线上存在反射系数 Γ，实际在天线输入端 T_1 处的实功率就为 P_1，如图 2.4-2 所示。

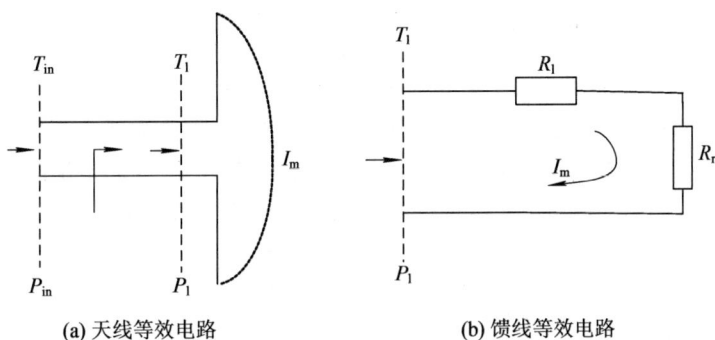

(a) 天线等效电路　　　　　　　　　　(b) 馈线等效电路

图 2.4-2　天线、馈线及等效电路

显然，有

$$P_1 = (1 - |\Gamma|^2)P_{in} \tag{2-38}$$

天线吸收的功率 P_1 又分为两部分：一部分由于导体和介质的热损耗而被吸收，记为 P_1，另一部分向空间辐射出去，记为 P_r，即 $P_L = P_1 + P_r$。因此有

$$P_{in} = \frac{P_1 + P_r}{1 - |\Gamma|^2} \tag{2-39}$$

天线的总效率为

$$\eta_a = (1 - |\Gamma|^2)\frac{P_r}{P_r + P_1} = \eta_c\eta_r \tag{2-40}$$

式中，$\eta_c = 1 - |\Gamma|^2$，为反射失配效率；$\eta_r = P_r/(P_r + P_1)$，为天线导体和介质损耗效率；$\Gamma = (Z_{in} - Z_0)/(Z_{in} + Z_0)$，为馈电传输线上的反射系数，$Z_{in}$ 为天线输入阻抗，Z_0 为传输线的特性阻抗。

根据图 2.4-2(b) 所示的等效电路，有

$$P_1 = \frac{I_m^2 R_1}{2} \tag{2-41}$$

$$P_r = \frac{I_m^2 R_r}{2} \tag{2-42}$$

则

$$\eta_r = \frac{R_r}{R_r + R_1} \tag{2-43}$$

式 (2-41)~式 (2-43) 中，I_m 为天线上波腹电流，R_1 为损耗电阻，R_r 为辐射电阻。

2.5　增　　益

方向系数表征了辐射电磁能量的集中程度。效率表征了天线能量转换效能。将这两者结合起来，用一个变量表征天线辐射能量集中程度和能量转换效率的总效益，称之为天线

增益。在相同输入功率 P_{in} 的条件下，增益为天线在给定方向的辐射强度与理想点源天线在同一方向的辐射强度之比，即

$$G(\theta_0,\phi_0)=\frac{U(\theta_0,\phi_0)}{U_0(\theta_0,\phi_0)}=\frac{E^2(\theta_0,\phi_0)}{E_0^2} \quad (2-44)$$

注意：式(2-44)增益的表达式与方向系数完全一样，但方向系数与增益定义的基点和条件是不同的。方向系数的定义以辐射功率为基点，并以相同辐射功率为条件，没有考虑天线的能量转换效率；增益的定义以输入功率为基点，并以相同输入功率为条件。

在相同输入功率 P_{in} 条件下，理想点源天线在同一方向的辐射强度 $U_0(\theta,\phi)$ 为

$$G(\theta_0,\phi_0)=\frac{U(\theta_0,\phi_0)}{P_{in}/(4\pi)} \quad (2-45)$$

因此式(2-45)可表示为

$$U_0(\theta_0,\phi_0)=P_{in}/(4\pi) \quad (2-46)$$

天线增益还可表示为

$$G(\theta_0,\phi_0)=\frac{U(\theta_0,\phi_0)}{P_{in}/(4\pi)}=\frac{P_r}{P_{in}}\frac{U(\theta_0,\phi_0)}{P_r/(4\pi)}=\eta_r D(\theta_0,\phi_0) \quad (2-47)$$

式中用了关系 P_r/P_{in}。

得到天线增益与方向系数的关系为

$$G=\eta_r D \quad (2-48)$$

代入方向系数与效率的定义，可得

$$G=\eta_r D=\frac{P_r}{P_{in}}\frac{S_{max}}{S_{av}}=\frac{S_{max}}{P_{in}/(4\pi r^2)} \quad (2-49)$$

$$P_r=S_{av}4\pi r^2 \quad (2-50)$$

因此，天线的最大辐射功率密度与把相同的输入功率无方向性地分布在球面上的功率密度的比值就是天线的增益。

天线的有效辐射功率可以表示为

$$P_e=P_{in}G=P_{in}\eta_r D=P_r D \quad (2-51)$$

$$P_r D=P_{in}G \quad (2-52)$$

于是天线的场强与增益的关系如下：

$$E_m=\frac{\sqrt{60P_{in}G}}{r} \quad (2-53)$$

天线的最大方向系数和最大增益如下：

$$D_{max}=\frac{4\pi U_{max}}{P_r}$$

$$G_{max}=\frac{4\pi U_{max}}{P_{in}} \quad (2-54)$$

2.6　天线极化

极化是天线的一项重要特性，也考虑到无线电设备的性能，实际使用中，对天线的极

化往往有较高的要求。

天线在某方向的极化是天线在该方向所辐射电磁波的极化，或天线在该方向接收获得最大接收功率时入射平面波的极化。天线的极化与所讨论空间方向有关，通常所说的天线极化是指最大辐射方向或最大接收方向的极化。

天线辐射的电磁波为球面波。在以天线上某点为圆心、远场距离 r 为半径的一个球面上，取天线最大指向方向邻近范围的一小块面积，在此小块面积上的电磁波可近似为平面波。

在球坐标系下，天线远区辐射电场一般由 $\boldsymbol{E}_\theta$ 和 $\boldsymbol{E}_\phi$ 表示，见图 2.6-1。不失一般性，可用 E_x 和 E_y 表示。沿正 z 方向传播的平面波合成电场可写作

$$\boldsymbol{E}=\hat{\boldsymbol{x}}E_x+\hat{\boldsymbol{y}}E_y=\hat{\boldsymbol{x}}E_{0x}\mathrm{e}^{-\mathrm{j}(\beta z-\phi_x)}+\hat{\boldsymbol{y}}E_{0y}\mathrm{e}^{-\mathrm{j}(\beta z-\phi_y)} \quad (2-55)$$

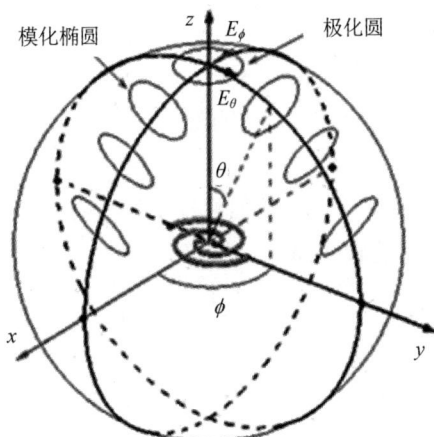

图 2.6-1 天线辐射波

将式(2-55)等号两边同乘以时间因子并取其实部，得到瞬时合成电场在 $z=0$ 处的表示为

$$\boldsymbol{E}(z,t)\mid_{z=0}=\hat{\boldsymbol{x}}E_x(t)+\hat{\boldsymbol{y}}E_y(t) \quad (2-56)$$

瞬时分量为

$$\begin{cases}E_x(t)=E_{0x}\cos(\omega t+\phi_x)\\E_y(t)=E_{0y}\cos(\omega t+\phi_y)\\E_x(z,t)=E_{0x}\cos(\omega t-\beta z+\phi_x)\\E_y(z,t)=E_{0y}\cos(\omega t-\beta z+\phi_y)\end{cases} \quad (2-57)$$

消去式(2-57)中含 ωt 的项，可得方程

$$\frac{E_x^2(z,t)}{E_{0x}^2}-2\frac{E_x(z,t)E_y(z,t)}{E_{0x}E_{0y}}\cos(\Delta\phi)+\frac{E_y^2(z,t)}{E_{0y}^2}=\sin^2(\Delta\phi) \quad (2-58)$$

式中，$\Delta\phi=\phi_y-\phi_x$ 为两个分量的相位差。下面根据这一方程讨论在位置 $z=0$ 处合成电场矢量的取向随时间变化的轨迹。

1. 线极化

当两个分量的相位差为零或 π 的整数倍时，其合成矢量为线极化，即

$$\Delta\phi=\phi_y-\phi_x=n\pi \quad (n=0,1,2,\cdots) \quad (2-59)$$

式(2-59)方程变成一个线性方程

$$E_y(z,t) = \pm \frac{E_{0y}}{E_{0x}} E_x(z,t) \tag{2-60}$$

2. 圆极化

当两个分量的幅度相等，且相位差为 $\pi/2$ 的奇数倍时，其合成矢量为圆极化，即 $E_{0x} = E_{0y} = E_0$

$$\Delta\phi = \phi_y - \phi_x = \begin{cases} +\dfrac{(2n+1)\pi}{2}, \ 左旋 \\[3mm] -\dfrac{(2n+1)\pi}{2}, \ 右旋 \end{cases} \quad (n=0,1,2,\cdots) \tag{2-61}$$

由此，方程变成一个标准圆方程：

$$E_x^2(z,t) + E_y^2(z,t) = E_0^2 \tag{2-62}$$

说明合成矢量的取向随时间变化轨迹为一个圆。

3. 椭圆极化

当两个分量的相位差为 $\pi/2$ 的奇数倍但幅度不等，或两个分量的相位差不等于 $\pi/2$ 的倍数且不论幅度相等与否，其合成矢量为椭圆极化，即

$$\Delta\phi = \phi_y - \phi_x = \begin{cases} +\dfrac{(2n+1)\pi}{2}, \ 左旋 \\[3mm] -\dfrac{(2n+1)\pi}{2}, \ 右旋 \end{cases} \quad (n=0,1,2,\cdots) \tag{2-63}$$

此时式(2-63)可化作一个标准椭圆方程

$$\frac{E_x^2(z,t)}{E_{0x}^2} + \frac{E_y^2(z,t)}{E_{0y}^2} = 1 \tag{2-64}$$

$$\Delta\phi = \phi_y - \phi_x \neq \pm n\frac{\pi}{2} \begin{cases} > 0, \ 左旋 \\ < 0, \ 右旋 \end{cases} \quad (n=0,1,2,\cdots) \tag{2-65}$$

此时方程是一个一般的椭圆方程，说明合成矢量的取向随时间变化的轨迹为椭圆。

对于椭圆极化，在某个给定位置上其极化轨迹曲线一般是一个倾斜的椭圆，见图 2.6-2。

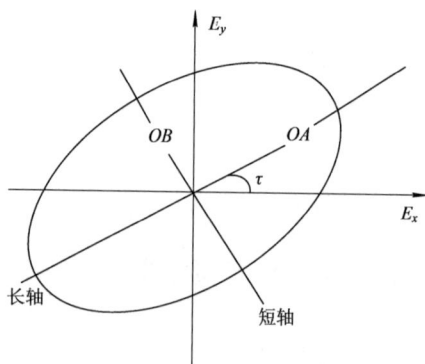

图 2.6-2 椭圆极化

4. 轴比

极化椭圆的长轴 b 与短轴 a 之比称为轴比，记为 AR。其表示为

$$AR = \begin{cases} \dfrac{b}{a} = \sqrt{\dfrac{E_{0x}^2\cos^2\tau + E_{0x}E_{0y}\sin(2\tau)\cos(\Delta\phi) + E_{0y}^2\sin^2\tau}{E_{0x}^2\sin^2\tau - E_{0x}E_{0y}\sin(2\tau)\cos(\Delta\phi) + E_{0y}^2\cos^2\tau}} & (b > a) \\[4mm] \dfrac{a}{b} = \sqrt{\dfrac{E_{0x}^2\sin^2\tau - E_{0x}E_{0y}\sin(2\tau)\cos(\Delta\phi) + E_{0y}^2\cos^2\tau}{E_{0x}^2\cos^2\tau + E_{0x}E_{0y}\sin(2\tau)\cos(\Delta\phi) + E_{0y}^2\sin^2\tau}} & (a > b) \end{cases} \quad (2-66)$$

式中，τ 为椭圆倾角，即椭圆长轴与 x 轴之间的夹角，其表示为

$$\tau = \frac{1}{2}\arctan\left(\frac{2E_{0x}E_{0y}\cos\Delta\phi}{E_{0x}^2 - E_{0y}^2}\right) \quad (2-67)$$

将式(2-67)代入式(2-66)中计算可得

$$AR_{dB} = 20\lg AR \quad (2-68)$$

当 AR=0 时，天线极化为圆极化，当 AR=∞ 时，天线极化为线极化。

在圆极化天线设计中，轴比是衡量天线圆极化程度的一个重要技术指标。一般要求在方向图主瓣宽度范围内 AR≤ 3 dB。

椭圆极化可以看成是由两个旋向相反的圆极化波叠加而成的，一个圆极化电场可以分解成两个振幅相等、相位相差 π/2 的线极化电场。

若波沿 z 方向传播，则电场强度为

$$\boldsymbol{E} = \hat{\boldsymbol{x}}E_x + \hat{\boldsymbol{y}}E_y = E_R\left(\frac{\hat{\boldsymbol{x}} - \mathrm{j}\hat{\boldsymbol{y}}}{\sqrt{2}}\right) + E_L\left(\frac{\hat{\boldsymbol{x}} + \mathrm{j}\hat{\boldsymbol{y}}}{\sqrt{2}}\right) \quad (2-69)$$

其中，E_R 为接收天线为左旋圆极化时的电场强度，E_L 为接收天线为右旋圆极化时的电场强度。

$$E_R = \frac{1}{\sqrt{2}}(E_x + \mathrm{j}E_y) = A_R\mathrm{e}^{\mathrm{j}\phi_R} \quad (2-70)$$

$$E_L = \frac{1}{\sqrt{2}}(E_x - \mathrm{j}E_y) = A_L\mathrm{e}^{\mathrm{j}\phi_L} \quad (2-71)$$

5. 极化损失系数 K

极化损失系数的定义为：接收到的功率 P_{re} 与入射到接收天线上的功率 P_i 之比，即

$$K = \frac{P_{re}}{P_i} \quad (2-72)$$

在无线电通信中，只有在收、发天线的极化匹配时，才能获得最大的功率传输，否则会出现极化损失。所谓收、发天线的极化匹配是指在最大指向方向对准的情况下，收、发天线的极化一致。极化损失系数用于衡量极化匹配的程度，用 K 来表示，其是指接收天线的极化与入射波极化不完全匹配时，接收功率损失的多少。

下面就线极化天线和圆极化天线在最大指向方向对准时，讨论收、发天线极化不一致产生的极化损失系数。

1) 线极化天线的极化损失系数

线极化天线的极化损失系数,以典型的对称振子为例,如图 2.6-3 所示。虽然两副天线最大指向对准,但接收天线绕 y 轴旋转了角度 ψ,这就使得接收、发射天线的极化不一致。

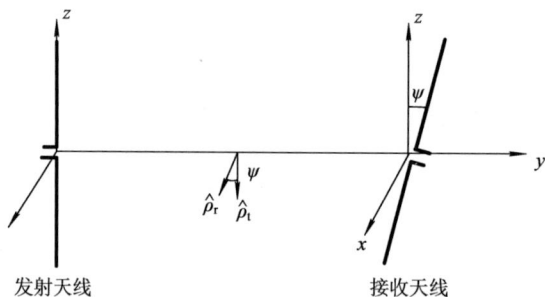

图 2.6-3　发射天线和接收天线

设由发射天线来的入射波电场为 $E_t = \hat{\rho}_t E_t$,在最大指向方向的入射功率流密度为 $S_t = |E_t|^2 / 2\eta_0$。并设接收天线的有效面积为 S_e(后面介绍),则入射到接收天线上的功率为

$$P_i = \frac{S_e \cdot |E_t|^2}{2\eta_0} \tag{2-73}$$

由于存在极化失配,只有平行于接收天线轴的电场分量才能在接收天线上感应电压而被接收。这个电场分量为 $E_r = \hat{\rho}_r E_r$,$E_r = \hat{\rho}_t{}^* \cdot \hat{\rho}_r E_t$,$\hat{\rho}_r$ 为平行于接收天线轴的单位矢量,即为其极化方向。天线能接收的功率为

$$P_{re} = \frac{S_e \cdot |E_r|^2}{2\eta_0} \tag{2-74}$$

由极化损失系数的定义式可得

$$K = \frac{P_{re}}{P_i} = |\hat{\rho}_t \cdot \hat{\rho}_r{}^*|^2 = \cos^2\psi \tag{2-75}$$

式(2-75)用分贝表示如下:

$$K_{dB} = 10\lg K \tag{2-76}$$

由式(2-76)可以看出:

(1) 当 $\psi = 0°$(极化匹配)时,$K = 1$(0 dB),天线将从入射波吸取最大功率。

(2) 当 $\psi = 45°$时,$K = \dfrac{1}{2}$(−3 dB),说明吸收功率损失了 3 dB。

(3) 当收、发天线正交放置 $\psi = 90°$时,$K = 0$(−∞),则天线不能从入射波中吸收功率。

2) 圆极化天线的极化损失系数

圆极化天线的极化损失系数导出过程冗长,这里直接给出结果。假设发射天线极化椭圆的轴比为 $r_1 = AR_1$,倾角为 r_1;接收天线极化椭圆的轴比为 $r_2 = AR_2$,倾角为 r_2;则极

化损失系数为

$$K = \frac{1}{2} \pm \frac{2r_1 r_2}{(1+r_1^2)(1+r_2^2)} + \frac{(1-r_1^2)(1-r_2^2)}{2(1+r_1^2)(1+r_2^2)}\cos(2\psi) \qquad (2-77)$$

当收发天线的极化椭圆旋向相同时，式(2-77)取"＋"号，旋向相反时则取"－"号。由式(2-77)可以看出：

（1）当收发天线为相同旋向的圆极化时，$r_1 = r_2 = 1$，取正号可得 $K=1$，说明全部入射波均被接收，无极化损失。

（2）当收发天线为相反旋向的圆极化时，$r_1 = r_2 = 1$，取负号可得 $K=0$，这说明接收不到来波功率。

（3）当收发天线的一方为圆极化 $r_1 = 1$，一方为线极化 $r_2 = \infty$ 时，可得 $K=1/2$，说明只接收到入射波功率的一半，损失了 3 dB。

由此可得到两个线极化天线之间的极化损失系数；也可得到两个圆极化天线或一个为圆极化，一个为线极化天线之间的极化损失系数。典型情况由表 2.6-1 给出。

表 2.6-1　收发天线为各种典型极化时的极化损失系数

发射天线	接收天线	极化损失系数 K
垂直极化/水平极化	垂直极化/水平极化	1
垂直极化/水平极化	水平极化/垂直极化	0
垂直或水平极化	圆极化	0.5
左/右旋圆极化	左/右旋圆极化	1
左/右旋圆极化	右/左旋圆极化	0

2.7　输入阻抗

天线输入端电压与电流之比定义为天线的输入阻抗，用 Z_{in} 表示，即

$$Z_{in} = \frac{U_{in}}{I_{in}} = R_{in} + jX_{in} \qquad (2-78)$$

天线的输入阻抗决定于天线本身的结构、工作频率，甚至还受周围环境的影响。仅在极少数情况下严格计算天线的输入阻抗。一般计算方法有：边值法、传输线法、坡印廷矢量法。

由于计算天线上的电流很困难，工程上常采用近似计算或实验测定的方法确定天线的输入阻抗。现在确定天线的输入阻抗大多基于数值计算方法。

天线的输入阻抗一般为复数，包含电阻 R_{in} 和电抗 X_{in} 两部分。而 R_{in} 又包含两个分

量，即

$$R_{in} = \frac{P_r}{0.5\,|\,I_{in}\,|^2} + \frac{P_1}{0.5\,|\,I_{in}\,|^2} = R_r + R_1 \qquad (2-79)$$

式中，R_r 为天线的辐射电阻；R_1 为天线的损耗电阻。

$$X_{in} = \frac{Q_r}{0.5\,|\,I_{in}\,|^2} \qquad (2-80)$$

连接到发射机或接收机的天线，其输入阻抗等效为发射机的负载或接收机的源的内部阻抗。因此输入阻抗值的大小可表征天线与发射机或接收机的匹配状况，同时可表示传输线中的导行波与空间电磁波之间能量转换的好坏。故输入阻抗是天线的一个重要电路参数。

工程上对天线系统提出的设计要求，一般不是规定所要设计天线的输入阻抗是多少，而是规定在馈线上的电压驻波比的最大允许值，如在 X 波段 $\rho \leqslant 1.5$，在短波波段 $\rho \leqslant 3$ 等。设计人员知道天线的输入阻抗之后，就可设计馈电传输线，以便使天线与馈线之间达到良好的匹配，以满足设计的要求。

天线是一个开放的辐射系统，其输入阻抗不仅与天线形式、尺寸、工作频率有关，而且与其周围物体情况等因素有关。

失配损耗的计算如下：

$$q = 1 - |\,\Gamma\,|^2 = 1 - \left(\frac{VSWR - 1}{VSWR + 1}\right)^2 \qquad (2-81)$$

$$q = 10\lg(1 - |\,\Gamma\,|^2) \qquad (2-82)$$

$$q = 10\lg\left(1 - \left(\frac{VSWR - 1}{VSWR + 1}\right)^2\right) \qquad (2-83)$$

$$q = 10\lg\left(\frac{4VSWR}{(VSWR + 1)^2}\right) \qquad (2-84)$$

◤ 2.8 辐射阻抗

天线的辐射阻抗 Z_r 是一个假想的等效阻抗，与归算电流密切相关，归算电流不同，辐射阻抗的数值也不同。

如果将输入电流 I_{in} 作为归算电流，则天线辐射场强可表示为

$$E_\theta = j\frac{60 I_{in}}{r} f(\theta, \phi)\, e^{-jkr} \qquad (2-85)$$

辐射功率 P_r 可表示成

$$P_r = \frac{1}{2}\,|\,I_{in}\,|^2 Z_r = \frac{1}{2}\,|\,I_{in}\,|^2 (R_r + jX_r) \qquad (2-86)$$

其中，R_r 是辐射电阻，X_r 是辐射电抗。

由坡印廷矢量可得天线辐射功率为

$$P_r = \frac{1}{2\eta} \oiint |E|^2 r^2 \sin\theta d\theta d\phi = \frac{\eta |I_m|^2}{8\pi^2} \oiint |f(\theta,\phi)|^2 \sin\theta d\theta d\phi \qquad (2-87)$$

于是得到辐射电阻为

$$R_r = \frac{2P_r}{|I_m|^2} = \frac{\eta}{4\pi^2} \oiint |f(\theta,\phi)|^2 \sin\theta d\theta d\phi$$

$$= \frac{\eta f_{max}^2}{4\pi^2} \int_0^{2\pi}\int_0^\pi F^2(\theta,\phi)\sin\theta d\theta d\phi \qquad (2-88)$$

辐射电阻与方向系数的关系为

$$DR_r = \frac{\eta f_{max}^2}{\pi} \qquad (2-89)$$

其中，R_r 为归算于波腹电流的辐射电阻。

现在来完整地描述通信链路中的功率传递。发射天线参数为 D_r、A_{emr}、P_r，接收天线参数为 D_R、A_{emR}、P_R。如果发射天线是各向同性的，在距离处的功率密度为

$$S_r = \frac{P_r}{4\pi r^2} \qquad (2-90)$$

对于具有方向系数 D_r 的发射天线，入射到接收天线的功率密度为

$$S_r = D_r \frac{P_r}{4\pi r^2} \qquad (2-91)$$

则可用接收功率为

$$P_R = S_r \cdot A_{emR} = \frac{D_r P_r A_{emR}}{4\pi r^2} \cdot \frac{\lambda^2}{\lambda^2} = P_r \cdot \frac{A_{emr}A_{emR}}{r^2\lambda^2}$$

$$= P_r \cdot \frac{D_r \cdot D_r \cdot \lambda^2}{(4\pi r)^2} \qquad (2-92)$$

$$A_{emR} = \frac{\lambda^2}{4\pi}D_r \qquad (2-93)$$

$$D_R = 4\pi \frac{A_{emR}}{\lambda^2} \qquad (2-94)$$

计算入射天线损耗如下：

$$P_R = \left(\frac{\lambda}{4\pi r}\right)^2 P_r \cdot G_r \cdot G_R \qquad (2-95)$$

称式(2-95)为功率传输方程。其成立的条件为接收、发射天线最大辐射方向对准；接收、发射天线极化匹配；接收、发射天线与传输线阻抗匹配。如上述中任意一条件不满足，只需校准由极化损耗、阻抗失配或天线未对准引起的损失即可。

1. 收、发天线最大方向未对准

(θ_r,ϕ_r)，(θ_R,ϕ_R) 分别为发射、接收天线的最大接收方向与水平连线的夹角，则各自的增益方向图为

$$\begin{cases} G_r(\theta_r, \phi_r) = G_r \cdot F_r^2(\theta_r, \phi_r) \\ G_R(\theta_R, \phi_R) = G_R \cdot F_R^2(\theta_R, \phi_R) \end{cases} \tag{2-96}$$

接收、发射天线示意图如图 2.8-1 所示。

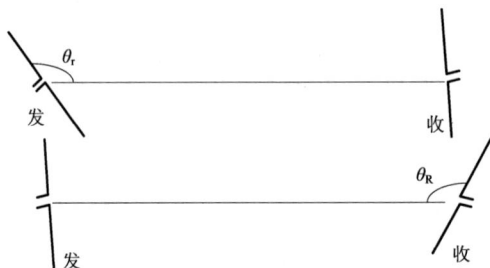

图 2.8-1　接收、发射天线示意图

因此，总的功率传输方程可写成

$$P_R = \left(\frac{\lambda}{4\pi R}\right)^2 P_r \cdot G_r \cdot G_R \cdot F_r^2(\theta_r, \phi_r) \cdot F_R^2(\theta_R, \phi_R) \tag{2-97}$$

2. 极化不匹配

当入射波和接收天线从完全失配变为完全匹配时，极化效率（或极化失配因子）从 0 变到 1。接收功率为

$$P_R = p \cdot P_{Rmax} \tag{2-98}$$

式中，p 为极化失配因子，其计算式为

$$p = |\hat{\boldsymbol{e}}_R^* \cdot \hat{\boldsymbol{e}}|^2 \tag{2-99}$$

其中，$\hat{\boldsymbol{e}}_R$ 为接收天线极化的单位复矢量，$\hat{\boldsymbol{e}}$ 为入射波极化的单位复矢量。

假设以 z 方向为参考方向，入射波、接收天线电场矢量位于 xy 面内，则 $\hat{\boldsymbol{e}}_R$ 与 $\hat{\boldsymbol{e}}$ 均在 xy 面上。

$$\hat{\boldsymbol{e}}_R = \cos\gamma_R \cdot \hat{\boldsymbol{x}} + \sin\gamma_R \cdot e^{j\delta_R} \cdot \hat{\boldsymbol{y}} \tag{2-100}$$

$$\hat{\boldsymbol{e}} = \cos\gamma \cdot \hat{\boldsymbol{x}} + \sin\gamma \cdot e^{j\delta} \cdot \hat{\boldsymbol{y}} \tag{2-101}$$

3. 阻抗不匹配

天线的阻抗失配因子 q 可定义为

$$P_R = qP_{Rmax} \tag{2-102}$$

在很多情况下，天线阻抗是未知的，可测出电压驻波比替代天线阻抗。由于反射系数可由 VSWR 来计算，沿传输线传输的功率部分为

$$q = 1 - |\Gamma|^2 = 1 - \left(\frac{VSWR - 1}{VSWR + 1}\right)^2 \tag{2-103}$$

由此可得反射损耗为

$$q = 10\lg(1 - |\Gamma|^2) \tag{2-104}$$

因此，总的功率传输方程可写成

$$P_{R} = \left(\frac{\lambda}{4\pi R}\right)^{2} P_{r} G_{r} G_{R} \cdot P \cdot q \cdot F_{r}^{2}(\theta_{r}, \phi_{r}) \cdot F_{R}^{2}(\theta_{R}, \phi_{R}) \qquad (2-105)$$

由上述分析可知，最佳接收条件如下：

（1）接收天线的最大方向对准入射波方向。

（2）接收天线的极化与入射波的极化相匹配。

（3）接收天线的负载与自身的阻抗相匹配。

第3章
对称振子天线

对称阵子天线由同样粗细、同样长度的两根直导线构成，在中间的两个端点处馈电。它可以看作由一段开路长线张开而成，每根导线长为 $L/2$，称为对称振子的臂长。由于结构简单，对称振子广泛用于通信、雷达等各种无线电设备中，是经常使用的一种线天线类型。就使用波段而言，它应用于短波、超短波甚至微波波段。它可以作为独立天线使用，也可以作为复杂天线(天线阵)的组成单元或面天线的组成部分。所以本章主要研究对称振子天线。

3.1 对称振子天线的电流分布

对天线特性的研究要从其在空间的辐射场出发。天线在空间的辐射场可以由天线上的电流分布求得，因此首先来确定振子上的电流分布。

3.1.1 短对称振子

长度在范围 $\lambda/50 < l < \lambda < 10$ 之间的对称振子称为短对称振子，如图 3.1-1 所示，短对称振子的电流分布可按三角形变化近似，表示为

$$\boldsymbol{I}(z') = \hat{\boldsymbol{z}}\, I_0 \left(1 - \frac{2}{l}\,|z'|\right) \tag{3-1}$$

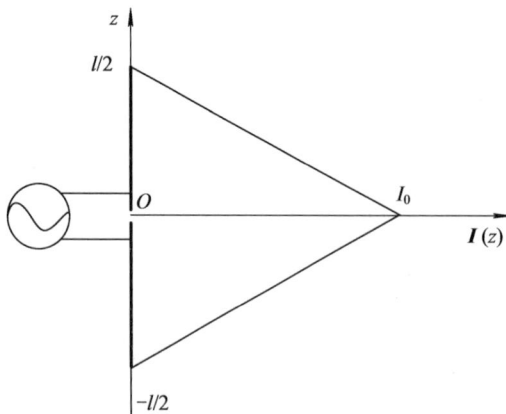

图 3.1-1 短对称阵子电流分布

3.1.2　长对称振子

如图 3.1-2 所示的对称振子是由一段开路长线张开形成的，对称振子的电流近似按正弦分布。

$$\boldsymbol{I}(z') = \hat{\boldsymbol{z}}\, I_0 \sin\beta(l - |z|') \qquad (3-2)$$

其中边界条件：末端电流为零。

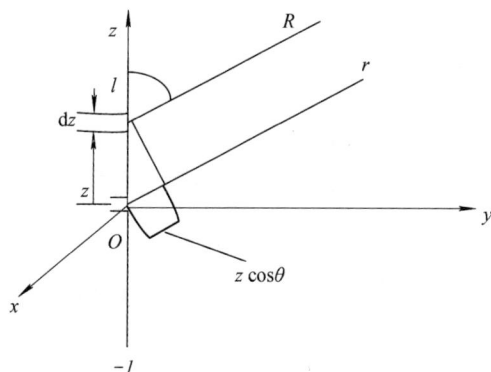

图 3.1-2　长对称阵子等效图

对于中点馈电的对称振子天线，其结构可看作一段开路传输线张开而成，如图 3.1-3 所示。

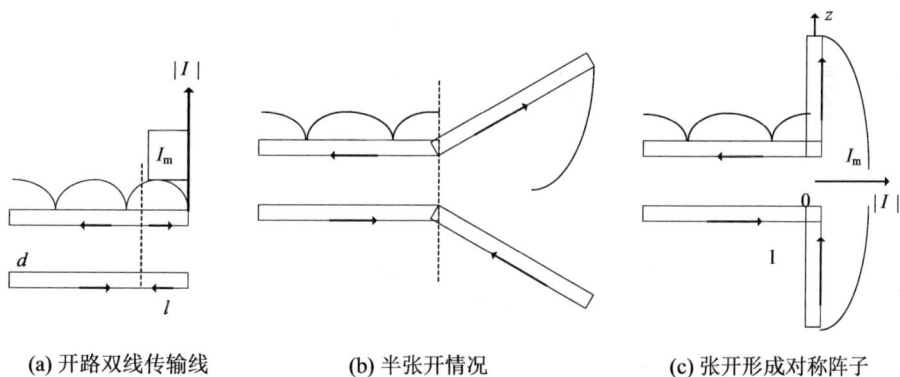

(a) 开路双线传输线　　　　(b) 半张开情况　　　　(c) 张开形成对称阵子

图 3.1-3　对称阵子等效示意图

在图 3.1-3 坐标系下，单臂长为 l 的对称振子上的电流分布可近似写作

$$I(z) = I_{\mathrm{m}} \sin[\beta(l - |z|)] \quad (-l \leqslant z \leqslant l) \qquad (3-3)$$

由此电流分布可见：

当 $z=l$ 或 $-l$ 时，天线两端的电流为零；当 $z=0$ 时，天线两端的电流为输入点电流，即 $I(0)=I_{\mathrm{m}}\sin(\beta l)$；当 $z=0$ 且 $2l=\lambda/2$ 时，$\beta l=\pi/2$，$I(0)=I_{\mathrm{m}}$，即馈电点电流为最大值。此时天线上的电流为半波，称为半波对称振子。然后通过以下步骤可以求出对称阵子的场分布和方向函数。

（1）建立坐标系，取总长为 $2l$，其上电流分布为

$$I(z) = I_m \sin[\beta(l - |z|)] \quad (-l \leqslant z \leqslant l) \tag{3-4}$$

（2）将对称振子分为长度为 $\mathrm{d}z$ 的许多小段，每个小段可看作是一个元天线，距坐标原点 z 处的元天线的辐射电场可写作

$$\mathrm{d}E_\theta = \mathrm{j}\eta_0 \frac{I(z)\mathrm{d}z}{2\lambda R} \sin\theta \, \mathrm{e}^{-\mathrm{j}\beta R} \tag{3-5}$$

（3）作远场近似。

相位近似为

$$R = r - z\cos\theta \tag{3-6}$$

幅度近似为

$$\begin{cases} R = r \\ \mathrm{e}^{-\mathrm{j}\beta R} = \mathrm{e}^{-\mathrm{j}\beta r} \, \mathrm{e}^{\mathrm{j}\beta z\cos\theta} \end{cases} \tag{3-7}$$

（4）求总场。总场是这些元天线的辐射场在空间某点的叠加，用积分表示为

$$E_\theta = \int_{-l}^{l} \mathrm{d}E_\theta = \mathrm{j}\eta \frac{\mathrm{e}^{-\mathrm{j}\beta r}}{2\lambda r} \sin\theta \int_{-l}^{l} I(z) \mathrm{e}^{\mathrm{j}\beta z\cos\theta} \mathrm{d}z \tag{3-8}$$

把正弦电流分布代入式（3-8），并分成对两个臂的积分（取 $I_m = I_0$）：

$$\begin{aligned} E_\theta &= \mathrm{j}\eta \frac{\mathrm{e}^{-\mathrm{j}\beta r}}{2\lambda r} \sin\theta I_0 \left\{ \int_{-l}^{0} \sin[\beta(l+z)] \mathrm{e}^{\mathrm{j}\beta z\cos\theta} \mathrm{d}z + \int_{0}^{l} \sin[\beta(l-z)] \mathrm{e}^{\mathrm{j}\beta z\cos\theta} \mathrm{d}z \right\} \\ &= \mathrm{j}\eta \frac{I_0 \mathrm{e}^{-\mathrm{j}\beta r}}{2\pi r} \frac{\cos(\beta l\cos\theta) - \cos(\beta l)}{\sin\theta} \\ &= \mathrm{j} \frac{60 I_0}{r} \mathrm{e}^{-\mathrm{j}\beta r} f(\theta) \end{aligned} \tag{3-9}$$

（5）求总场模值及方向图函数。

模值：

$$|E_\theta| = \frac{60 I_m}{r} |f(\theta)| \tag{3-10}$$

方向图函数：

$$f(\theta) = \frac{\cos(\beta l\cos\theta) - \cos(\beta l)}{\sin\theta} \tag{3-11}$$

当 $2l < 1.44\lambda$ 时，最大辐射方向为侧向，最大值为

$$f_{max} = f(\theta_m) = 1 - \cos(\beta l) \tag{3-12}$$

此时的归一化方向图函数为

$$F(\theta) = \frac{\cos(\beta l\cos\theta) - \cos(\beta l)}{f_{max} \cdot \sin\theta} \tag{3-13}$$

对于半波振子有 $2l = \dfrac{\lambda}{2}$，$\beta l = \dfrac{\pi}{2}$，$f_{max} = f(\theta_m) = 1$，则可以得出方向函数

$$F(\theta) = f(\theta) = \frac{\cos\left(\dfrac{\pi}{2}\cos\theta\right)}{\sin\theta} \tag{3-14}$$

对于全波振子有 $2l = \lambda$，$\beta l = \pi$，$f_{max} = f(\theta_m) = 2$，则可以求出

$$F(\theta) = \frac{\cos(\pi\cos\theta) + 1}{2\sin\theta} = \frac{\cos^2\left(\dfrac{\pi}{2}\cos\theta\right)}{\sin\theta} \tag{3-15}$$

对于短阵子有 $\beta l \ll 1$，把式（3-15）用幂级数展开，有 $f_{\max}=1-\left[1-\dfrac{(\beta l)^2}{2}\right]=\dfrac{(\beta l)^2}{2}$，

则此时 $F(\theta)=\dfrac{\left[1-\dfrac{(\beta l\cos\theta)^2}{2}\right]-\left[1-\dfrac{(\beta l)^2}{2}\right]}{\dfrac{(\beta l)^2}{2}\sin\theta}=\sin\theta$。

考虑到馈电点的电流为 $I_{in}=I_m\sin(\beta l)\approx I_m\beta l$，得知振子的辐射场为

$$E_\theta=j\frac{60I_m}{r}e^{-j\beta r}f_{\max}F(\theta)=j\frac{I_{in}l}{2\lambda r}\eta_0\sin\theta e^{-j\beta r} \tag{3-16}$$

与基本振子天线的辐射场相比较，两者形式上完全一样。这说明：一个长度为 $2l$ 的短振子与一个长度为 $dz=l$ 的元天线（基本振子）是等效的。因为前者电流为三角形分布，后者电流为等幅分布。前面给出的方向图函数 $F(\theta)$ 为对称振子的 E 面方向图函数；H 面方向图在垂直于振子轴的平面内为常数，即为一个圆。由如下方向图函数可绘出三维方向图：

$$f(\theta)=\frac{\cos(\beta l\cos\theta)-\cos(\beta l)}{\sin\theta} \tag{3-17}$$

当振子长度为半个波长（即 $l=\lambda/2$ 时），半波振子的辐射场为

$$E_\theta=j\eta\frac{I_0e^{-j\beta r}}{2\pi r}\frac{\cos\left(\dfrac{\pi}{2}\cos\theta\right)}{\sin\theta} \tag{3-18}$$

$$H_\phi=j\frac{I_0e^{-j\beta r}}{2\pi r}\frac{\cos\left(\dfrac{\pi}{2}\cos\theta\right)}{\sin\theta} \tag{3-19}$$

由如下归一化方向图函数可绘出不同长度对称振子的 E 面方向图，如图 3.1-4 所示。

$$F(\theta)=\frac{\cos(\beta l\cos\theta)-\cos(\beta l)}{f_{\max}\cdot\sin\theta} \tag{3-20}$$

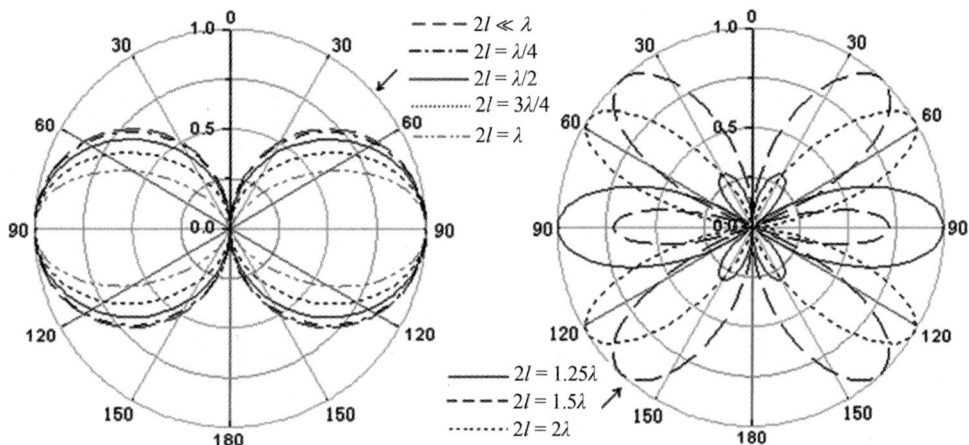

图 3.1-4 不同长度对称阵子 E 面方向图

由如下对称振子上的正弦电流分布表示，可绘出不同长度对称振子上的电流分布图，如图 3.1-5 所示。

$$I(z) = I_m \sin[\beta(l - |z|)] \quad (-l \leqslant z \leqslant l) \tag{3-21}$$

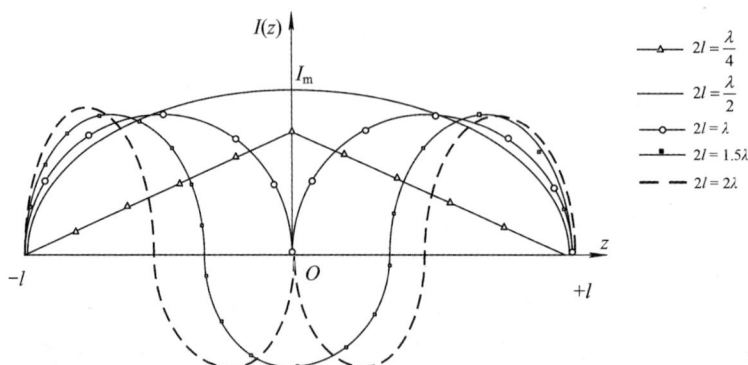

图 3.1-5　不同长度对称阵子电流分布图

对称振子天线全长大于一个波长时，由于方向图出现花瓣，其方向性降低。全长等于一个波长时的方向性最强，但是馈电点处的电流为零，其输入阻抗为无穷大，难以匹配。因此，实际中一般多采用半波振子天线。

对称振子加上反射板挡在一侧，使得天线只在一侧具有定向辐射，因此增加了方向性，图 3.1-6 为加反射板的半波振子示意图，也可以结合多个振子形成阵列天线形成能量聚焦，分析方法可以参考电磁场与电磁波中的镜像原理。

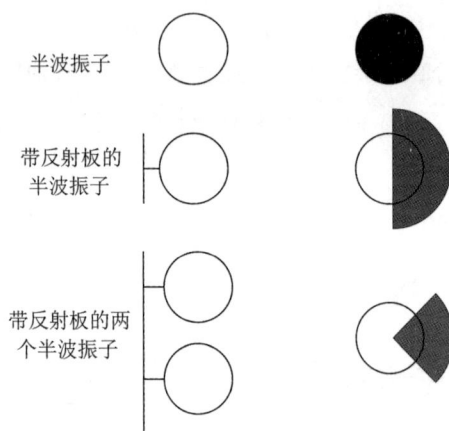

半波振子

带反射板的半波振子

带反射板的两个半波振子

图 3.1-6　加反射板的半波振子

3.2　对称振子天线的输入阻抗

对称振子的输入阻抗对系统匹配是至关重要的。天线的输入阻抗是指从馈线往天线看去的输入阻抗，等于馈电端口处的电压与电流之比。但是，由于电压或电流不易求出，因此，输入阻抗的计算也不是一件容易的事情。传统的工程近似计算方法是把振子看作由开路传输线张开 180°后构成的。因此，可借助传输线的阻抗公式，经过适当近似和修正，得到对称振子的输入阻抗的公式：

$$Z_{in} = \frac{R_{\Sigma}}{\sin^2 \alpha_A l} - jW_A \cot \alpha_A l \tag{3-22}$$

其中，$W_A = 120\left(\ln\frac{2l}{a} - 1\right)$ 为平均特性阻抗，a 为导线半径；α_A 为对称阵子电流的相移常数；R_{Σ} 为对称阵子的辐射电阻。

对称振子的输入阻抗 $Z_{in} = R_{in} + jX_{in}$ 有如下规律：

（1）对称振子的平均特性阻抗越低，R_{in} 和 X_{in} 随频率的变化就越平缓，其频率特性就越好。所以，欲展宽对称振子的工作频带，常采用加粗振子直径、降低输入阻抗的办法。如短波波段使用的笼形天线，笼形天线示意图如图 3.2-1 所示。

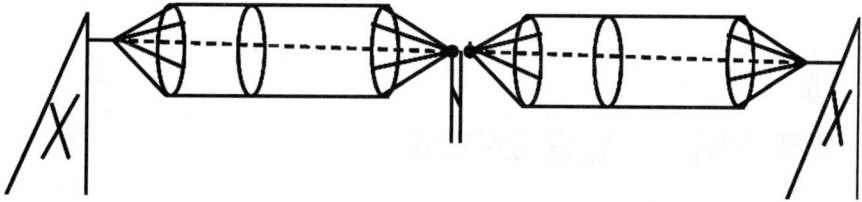

图 3.2-1　笼形天线示意图

（2）当 $l/\lambda \approx 0.25$ 时，对称振子处于串联谐振状态，而当 $l/\lambda \approx 0.5$ 时，对称振子处于并联谐振状态，无论是串联谐振还是并联谐振，对称振子的输入阻抗都为纯电阻。但在串联谐振点（即 $l = \lambda/4$）附近，且 $R_{in} = R_r = 73.1\Omega$。这就是说，当 $l = \lambda/4$ 时，对称振子的输入阻抗是一个不大的纯电阻，且具有较好的频率特性，也有利于同馈线的匹配，这是半波振子被广泛采用的一个重要原因。

（3）对称振子谐振长度由 $X_{in} = 0$ 来确定，它取决于振子的波长缩短系数和末端效应，而波长缩短系数不仅与振子长度有关，而且还取决于振子的直径；振子越粗，波长缩短现象越明显，谐振长度就越短。

3.3　巴　伦

传输线也有平衡与非平衡之分，但平行线传输线天生是固有平衡的，因为如果入射波发送到传输线上，它将在对称天线上激发平衡电流。然而同轴传输线（微带线）是非平衡的，当波抵达对称天线时，外导体的外壁上可能有电流流回，从而使传输线上的电流不平衡。

对称振子天线结构是对称的，因此电流也应该是对称的，即平衡的。但是，对称天线的电流平衡与馈电结构密切相关。对于对称振子如果用双导线馈电，则电流平衡；但如果用同轴线馈电就可能出现电流不平衡的问题。而这种问题会影响天线的辐射特性，需要采用平衡不平衡转换器——巴伦（英文为 balun，它是 balance 和 unbalance 的缩写），使得电流的不平衡变为平衡，图 3.3 - 1 为巴伦示意图，图 3.3 - 2 为其等效电路示意图。

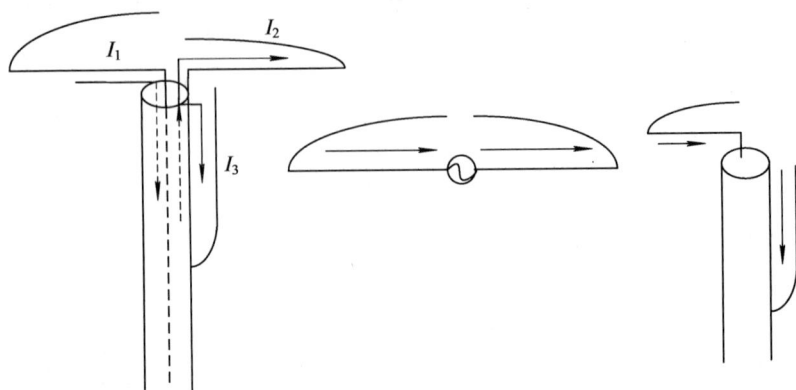

图 3.3 - 1　巴伦示意图

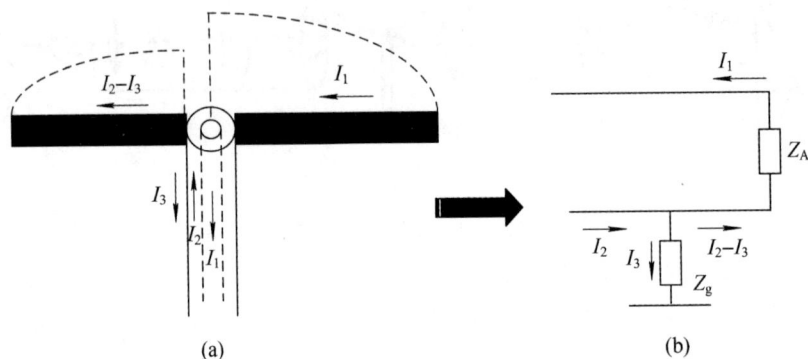

图 3.3 - 2　巴伦及其等效电路

当频率较高时，如在短波与超短波波段，由于辐射损耗等原因，就不适宜采用双线传输线作馈线，而应采用同轴线作为馈线。用同轴电缆直接给对称振子馈电（同轴线内外导体分别接上对称振子的两个臂），则使振子两个臂的电流分布不对称，即为不平衡。

电流分布不平衡的结果将使天线的方向图发生畸变，并影响其输入阻抗；而且同轴线外表面的电流也会参与辐射，天线交叉极化分量变大。这种情况是我们不希望的，应当设法避免。采用同轴线向对称振子馈电时要保持两臂电流平衡的方法是采取平衡变换措施。我们首先讨论一下同轴线直接向对称振子馈电将使天线上电流分布不对称的问题。

如图 3.3 - 2 所示，假如馈电能达到平衡，则同轴线内外导体上电流应等幅反相，$I_2 = -I_1$。然而，当接上对称振子后，有部分电流 I_3 将从外导体外侧流回，致使天线两臂上对称点的电流不等，电流的大小主要由外导体与地之间的接地阻抗 Z_g 决定，见图 3.3 - 2(b) 等效电路。

如果采用一种装置能使 Z_g 很大，则可大大减少 I_3，从而使馈电达到平衡。这种用来阻塞和抑制同轴线外导体外表面电流的装置叫平衡变换器。

由上述分析可知，为了使对称振子两个臂上的电流分布对称（即平衡），用同轴线与对称振子连接时应采用平衡变换器。本节介绍几种常用的平衡变换器。

3.3.1　套筒式平衡变换器

在硬同轴线外做一个长为 $\lambda/4$ 的金属套筒，如图 3.3 - 3 所示。套筒的一端短路，形成短路传输线，见图 3.3 - 3(b) 等效电路。由 2 - 3 端口看去的输入阻抗为 $Z_g = \infty$，于是 $I_3 = 0$，阻止了同轴线外导体内壁的电流外溢，起到了平衡馈电的作用。但是扼流套没有阻抗变换的作用。

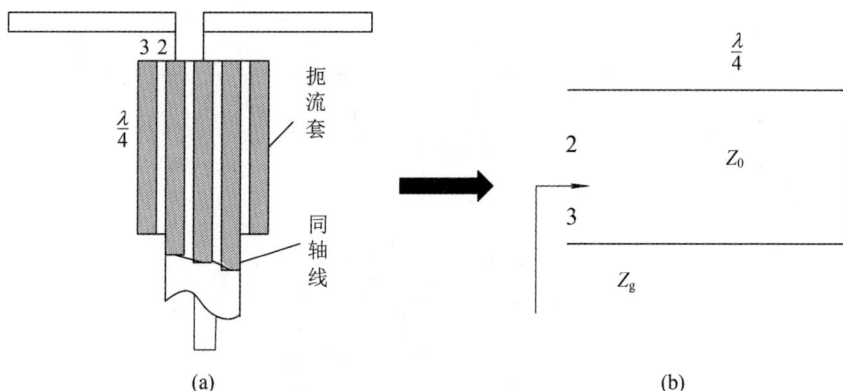

(a)　　　　　　　　　　　　　　　　(b)

图 3.3 - 3　套筒式平衡变换器(扼流套)

由于套筒的长度为 $\lambda/4$，$Z_g = jZ_0\tan\beta l$ 与频率有关，因此这种平衡变换器是窄频带的。扼流套开口并不是真正的开路，而是存在电容效应，这使得扼流套相当于电容加载的短路线，其长度也会有缩短电容效应。最佳长度一般为 0.23 个波长。

3.3.2　短路式平衡变换器

如图 3.3 - 4 所示，取一段与馈电同轴线外导体直径相同、长度为 $\lambda/4$ 的金属棒，一端接在馈电同轴线外导体上形成短路，另一端与馈电同轴线内导体连接并与振子的一个臂相连，同轴线的外导体接振子的另一臂。

从 ab 端向短路端看去是一段 $\lambda/4$ 短路传输线，此时 $Z_g = \infty$，$I_3 = 0$。当工作频率偏离中心频率时，金属棒及同轴线外导体中将有电流流过，但因为是对称分流(见图 3.3 - 4(b) 等效电路)，振子臂上的电流分布仍保持平衡，因此方向图的频带宽，但其阻抗带宽较窄。

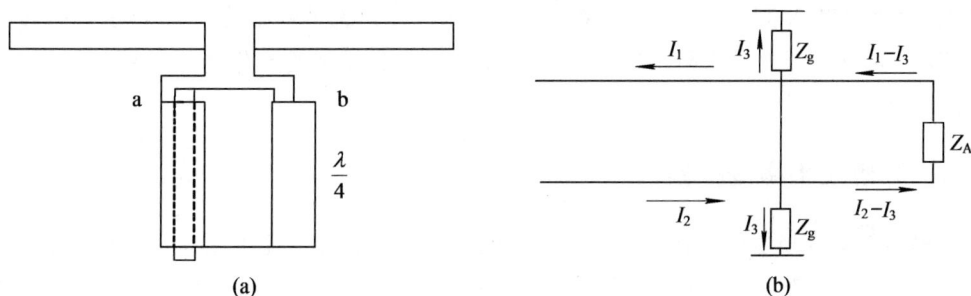

(a)　　　　　　　　　　　　　　　　(b)

图 3.3 - 4　短路式平衡变换器及其等效电路

3.3.3　U形管平衡变换器

前面介绍的两种变换器均适用于硬同轴线。当使用软同轴线电缆时，广泛应用如图 3.3-5 所示的 U 形管平衡变换器。这种变换器同时起平衡变换和阻抗变换两种作用。

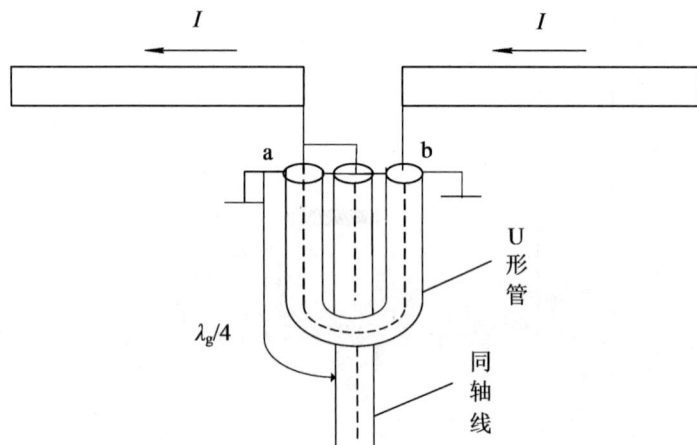

图 3.3-5　U形管平衡变换器

U 形管的内导体分别连接对称振子的两个臂，其长度为 $\lambda_g/2$（$\lambda_g/2$ 为同轴线内的波长）。由传输线理论可知，在传输线上相距 $\lambda_g/2$ 的两点间的电压或电流是等幅反相的，即 $U_a=-U_b$，$I_a=-I_b$。这就使对称振子两臂的电流达到了平衡。

设天线的输入阻抗为 Z_{ab}，输入电压 $U_{ab}=2U$，则天线的输入电流 $I=2U/Z_{ab}$，a 点和 b 点的对地阻抗为

$$Z_{ag}=Z_{bg}=\frac{U}{I}=\frac{Z_{ab}}{2} \qquad (3-23)$$

Z_{bg} 经过半波长的 U 形管变换到 a 点处的阻抗仍为 $Z_{ab}/2$，并和 Z_{ag} 并联，构成了同轴线的负载阻抗 Z_L，此时有

$$Z_L=\frac{Z_{ag}Z_{bg}}{Z_{ag}+Z_{bg}}=\frac{Z_{ab}}{4} \qquad (3-24)$$

例如，折合半波振子，$Z_{ab}=300\ \Omega$，则 $Z_L=75\ \Omega$。可选特性阻抗为 75 Ω 的同轴线加 U 形管馈电。可见天线的输入阻抗经过 U 形管变换后变为原来的四分之一，在设计天线时应考虑这一点。

3.3.4　开槽线平衡变换器

开槽线平衡变换器的结构如图 3.3-6 所示。它是在同轴线上开对称的纵向缝隙，长度为 1/4 工作波长。对称振子一臂与上半部分外导体相连，同轴线内芯与下半部分外导体相连并接上对称振子的另一臂。

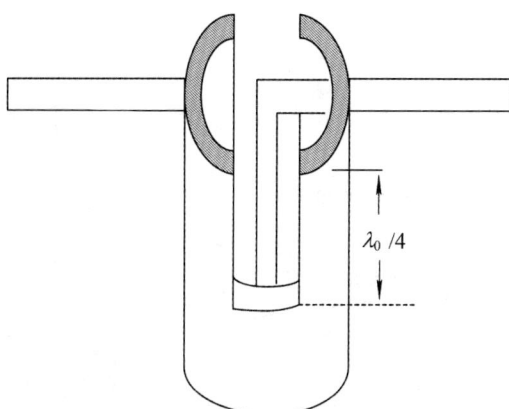

图 3.3 - 6　开槽线平衡变换器的结构

开槽线平衡变换器的作用主要是：① 电流平衡；② 阻抗变换。

简化后的结构可以表示为如图 3.3 - 7 所示的形式。

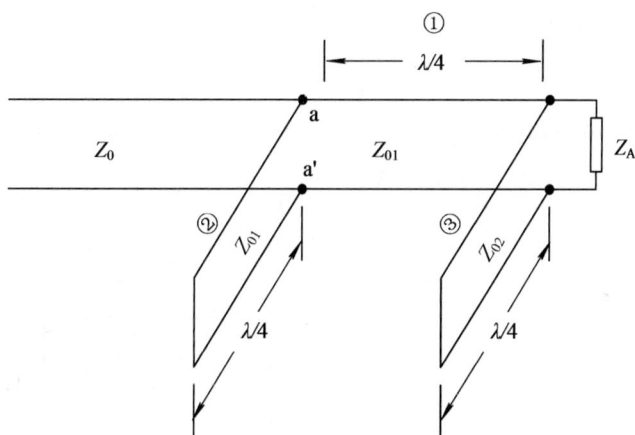

图 3.3 - 7　开槽线平衡变换器等效模型

说明：等效电路中 Z_{01} 为槽线同轴线部分的特性阻抗；Z_{02} 为开槽线的特性阻抗；Z_A 为天线的输入阻抗。

等效电路的 $\boldsymbol{A}$ 参数矩阵如下：

$$\boldsymbol{A} = \begin{pmatrix} 1 & 0 \\ -\mathrm{j}\,\dfrac{1}{Z_{01}}\cot\theta & 1 \end{pmatrix} \cdot \begin{pmatrix} \cos(\theta) & \mathrm{j}Z_{01}\sin\theta \\ -\mathrm{j}\,\dfrac{1}{Z_{01}}\sin\theta & \cos\theta \end{pmatrix} \cdot \begin{pmatrix} 1 & 0 \\ -\mathrm{j}\,\dfrac{1}{Z_{01}}\cot\theta & 1 \end{pmatrix} \tag{3-25}$$

3.3.5　同轴渐变平衡变换器

同轴线渐变锥削式巴伦从固有的非平衡同轴线开始，随着往平衡端的移动，外导体切开一个槽，使内导体渐渐显露出来，外导体减小到与内导体相同的尺寸点，即实现了非平衡到平衡的变换。也可以制作成微带的形式，图 3.3 - 8 为同轴（微带）渐变平衡变换器。

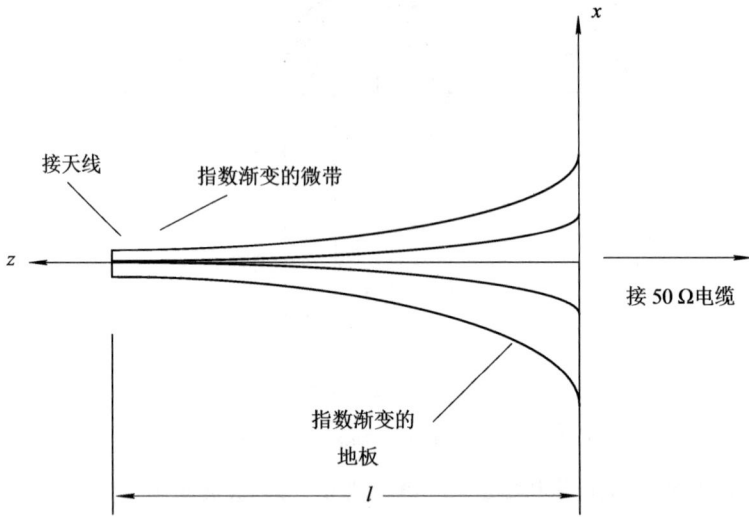

图 3.3 - 8　同轴(微带)渐变平衡变换器

3.3.6　印刷巴伦

现在广泛应用于相控阵的贴片对称振子天线如图 3.3 - 9 所示。这种天线的巴伦为对称振子背面的耦合微带结构,其带宽较宽。

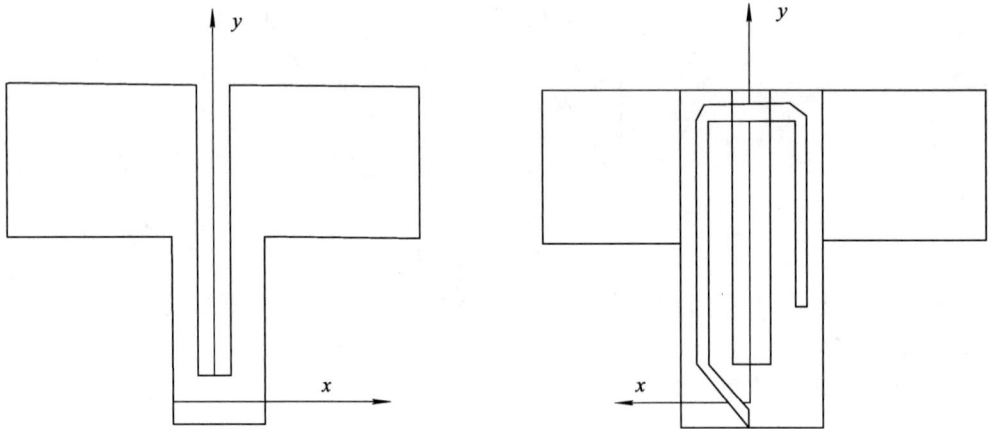

图 3.3 - 9　印刷巴伦及其侧面图

3.3.7　传输线变压器

传输线变压器主要在低频应用(MHz),如图 3.3 - 10 所示,不仅有平衡-不平衡的变换作用,而且还具有阻抗变换作用。其优点是功率比较大,体积小,插损小,外磁场小,不需要额外屏蔽,可作为平衡转换器、阻抗变换器、混接网络以及功率合成器中的分配器等。

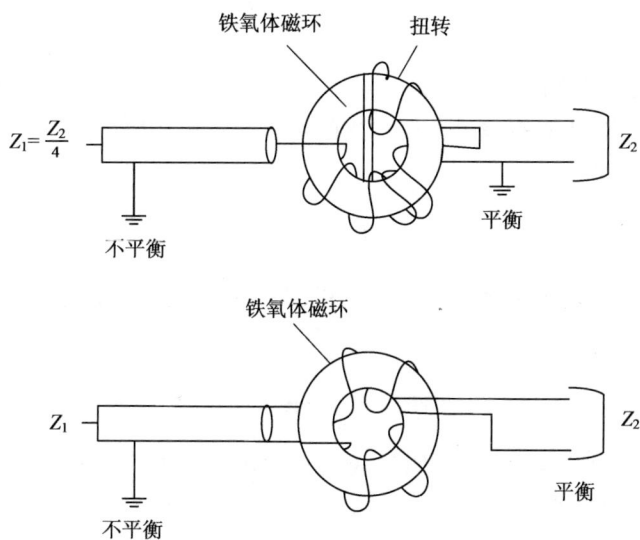

图 3.3 - 10　传输线变压器示意图

3.4　折合振子天线

　　折合振子由两个两端连接的平行振子组成，形成一个窄导线环，其尺寸 d 远小于长度 L，馈点在一边的中心上。它本质上是一个具有不等电流的非平衡传输线。折合振子常常用作八木天线阵及其他流行天线的馈电天线。它的电流可被认为是传输线模式与天线模式两种模式电流的组合。两种模式的电流见图 3.4 - 1。

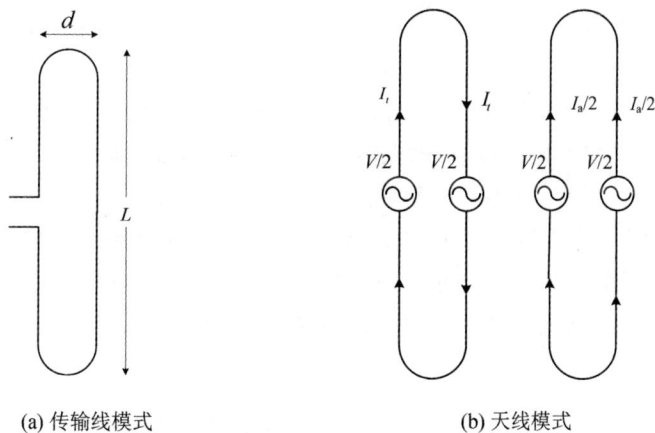

(a) 传输线模式　　　　　　　　　　　　(b) 天线模式

图 3.4 - 1　折合振子天线

　　由于 d 很小，传输线模式中的电流倾向于远场相消，其输入阻抗 Z_t 由具有短路负载的传输线方程给出

$$Z_t = jZ_0 \tan\beta \frac{L}{2} \qquad (3-26)$$

其中，Z_0 为传输线的特性阻抗。

在天线模式中，每个竖直段上电流产生的场在远区相互加强，因为它们的指向相同。

传输线模式的电流为

$$I_t = \frac{V}{2Z_t} \qquad (3-27)$$

在天线模式下，总电流是每个边电流之和，即 I_a。对此电流的激励是 $V/2$，因此，天线的电流是

$$I_a = \frac{V}{2Z_d} \qquad (3-28)$$

作为一级近似，其中 Z_d 就是相同导线尺寸的普通振子的输入阻抗。左边的总电流是 $I_t + I_a/2$，总电压是 V，所以折合振子的输入阻抗是

$$Z_A = \frac{V}{I_t + \frac{1}{2} I_a} \qquad (3-29)$$

将式(3-27)与式(3-28)代入式(3-29)得

$$Z_A = \frac{4Z_t Z_d}{Z_t + 2Z_d} \qquad (3-30)$$

将常见的半波折合振子作为例子。由式(3-26)及 $L = \lambda/2$，有

$$Z_t = jZ_0 \tan\left[\left(\frac{2\pi}{\lambda}\right)\left(\frac{\lambda}{4}\right)\right] = jZ_0 \tan\left(\frac{\pi}{2}\right) = \infty \qquad (3-31)$$

则式(3-30)给出

$$Z_A = 4Z_d \qquad \left(L = \frac{\lambda}{2}\right) \qquad (3-32)$$

因此，当为半波振子时，即 $L = \lambda/2$，$Z_t = \infty$，则 $Z_A = 4Z_d$。因此半波折合振子的阻抗是同类普通振子的 4 倍约为 280 Ω，此阻抗非常接近于普通双导线传输线的输入电阻 300 Ω。半波折合振子和半波振子(在谐振时)一样具有实数输入阻抗。

对于远区场，由于间距很小，两个对称振子之间的相位差可以忽略，因此，折合振子的辐射场相当于两个对称振子的辐射场的叠加；在折合振子和单个对称振子馈电电流相同的条件下，折合振子的辐射功率是单个对称振子的辐射功率的两倍；在辐射功率相同的条件下，折合振子的输入电流是单个对称振子的输入电流的一半。

3.5　双锥天线

双锥天线是一种常见的全向天线，也是对称振子的一种典型形式，属于非频变天线。由于双锥天线的频带宽，全向性良好，在工作带宽内的方向图比较恒定，因而在超宽带领域很受欢迎，双锥天线常用于卫星通信、雷达系统、无线电监测、电磁兼容测试等领域中。

3.5.1　无限双锥天线

无限双锥天线由两个形状相同的无限长锥形导电面组成，如图 3.5－1 所示，高频振荡电压通过两定点之间的缝隙馈入。该天线可以用传输线理论来分析。由于其结构是无限长的，其上的电流没有反射波，因此线上电流为行波分布。缝隙处存在时变的电场，驱使电流由馈电点处沿着导体面流动。由于结构以 z 轴旋转对称，所以磁场只有 H_ϕ 分量。考虑这种双锥传输线的 TEM 模式（所有场对传播方向为横向），则电场将垂直于磁场也即电力线沿 θ 方向，如图 3.5－1 所示。

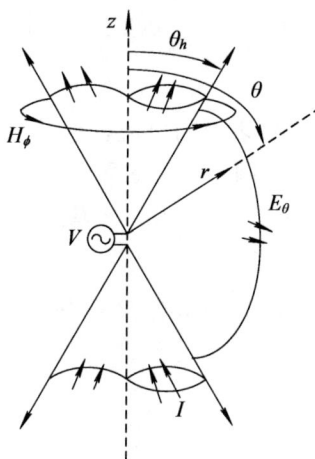

图 3.5－1　无限双锥天线（图中给出了场分量和电流）

由以上分析可知在两锥之外的空间区域，$\boldsymbol{J}=\boldsymbol{0}$，$\boldsymbol{H}=H_\phi\boldsymbol{e}_\phi$，$\boldsymbol{E}=E_\theta\boldsymbol{e}_\theta$。由麦克斯韦第一方程 $\nabla\times\boldsymbol{H}=\mathrm{j}\omega\varepsilon\boldsymbol{E}+\boldsymbol{J}$ 可得以下两标量方程：

$$\frac{1}{r\sin\theta}\frac{\partial}{\partial\theta}(\sin\theta H_\phi)=\mathrm{j}\omega\varepsilon E_r=0 \tag{3-33}$$

$$-\frac{1}{r}\frac{\partial}{\partial r}(rH_\phi)=\mathrm{j}\omega\varepsilon E_\theta \tag{3-34}$$

由式(3-33)可得 $\frac{\partial}{\partial\theta}(\sin\theta H_\phi)=0$，于是

$$H_\phi=\frac{A(r,\phi)}{\sin\theta} \tag{3-35}$$

$A(r,\phi)$ 为只与 r 和 ϕ 有关的函数。由于无限双锥天线以 z 轴旋转对称，因此 $A(r,\phi)=A(r)$，只与 r 有关。

由于该结构的场为按距离衰减的场，可以将式(3-35)表示为

$$H_\phi=H_0\frac{\mathrm{e}^{-\mathrm{j}kr}}{4\pi r}\frac{1}{\sin\theta} \tag{3-36}$$

将式(3-36)代入式(3-34)，得

$$E_\theta=\frac{-1}{\mathrm{j}\omega\varepsilon}\frac{1}{r}\frac{H_0}{4\pi r\sin\theta}\frac{\partial}{\partial r}(\mathrm{e}^{-\mathrm{j}kr})=\frac{\beta H_0}{\omega\varepsilon}\frac{1}{r}\frac{\mathrm{e}^{-\mathrm{j}kr}}{4\pi}\frac{1}{\sin\theta}=\eta H_0\frac{\mathrm{e}^{-\mathrm{j}kr}}{4\pi r}\frac{1}{\sin\theta} \tag{3-37}$$

由式(3-36)和式(3-37)可得 $E_\theta = \eta H_\phi$，由式(3-37)可得归一化方向函数为

$$F(\theta) = \frac{\sin\theta_h}{\sin\theta} \quad (\theta_h < \theta < \pi - \theta_h) \tag{3-38}$$

式中，θ_h 为锥的半张角，可见无限双锥的归一化方向性系数只与锥的半张角 θ_h 有关，且 θ_h 不随频率变化，因此双锥天线的方向性频宽为无限宽。下面求无限双锥天线的输入阻抗，端口电压可以通过 e_θ 方向的线积分求得

$$V(r) = \int_{\theta_h}^{\pi - \theta_h} E_\theta r \, d\theta \tag{3-39}$$

将式(3-37)代入式(3-39)得

$$V(r) = \frac{\eta H_0}{2\pi} e^{-j\beta r} \int_{\theta_h}^{\pi-\theta_h} \frac{d\theta}{\sin\theta} = \frac{\eta H_0}{2\pi} e^{-j\beta r} \left[\ln \mid \tan \frac{\theta}{2} \mid \right]_{\theta_h}^{\pi-\theta_h} = \frac{\eta H_0}{2\pi} e^{-j\beta r} \ln\left(\cot \frac{\theta_h}{2} \right) \tag{3-40}$$

圆锥上的总电流可以通过积分锥表面的电流密度 J_S 求得，积分路径为围绕圆锥积分一周。由导体表面上的边界条件得上圆锥表面的面电流密度为

$$J_S = e_n \times H = e_\theta \times e_\phi H_\phi = e_r H_\phi \tag{3-41}$$

于是上圆锥上的电流为

$$I(r) = \int_0^{2\pi} H_\phi r \sin\theta_h \, d\phi = 2\pi r H_\phi \sin\theta_h \tag{3-42}$$

将式(3-36)代入式(3-42)得

$$I(r) = \frac{H_0}{2} e^{-jkr} \tag{3-43}$$

由式(3-40)和式(3-43)可得，对于任意 r 值，无限双锥的特性阻抗为

$$W_0 = \frac{V(r)}{I(r)} = \frac{\eta}{\pi} \ln\left(\cot \frac{\theta_h}{2} \right) \tag{3-44}$$

可见无限双锥的特性阻抗沿线为一常数。由于线上电流为行波分布，所以输入阻抗 Z_{in} 与特性阻抗相等。因此双锥天线的输入阻抗也只与 θ_h 有关，阻抗频宽也为无限宽，因此双锥天线的频带宽度为无限。将 $\eta = 120\pi$ 代入式(3-44)，得自由空间的无限双锥天线输入阻抗为

$$Z_{in} = W_0 = 120\ln\left(\cot \frac{\theta_h}{2} \right) \tag{3-45}$$

当 $\theta_h = 1°$ 时，$Z_{in} = 569 + j0\Omega$；当 $\theta_h = 50°$ 时，$Z_{in} = 91 + j0\Omega$。

若将下面那个圆锥变成一个理想的无限大的地面，便形成了理想地面上的无限长单圆锥天线。由镜像法容易推知，其输入阻抗必为对应的无限双锥阻抗的一半，其在地面上方的方向性与无限长双锥在上半空间的相同。

3.5.2　有限长双锥天线

由式(3-38)和式(3-45)可知，无限双锥天线的特性不随频率变化，其带宽是无限宽的。实际应用中的双锥天线不可能是无限长的，有限长双锥天线如图3.5-2所示。半锥的高度为 h，除了 TEM 主模，由于双锥末端的反射，线上还有高次模存在。天线电抗主要是由高次模引起的，此时线上的电流分布为驻波分布，输入阻抗不等于线的特性阻抗。

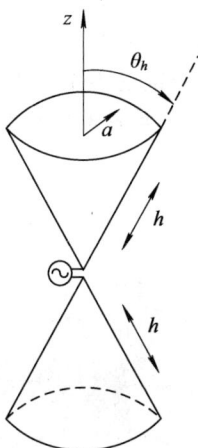

图 3.5-2　有限长双锥天线

当图 3.5-2 中的半顶角 θ_h 增加时，双锥天线的带宽逐渐变宽，且可使输入阻抗的电抗部分保持最小。有限长双锥天线可以获得从单锥高度 $\lambda/4 \sim \lambda/2$ 范围内的 2:1 的阻抗带宽。其宽频带特性也可从振子线径增粗的角度来理解。

3.6　印刷偶极子天线实例

本节给出了印刷型偶极子天线的一个实例。天线指标如下：

(1) 工作频率：1.3～1.8 GHz。

(2) 驻波比：≤1.8。

(3) 增益：≥6.5 dBi。

(4) 俯仰面波瓣宽度：≥50°。

(5) 方位面波瓣宽度：≥100°。

(6) 阻抗匹配：50 Ω。

3.6.1　印刷偶极子天线实例介绍

图 3.6-1 为本实例印刷偶极子天线结构图，其中图 (a) 为天线整体模型示意图，图 (b) 为天线主视图，图 (c) 为天线背视图。该天线为一种典型的印刷型偶极子天线，被印刷在介电常数为 2.65，损耗正切为 0.002，厚度为 2 mm 的 F4B 介质板上。金属覆铜层接地端与下层金属地板短路。使用微带槽线变换馈电，槽线巴伦具有较好的扼流效果，而且微带线可采用阻抗变换的方式进行阻抗匹配设计，可极大地提高天线的阻抗带宽。该天线带有反射板，且间距约为中心频率波长的 1/4，因此天线自身具有高增益的特性。该实例天线模型结构紧凑、简单易加工，同时电性能优异，适用于在天线阵作为阵列单元、用作定向天线、简易抛物面天线的馈源等工程应用。

由于介质的存在，偶极子的总臂长略小于 1/2 个真空波长。偶极子采用微带-槽线结构馈电，其中微带线通过改变线宽和线长来构造阶梯式阻抗变换，实现微带-槽线段的阻抗匹配。槽线的长度约为 1/4 个波长，因此从偶极子天线的顶端往下看，天线表现为开路，即输入阻抗为无穷大，于是就对金属外壁的不平衡电流起到了扼流的作用。天线的下方放置一个边长为 W_{gnd} 的方形金属底板，可用来降低天线的背向辐射并且也可充当天线的地。天线的具体参数如表 3.6-1 所示。

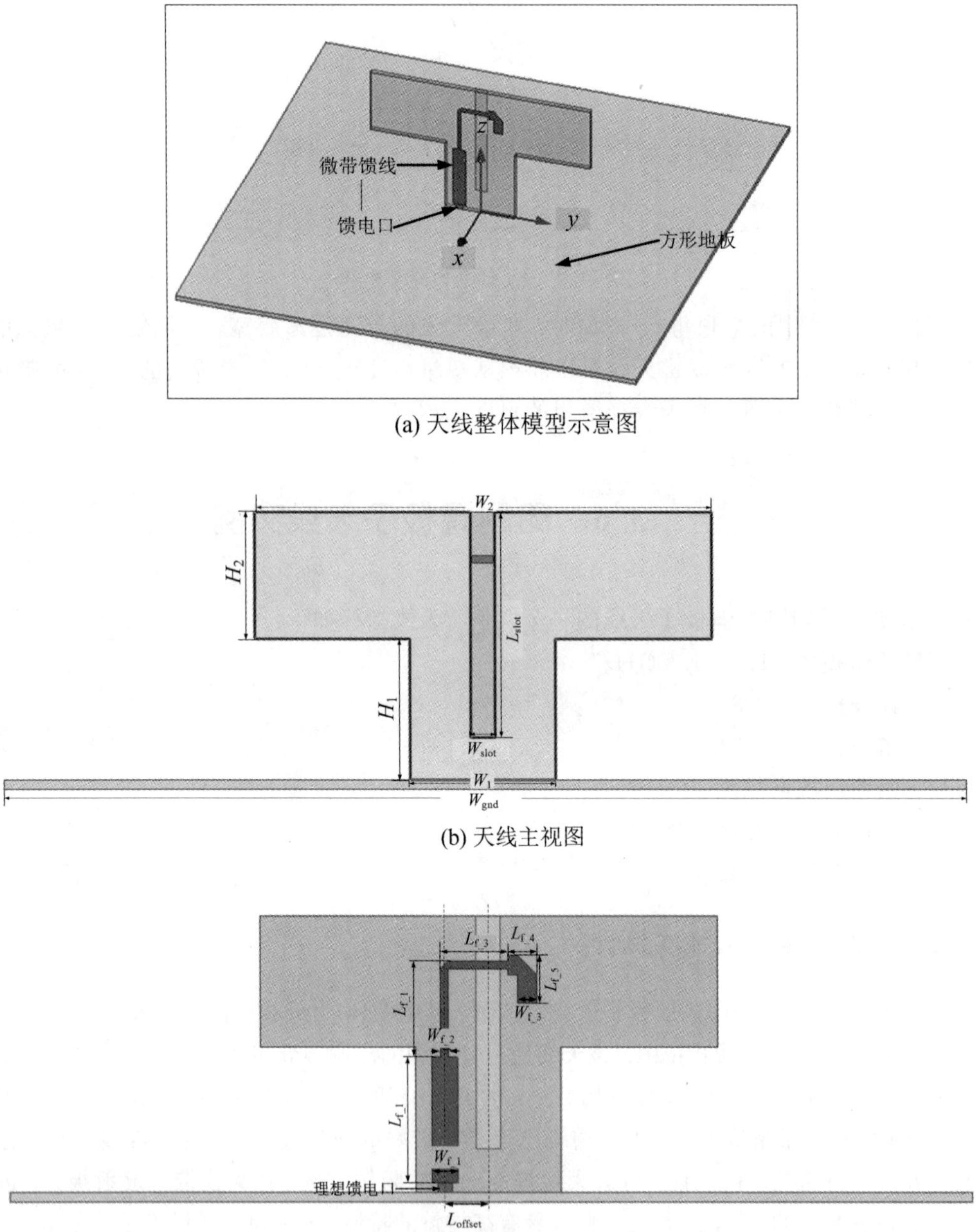

(a) 天线整体模型示意图

(b) 天线主视图

(c) 天线背视图

图 3.6-1　印刷偶极子天线结构图

表 3.6-1　天线各参数/mm

参　数	数　值	参　数	数　值
W_1	30	W_{f_1}	5.4
W_2	95	W_{f_2}	1.6
H_1	30	W_{f_3}	4
H_2	27	L_{f_1}	26
W_{slot}	5	L_{f_2}	19
L_{slot}	48	L_{f_3}	13
W_{gnd}	200	L_{f_4}	4
L_{offset}	9	L_{f_5}	8

3.6.2　印刷偶极子天线结果分析

图 3.6-2 为印刷型偶极子天线的电压驻波比。由图 3.6-2 可知，天线在整个工作频段内电压驻波比小于 1.7，增益大于 6 dB，波瓣宽度大于 105°。满足指标要求的同时还留有设计余量。

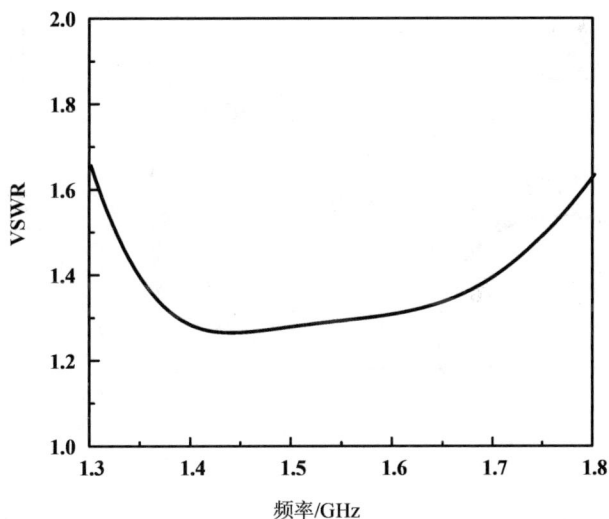

图 3.6-2　印刷偶极子天线电压驻波比

图 3.6-3(a)～(c)分别是在 1.3 GHz、1.55 GHz 和 1.8 GHz 频率下的方位面以及俯仰面天线辐射方向图，从图中可以看出，该天线的后向辐射得到了很好的抑制，在整个工作频段内定向辐射特性良好且稳定，水平面和俯仰面上的方向图基本对称。

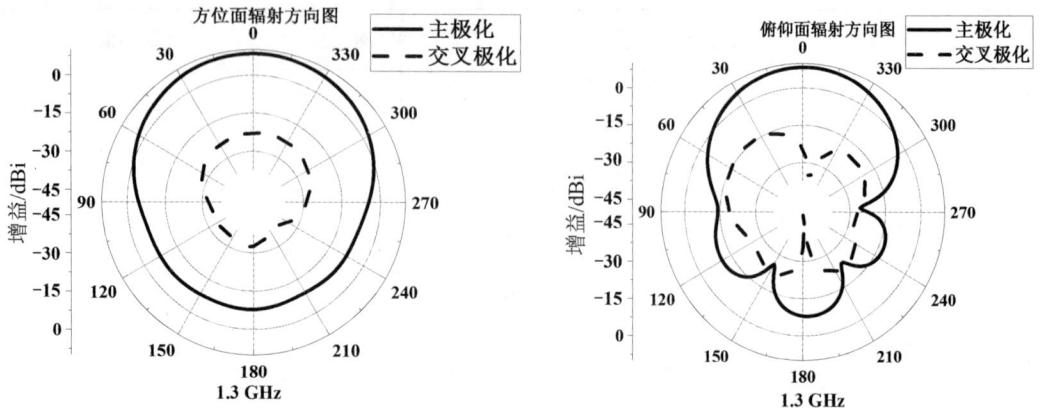

(a) 1.3 GHz 频点

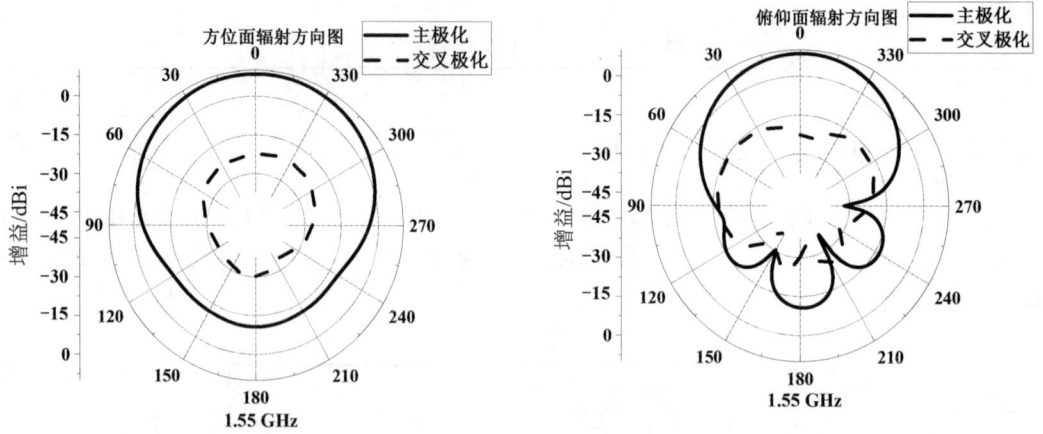

(b) 1.55 GHz 频点

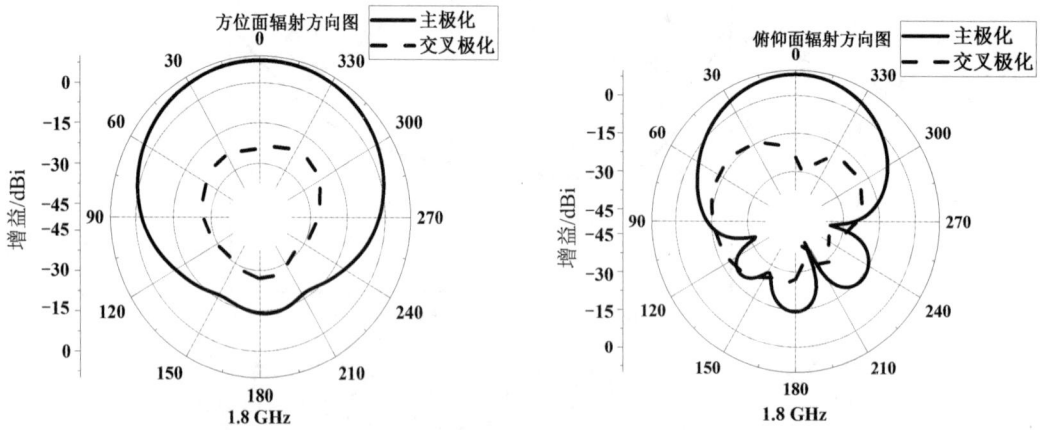

(c) 1.8 GHz 频点

图 3.6－3　印刷偶极子天线辐射方向图

图 3.6 - 4 为由该印刷型偶极子天线组成的 2×4 天线阵实物图。

图 3.6 - 4 印刷偶极子天线实物图

本节所设计的印刷型偶极子天线具有宽阻抗带宽、高增益、低交叉极化以及低后瓣等特点，相比常规细线振子更有吸引力。更重要的是，其波束宽度和辐射方向图形状在整个工作频带上都很稳定，且制作工艺简单，体积轻巧，设计灵活度大，调试方便，结构紧凑，易加工，同时电性能优异，适用于在天线阵中作为阵列单元，也适于用作定向天线、简易抛物面天线的馈源等。

3.7 交叉偶极子天线实例

本节给出了交叉偶极子天线的一个实例。天线指标如下：

(1) 频率覆盖范围：950～1900 MHz(垂直极化)，1200～1400 MHz(水平极化)。

(2) 极化方式：垂直极化和水平极化。

(3) 电压驻波比：≤2。

(4) 单元波束覆盖和单元增益如表 3.7 - 1 和表 3.7 - 2 所示。

表 3.7 - 1 垂直极化单元波束覆盖

频 点	方位面 3 dB 波束宽度	法向增益
0.95 GHz	≥100°	≥3.0 dBi
1.0 GHz	≥100°	≥3.5 dBi
1.2 GHz	≥100°	≥5.0 dBi
1.4 GHz	≥100°	≥6.0 dBi
1.75 GHz	≥48°	≥6.0 dBi
1.9 GHz	≥35°	≥6.0 dBi

表 3.7－2　水平极化单元波束覆盖

频　点	方位面 3 dB 波束宽度	法向增益
1.2 GHz	≥100°	≥4.5 dBi
1.3 GHz	≥100°	≥5.0 dBi
1.4 GHz	≥100°	≥6.0 dBi

（5）外形尺寸：≤ϕ 110 mm×92 mm。

（6）单元重量：≤200 g。

3.7.1　交叉偶极子天线实例介绍

天线的整体结构如图 3.7－1 所示。引向结构为一对 T 形薄片，通过白色的介质柱与下方整体连接。引向结构不但能改善高频的方向图，同时也能够降低驻波比。

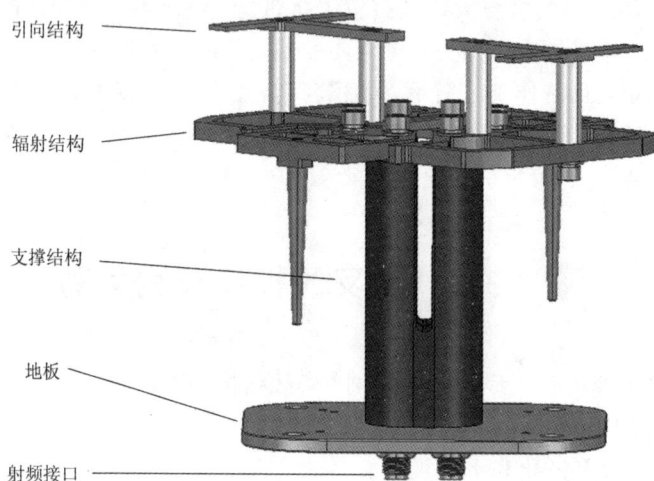

图 3.7－1　天线的整体结构

辐射结构为一对水平放置的中空扇形对，在每个扇形的弧线边中点处，设置有垂直向下延伸的尖锥。辐射结构保证了天线能够有效地辐射电磁波，并实现双极化，同时保证了天线的小型化。

支撑结构是位于天线辐射结构正下方带有空槽的圆柱体。天线的支撑结构为天线的固定和安装提供了必不可少的依托，使天线的安装更为便捷，同时天线的馈电提供了通路，减小了天线馈线对天线辐射的影响。

天线的地板为一水平放置的矩形薄片，位于支撑结构正下方。地板不但是天线安装结构的一部分，同时也承担着改善天线辐射性能的作用，即地板将天线向后向的辐射能量反射到前向，增加了天线的增益，减小了天线的前后比。

接口为两个标准的四孔法兰 SMA-K 射频接头，从天线的地板下方引出，最大限度减小了它对天线辐射方向图的影响。

3.7.2 交叉偶极子天线结果分析

图 3.7-2(a)为交叉偶极子天线的垂直极化端口电压驻波比。图 3.7-2(b)为交叉偶极子天线的水平极化端口电压驻波比。由图中可知,天线两端口在整个工作频段内电压驻波比小于 2,满足指标要求。

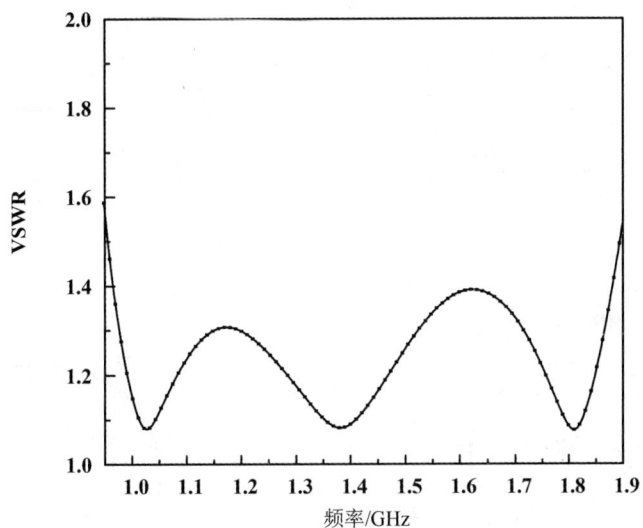

(a) 垂直极化端口电压驻波比

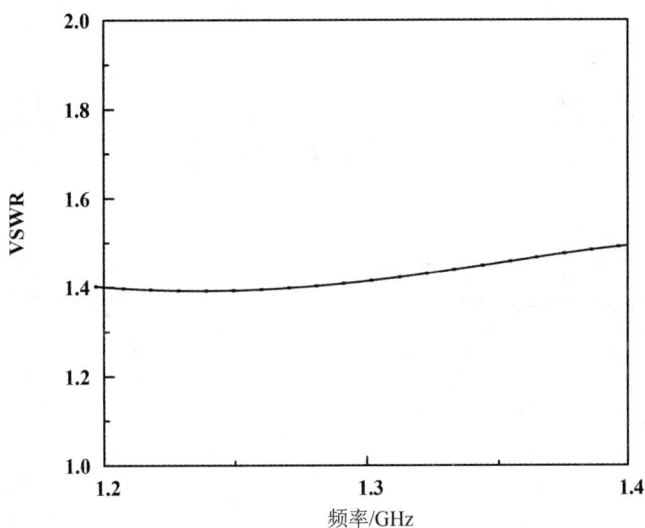

(b) 水平极化端口电压驻波比

图 3.7-2 天线端口电压驻波比

图 3.7-3(a)～(c)分别是在 0.95 GHz、1.4 GHz 和 1.9 GHz 频率下垂直极化的辐射方向图,图 3.7-4(a)～(c)则是在 1.2 GHz、1.3 GHz 和 1.4 GHz 频率下水平极化的辐射方向图。从图中可以看出,该天线的方向图在整个频段内一致性好,增益满足指标要求。

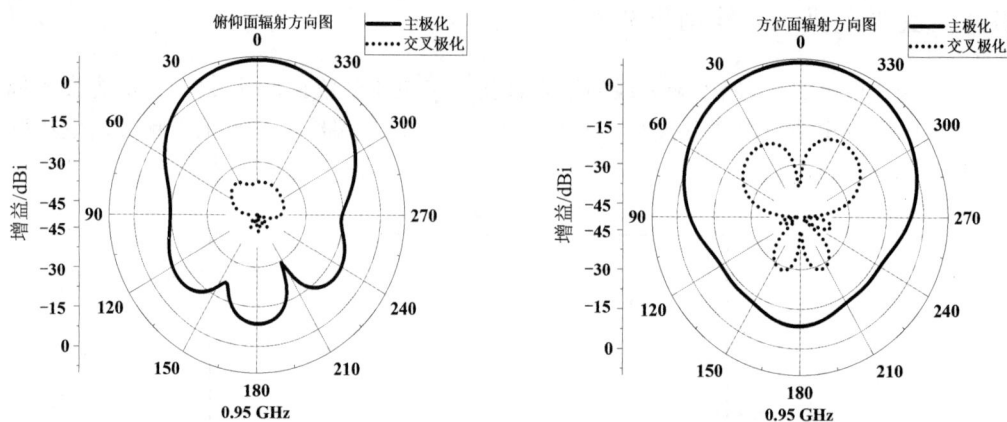

(a) 0.95 GHz 频点

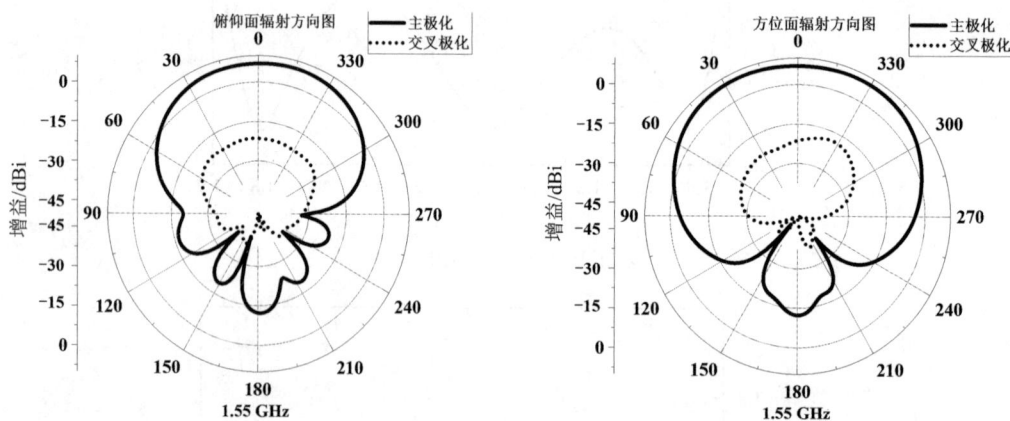

(b) 1.4 GHz 频点

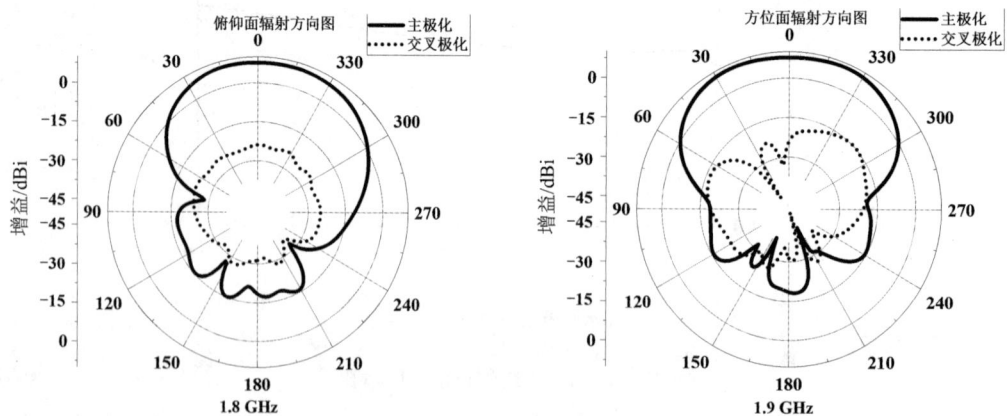

(c) 1.9 GHz 频点

图 3.7 - 3 垂直极化辐射方向图

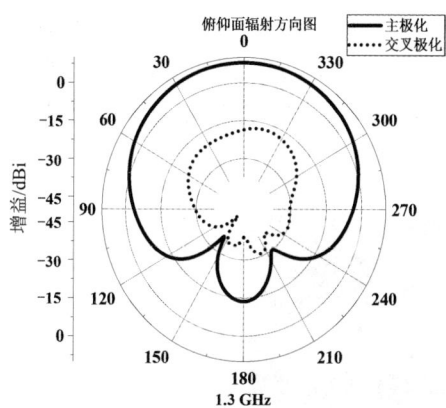

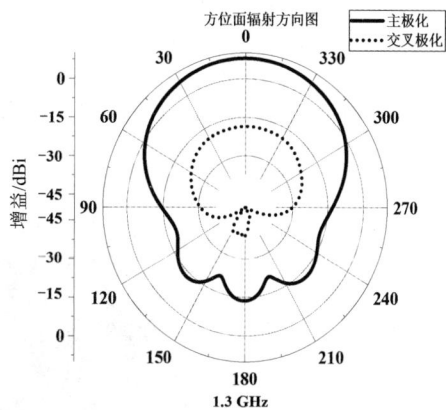

(a) 1.2 GHz 频点

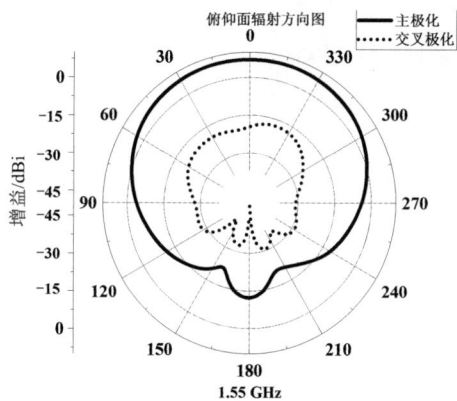

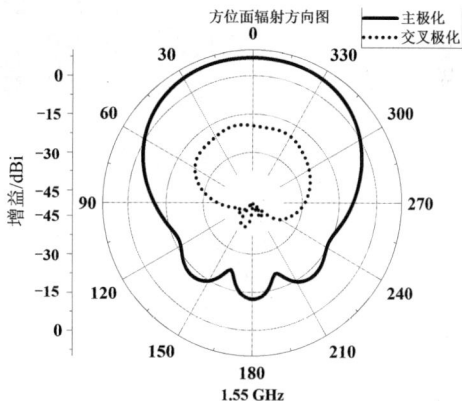

(b) 1.3 GHz 频点

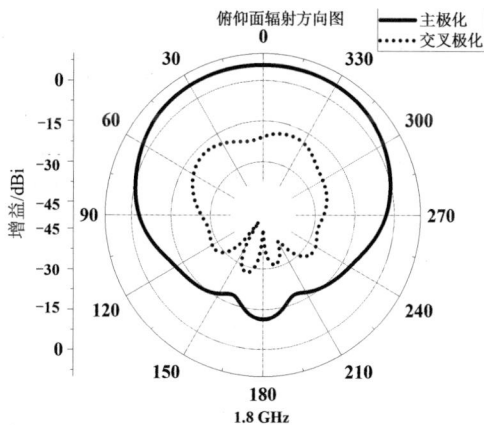

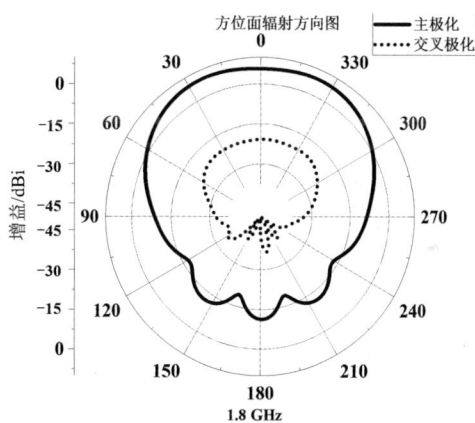

(c) 1.4 GHz 频点

图 3.7-4　水平极化辐射方向图

　　图 3.7－5 为交叉偶极子天线实物图。本节所设计的交叉偶极子天线具有宽阻抗带宽、高增益、低交叉极化以及低后瓣等特点。同时，其波束宽度和辐射方向图形状在整个工作频带上都很稳定，且制作工艺简单、体积轻巧、设计灵活度大、调试方便。该交叉偶极子作为天线阵阵列单元、定向天线、简易抛物面天线的馈源等领域拥有良好的应用前景。

图 3.7－5　天线实物图

第4章
直立天线

　　直立天线是垂直于地面或导电平面架设的天线，广泛应用于长波、中波、短波及超短波波段，也称单极天线或鞭状天线。天线架设的电高度受限，所以需要直立天线。本章主要介绍直立天线的各种形式。

4.1　直立天线的分类

　　在长波和中波波段，天线的几何高度很高，除用高塔（木杆或金属）作为支架将天线吊起外，也可直接用铁塔作辐射体，称为铁塔天线或桅杆天线。这种天线还广泛应用于短波和超短波波段的移动通信电台中。在短波和超短波波段，由于天线并不长，外形像鞭，因此又称为鞭状天线。不同种类的直立天线如图 4.1－1 所示。

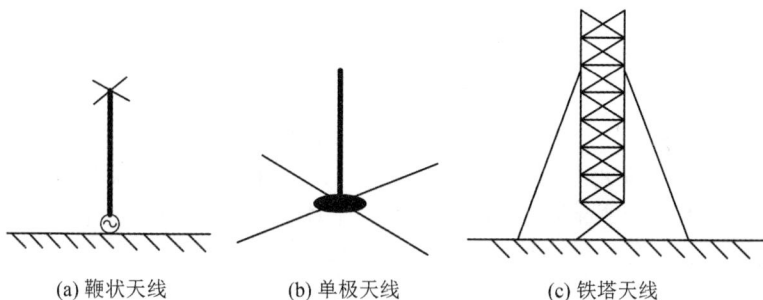

(a) 鞭状天线　　　(b) 单极天线　　　(c) 铁塔天线

图 4.1－1　不同种类直立天线的结构示意图

　　在长波和中波波段主要使用垂直接地直立天线的原因有如下两点：

　　(1) 在长波和中波波段，由于波长较长，天线架设高度 H/λ 受到限制，因此若采用水平悬挂的天线，受地的负镜像作用，天线的辐射能力很弱。

　　(2) 在此波段主要采用地面波传播。由于地面波传播时，水平极化波的衰减远大于垂直极化波，因此在长波和中波波段主要使用垂直接地的直立天线。

　　这类天线的共同问题是：因结构所限，故不能做得太高，即使在短波波段，在移动通信中，天线高度 H（H 为天线高度，区别于架设高度 H）受到涵洞、桥梁等环境和本身结构的限制，也不能架设太高。这样直立天线的电高度就小，从而产生以下问题：

　　(1) 辐射电阻小，损耗电阻与辐射电阻相比，相应地就比较大，这样天线的效率低，一般只有百分之几。

　　(2) 天线输入电阻小，输入电抗大（类似于短的开路线）。也就是说，储能高，耗能小，

天线的 Q 值很高，与带宽成反比，因而工作频带很窄。

（3）易产生过压。当输入功率一定时，由于输入电阻小而输入电抗高，因此天线输入端电流很大，输入电压 $U_{in}=I_{in}(R_{in}+jX_{in})\approx jI_{in}X_{in}$ 很高，天线顶端的电压更高，易产生过压现象，这是大功率电台必须注意的问题。所以如果天线的电高度小，那么就使得天线允许功率低。天线端电压和天线各点的对地电压不应超过允许值。

上述问题中，对长波、中波天线来说，要考虑的主要问题是功率容量、频带和效率问题；在短波波段，虽然相对通频带 $2\Delta f/f_0$ 不大，但仍可得到较宽的绝对通频带 $2\Delta f$，加之距离近，电台功率小，故主要考虑效率问题；对超短波天线来说，只要天线长度选择得不是太小，上述问题一般可不考虑。

4.2　直立天线的电参数

1. 辐射方向图

直立天线的理论模型是放在一个理想导电平面上的理想导电垂直单极子，如图 4.2-1 所示。用镜像法可以很方便地求得其辐射场：

$$E_\Delta = \frac{60I_0}{r\sin kh}\cdot\frac{\cos(kh\sin\Delta)-\cos kh}{\cos\Delta} \tag{4-1}$$

式中，Δ 是仰角，h 是天线高度，k 是波数，r 是场点到源点的距离，I_0 是输入电流。由于甚低频天线的高度 h 远远小于波长，因此辐射场可以简化为

$$E_\Delta = \frac{60\pi I_0 h}{\lambda r}\cos\Delta \tag{4-2}$$

显然，天线沿地面方向（$\Delta=0°$）时辐射最大，其垂直方向图很像躺在地面上的半个"8"字，如图 4.2-2 所示。在水平面上，垂直天线没有方向性，也就是说其水平方向图是一个圆。当地面不是理想导电地面时，天线的辐射场不能简单地用镜像法来处理，这是一个复杂的电磁场边值问题，需要根据具体情况进行专门研究。

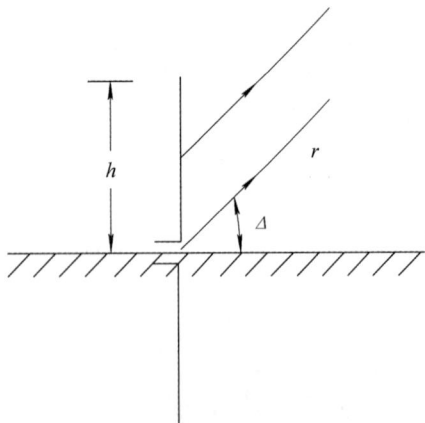

图 4.2-1　直立天线辐射场的计算　　　图 4.2-2　直立天线的辐射方向图

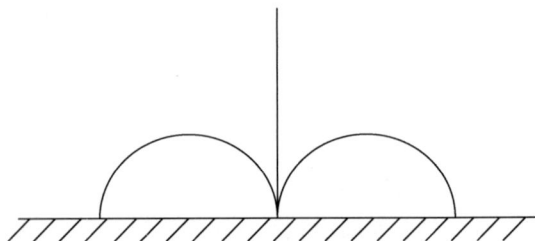

2. 有效高度

天线的有效高度是指在保持最大辐射方向上辐射场强不变的条件下，假想天线电流分

布为均匀分布时应具有的高度。直立天线的有效高度可以表示天线的辐射强弱，是直立天线的一个重要指标。

假设天线上的电流分布为正弦分布，即

$$I(z) = \frac{I_0}{\sin(kh)} \sin k(h-z) \tag{4-3}$$

根据有效高度的定义，我们可求得有效高度为

$$h_e = \frac{1}{I_0} \int_0^h I(z) \mathrm{d}z = \frac{\lambda}{2\pi} \cdot \frac{1-\cos(kh)}{\sin(kh)} = \frac{1}{k} \tan \frac{kh}{2} \tag{4-4}$$

对于直立天线，$h \ll \lambda$，故 $\tan \dfrac{kh}{2} \approx \dfrac{kh}{2}$，所以

$$h_e \approx \frac{1}{2} h \tag{4-5}$$

由此可见，当直立天线的高度 $h \ll \lambda$ 时，其有效高度等于实际高度的一半。很显然，这是因为天线短时其电流分布近似为线性分布。

3. 辐射电阻

对于理想导电地面上的直立天线，其辐射电阻的计算方法与自由空间对称振子的辐射电阻的计算方法完全相同，只不过直立天线的镜像部分并无辐射功率，因此它的辐射电阻阻值为自由空间对称振子的一半。

对于细单极子天线来说，归于输入电流的辐射电阻可近似为

$$R_{r0} = \begin{cases} 10(kh)^2 \approx 400\left(\dfrac{h}{\lambda}\right)^2 & \left(0 < h \leqslant \dfrac{8}{\lambda}\right) \\ 12.4(kh)^{2.4} \approx 1017\left(\dfrac{h}{\lambda}\right)^{2.4} & \left(\dfrac{\lambda}{8} < h \leqslant \dfrac{\lambda}{4}\right) \end{cases} \tag{4-6}$$

式中，$k = 2\pi/\lambda$。式(4-6)是用天线实际高度 h 来表示辐射电阻的，当用天线的有效高度 h_e 来计算时，其辐射电阻的计算公式近似为

$$R_{r0} = \begin{cases} 40(\arctan kh_e)^2 = 160\pi^2\left(\dfrac{h_e}{\lambda}\right)^2 & \left(0 < h \leqslant \dfrac{\lambda}{8}\right) \\ 65.2(\arctan kh_e)^{2.4} & \left(\dfrac{\lambda}{8} < h \leqslant \dfrac{\lambda}{4}\right) \end{cases} \tag{4-7}$$

表 4.2-1 列出了当频率为 10 kHz 时几种高度的直立天线的辐射电阻。由表 4.2-1 可知，当天线的高度下降时，辐射电阻下降得更快。当地面是理想导电地面时，辐射电阻 R_{r0} 就等于直立天线的输入电阻。

表 4.2-1　各种高度直立天线的辐射电阻($f = 10$ kHz)

天线高度 h/m	30	90	300	900	3000
天线电高度 h/λ	0.001	0.003	0.01	0.03	0.1
辐射电阻 R_{r0}/Ω	0.0004	0.036	0.04	0.36	4

4. 输入电抗

直立天线，无论是否有顶负载，都可以认为是由沿天线长度的若干串联电感组成的，每一个电感又和一个很小的电容并联接地。很明显，当所研究的天线具有这些特点时，可

将其看成具有已知分布电感和电容的类似传输线。因此可以用传输线理论来计算特性阻抗、电压和电流分布。传输线可以看作是由串联电感、串联电阻、并联电容、并联电导组成的，其特性阻抗可以表示为

$$W_0 = \sqrt{\frac{Z}{Y}} = \left(\frac{R_1 + j\omega L_1}{G_1 + j\omega C_1}\right)^{1/2} = \sqrt{\frac{L_1}{C_1}} \cdot \sqrt{\frac{1 + R_1/(j\omega L_1)}{1 + G_1/(j\omega C_1)}} \qquad (4-8)$$

式中，L_1、R_1、C_1 和 G_1 分别为单位长度传输线的串联电感、串联电阻、并联电容、并联电导。对于一个 $R_1 \leqslant \omega L_1$ 和 $G_1 \leqslant \omega C_1$ 的损耗非常小的传输线，其特性阻抗近似为

$$W_0 = \sqrt{\frac{L_1}{C_1}} \qquad (4-9)$$

由于天线上各点到地面的距离是变化的，所以线上各点处的分布电感和分布电容也是变化的。因此天线各点处的特性阻抗也是变化的，通常我们把天线看作一根等值均匀传输线。对于直立天线，其平均特性阻抗为

$$W_0 = 60\left(\ln\frac{2h}{a} - 1\right) \qquad (4-10)$$

式中，a 是天线的直径。

对于直径不变的垂直导线，线上的特性阻抗随高度的增加而增加。例如，如果天线高度与直径的比为 $10:1$，则特性阻抗的变化范围不超过最低端阻抗值的两倍。在许多情况下，如果不需要精确地了解电流和电压分布的话，那么精确的变化并不十分重要。在甚低频频段，天线的总长度明显地小于波长，并且功率因数低，衰减小，因此可直接用天线的总电感 L 和总电容 C 来计算天线的特性阻抗，此时

$$W_0 = \sqrt{\frac{L}{C}} \qquad (4-11)$$

天线的输入电抗近似开路传输线的输入阻抗：

$$X_{in} = -jZ_0 \cot(kh) \qquad (4-12)$$

天线的传输常数：

$$\gamma = \sqrt{(R_1 + j\omega L_1)(G_1 + j\omega C_1)} \qquad (4-13)$$

对于无耗天线，$R_1 = 0$，$G_1 = 0$，则

$$\gamma = j\omega\sqrt{L_1 C_1} = jk \qquad (4-14)$$

于是波数 k 为

$$k = \omega\sqrt{L_1 C_1} \qquad (4-15)$$

那么天线的输入电抗可表示为

$$X_{in} = -j\sqrt{\frac{L}{C}}\cot(\omega\sqrt{LC}) \qquad (4-16)$$

由于 $\cot x = \dfrac{1}{x} - \dfrac{x}{3} - \dfrac{x^3}{45} - \dfrac{2x^5}{945}\cdots$，因此

$$X_{in} = -j\sqrt{\frac{L}{C}}\left[\frac{1}{\omega\sqrt{LC}} - \frac{\omega\sqrt{LC}}{3} - \frac{(\omega\sqrt{LC})^3}{45} - \cdots\right]$$

$$\approx -j\frac{1}{\omega C} + j\omega\frac{L}{3} + j\frac{\omega^3 L^2 C}{45} \qquad (4-17)$$

天线的固有谐振频率就是当输入电抗等于零时的频率，通常也把它叫作天线的自谐振频率。由于长度为 l 的开路传输线在 $k=\pi/2$ 时发生自谐振，因此直立天线的自谐振角频率为

$$\omega_r = \frac{\pi}{2}\sqrt{LC} \qquad (4-18)$$

天线的输入电抗为

$$X_{in} = -j\frac{1}{\omega C} + j\omega\frac{L}{3}\left[1+\left(\frac{\omega}{\omega_r}\right)^2\right] = -j\frac{1}{\omega C_a} + j\omega L_a \qquad (4-19)$$

根据式(4-19)，天线的等效电路如图 4.2-3 所示。其中，L_a 为天线的等效电感：

$$L_a = \frac{L}{3}\left[1+\left(\frac{\omega}{\omega_r}\right)^2\pi^2/60\right] \qquad (4-20)$$

$$C_a = C \qquad (4-21)$$

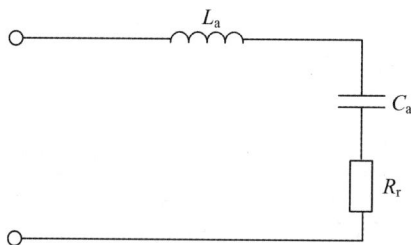

图 4.2-3　天线的等效电路

当工作频率远低于固有谐振频率时，等效电感 $L_a = L/3$。随着工作频率的升高，L_a 是增加的。在固有谐振频率处，$L_a = 0.39L$。天线的等效电容就等于总电容，即所有分布电容之和，这是因为分布电容都是并联的，且底座电流都通过 C，天线可看作一个等位体。但是，对于电感而言，由于电流随离开馈电点的距离的增大而减小，因此所有分布电感不能串联相加得到总电感而置于等效电路上，其等效电感必然小于总电感。

5. 天线效率

从能量转换的观点来看，天线相当于一个换能器，它把电能转换为空间传播的电磁能。因此，像所有换能器一样，能量转换的效率也是天线的一个重要指标。提高直立天线效率的方法有加载(提高辐射电阻)和接地(减小损耗电阻)两种。

1) 容性加载(加顶负载)

加顶负载加大了垂直部分顶端对地的分布电容，使顶端电流不为零。当 h/λ 很小时，有效高度约为

$$h_e \approx \frac{h}{2}\left(1+\frac{h'}{h+h'}\right) \qquad (4-22)$$

可见，加顶负载可提高有效高度，进而提高辐射特性。图 4.2-4～图 4.2-6 为各种形式的天线容性加载示意图。

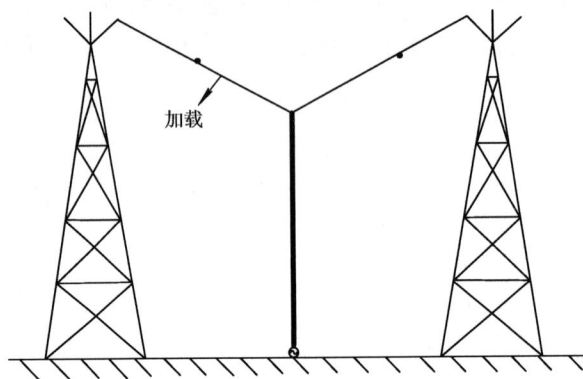

图 4.2-4　容性加载图

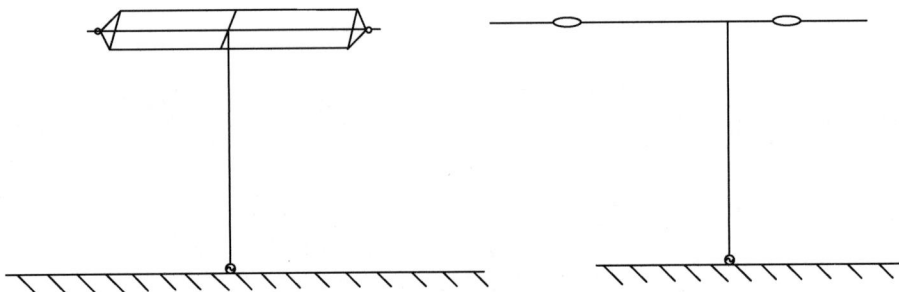

图 4.2-5　T 形加载和倒 T 形加载图

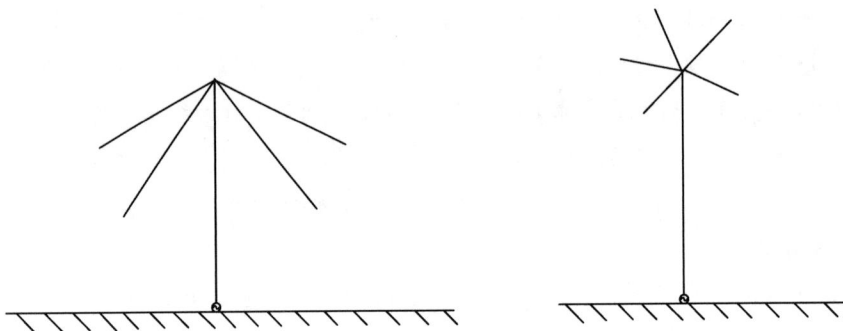

图 4.2-6　伞形加载和加辐射叶的鞭状天线图

2）感性加载（加电感线圈）

在单极天线中部某点加入一定的感抗，可以部分抵消该点以上线段在该点所呈现的容抗，从而使该点以下线段电流增大。加电感的位置一般选择在距天线顶端$(1/3\sim1/2)h$ 处，h 为天线的实际高度。

3）接地

接地是一种降低损耗电阻的有效方法。如图 4.2-7 所示，可以通过铺设地网来提高地面的电导率，从而降低损耗电阻，达到提高直立天线辐射效率的目的。

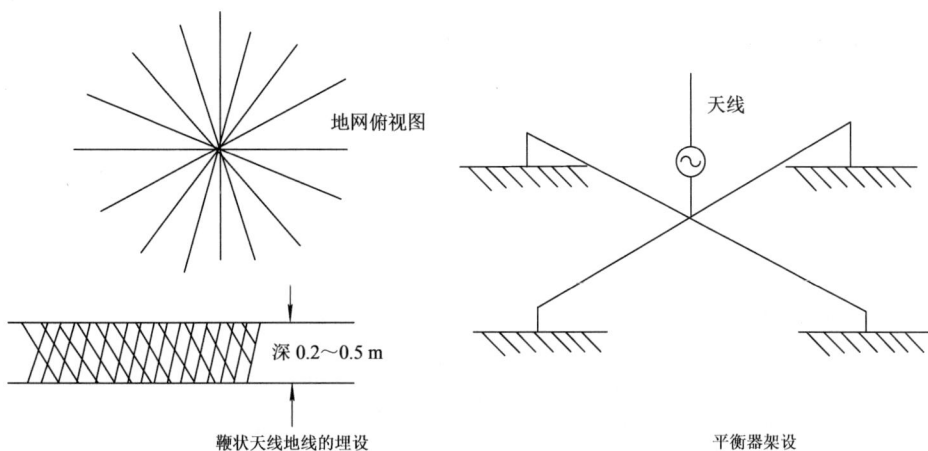

图 4.2 - 7　天线接地的架设图

4.3　T　形　天　线

　　T 形天线的结构如图 4.3 - 1 所示，它由水平部分（称为顶容线）、下引线和接地线组成。T 形天线类似于加辐射叶的鞭状天线，只是其顶部的辐射叶较长罢了。T 形天线是在直立天线的顶端加一根或几根水平导线作为顶负载构成的，下引线接于顶负载水平部分的中点，一般顶负载是下引线的几倍，顶负载用来改善下引线的电流分布，以提高天线的有效高度，使其辐射电阻得到提高，从而提高天线的辐射效率。

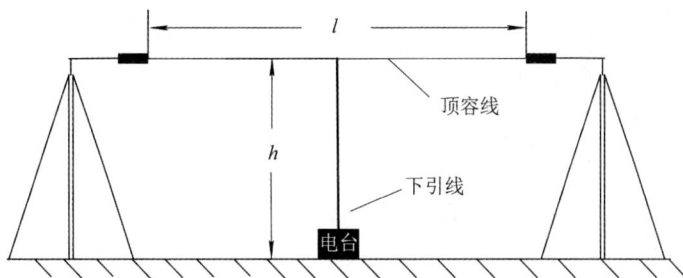

图 4.3 - 1　T 形天线的结构图

　　T 形天线的尺寸通常选择为

$$h + l \leqslant \frac{\lambda}{2} \tag{4-23}$$

且一般使 $l \geqslant h$，尽量让 h 高一些。超长波 T 形天线的电高度 h/λ 一般都小于 0.15。

　　T 形天线的电流分布如图 4.3 - 2(a) 所示，直立部分电流分布比较均匀，但水平部分两臂的电流方向则相反。因此，这种天线的垂直平面方向图与鞭状天线的很相似，也主要用于地面波传播。

　　T 形天线结构简单，架设也比较容易，其高度 h 可以比普通的鞭状天线高。为了提高

T 形天线的效率,其水平部分可用多根平行导线构成,如图 4.3-2(b)所示,也可以附设地网来减小地的损耗。

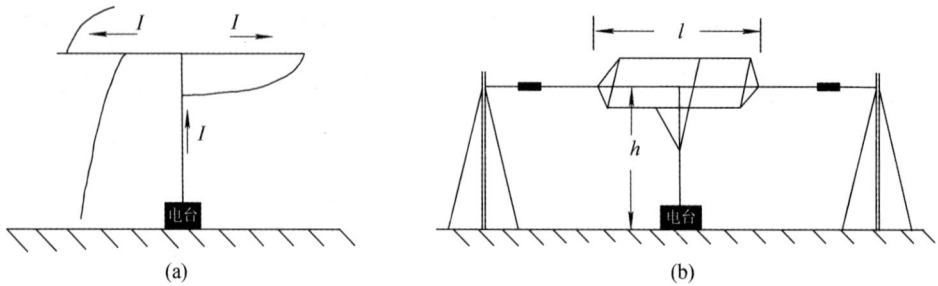

(a)　　　　　　　　　　　　　　　　(b)

图 4.3-2　T 形天线的电流分布图和宽 T 形天线图

4.4　Γ　形　天　线

　　Γ形天线也叫倒 L 天线,与鞭状天线的差别在于多了一条水平臂。如图 4.4-1 所示,通常 Γ形天线的顶负载线比下引线长几倍。顶负载用来改善下引线的电流分布,以提高天线的有效高度,从而提高天线的辐射效率。与 T 形天线不同的是,Γ形天线的水平部分参与辐射,对天线的垂直面方向图是有影响的,垂直方向图随天线顶的长度和天线高度的不同而有所变化。对于甚低频来说,Γ形天线的水平方向是有方向性的,在使用的时候应当注意。

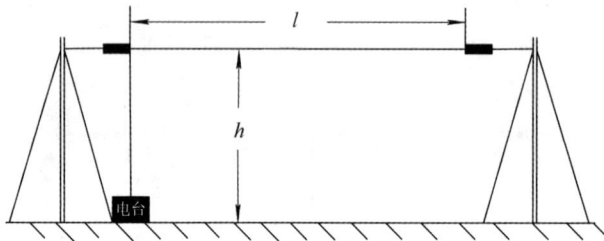

图 4.4-1　Γ形天线图

　　Γ形天线上的电流分布如图 4.4-2 所示。

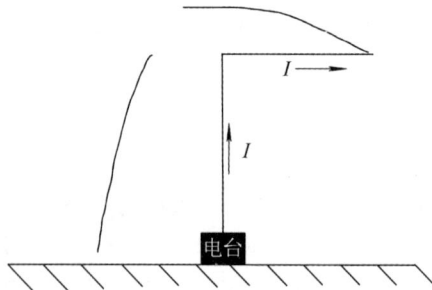

图 4.4-2　Γ形天线的电流分布图

下面按水平臂长 l 的长短分三种情况加以讨论。

（1）当水平臂长 l 很短时，其辐射能力很弱，与加顶负载的鞭状天线的作用相同，对 Γ 形天线的方向性影响不大。图 4.4-3(a)为 h 较低的情况，水平部分的辐射由于负镜像的作用可略而不计。而当 h 较高时，水平臂对高空有辐射，但由于 l 很短，因此辐射较弱，此时与鞭状天线相比较有一些差别，如图 4.4-3（b)所示。

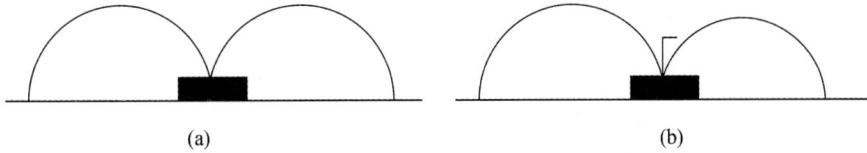

(a)　　　　　　　　　　　(b)

图 4.4-3　Γ形天线的垂直平面方向图

（2）当水平臂长 l 较长而 h 较高时，水平臂相当于对称振子的一个臂，对高空有一定的辐射能力，此时对地面波、天波均有较强辐射，方向图如图 4.4-4 所示。这种天线可以同时采用两种电波传播方式工作，故称为复合天线。

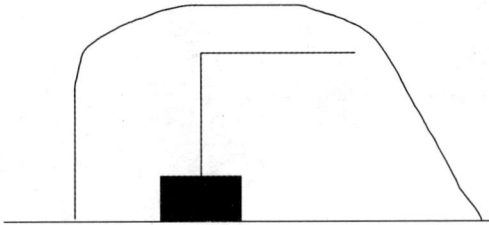

图 4.4-4　Γ形天线的垂直平面方向图

（3）当水平臂长 l 较长而 h 较低时，水平臂受其地面负镜像的影响对高空辐射弱，天线仍然沿地面方向辐射最强，但与鞭状天线的不同之处在于这种 Γ 形天线在水平平面有明显的方向性。垂直平面方向图如图 4.4-5 所示，其水平平面方向图如图 4.4-6 所示。

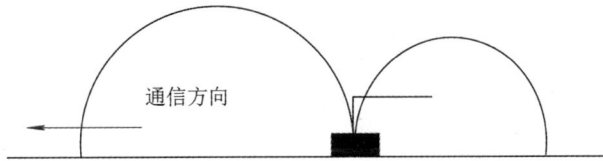

通信方向

图 4.4-5　Γ形天线的垂直平面方向图

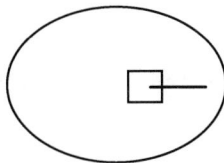

图 4.4-6　h 较低且 l 较长时 Γ形天线的水平平面方向图

4.5　铁塔天线

　　铁塔天线的顶负载一般都是由重型铁塔支撑的，铁塔的高度往往为 $200\sim400$ m；大功率台发射天线的占地面积从几平方公里到十几平方公里不等。整个天线系统一般由几组 T 形天线或 Γ 形天线组成。

　　图 4.5-1 为 T 形天线，由十余根长一千多米的水平钢芯铝绞线与几根铜丝网包的钢芯绞合线组成水平天线帐。若干钢芯铝绞线组成下引线，这些下引线与主馈线相连。T 形天线帐经若干组绝缘子串分别挂在铁塔上，铁塔的高度为两百多米。天线桅杆为三角形拉线塔，从上到下共设有多层纤绳。

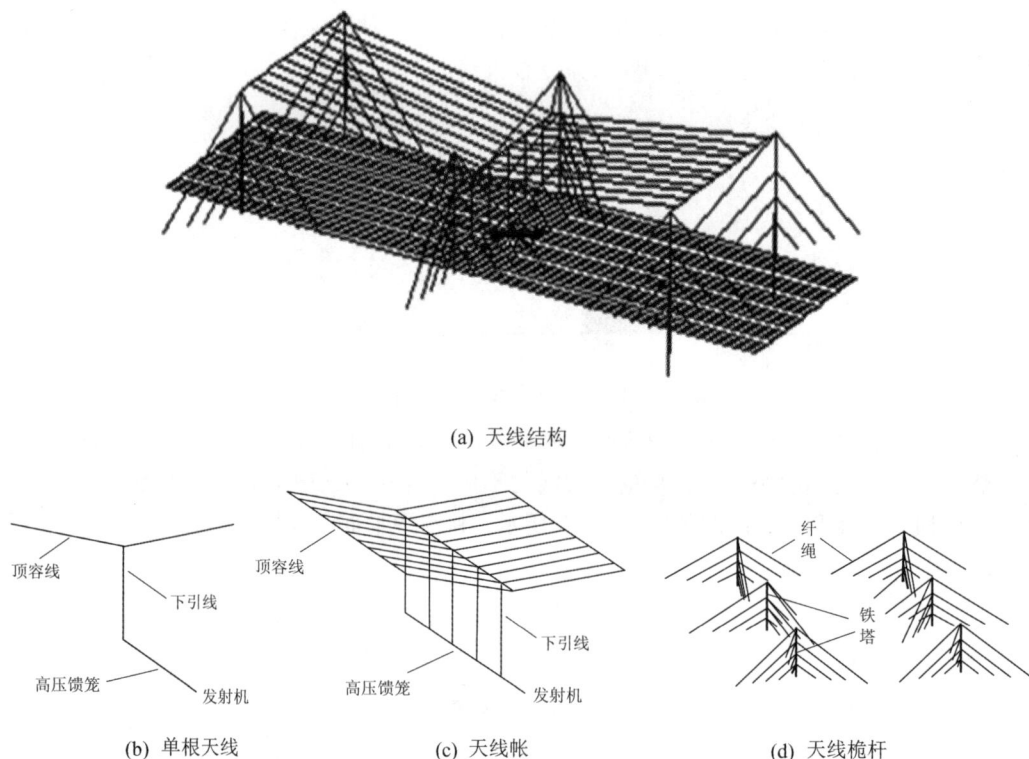

(a) 天线结构

(b) 单根天线　　　　　　(c) 天线帐　　　　　　(d) 天线桅杆

图 4.5-1　铁塔天线结构图

　　天线帐的尾巴绳不是直接挂在铁塔上而是连接到滑轮上的，滑轮的另外两头分别连接到平衡锤和卷扬机上。平衡锤的作用是自动调节天线顶线所承受的拉力，可防止严重的裹冰现象给天线带来的不利影响；而卷扬机则可将天线帐放下或升起，以便于天线帐的维修。

4.6　山谷天线

由于铁塔天线对铁塔强度的要求甚高，因此这种天线的造价相当昂贵。铁塔天线可以架在两山之间，以陡峭的山峰代替支撑铁塔的山谷天线，从而可降低工程费用，但又引入了架设困难、交通不便、建造周期长等问题。由于山地电导率一般较低，因此山谷天线的效率通常是比较低的。

山谷天线的形式一般有三种，即 T 形、Γ 形和 Π 形。究竟采用哪一种形式，需要根据山谷的具体形状而定，所以山谷天线必须在发射场地选定的情况下进行设计。

（1）对于两边山坡都比较平坦、山谷为 V 形的情况，可架设 Π 形天线。

（2）对两山高低不一、一边陡峭的山谷，可在低山坡设下引线，架设 Γ 形天线。

（3）对于两边山峰均比较陡峭、谷底平坦的情形，则可架设 T 形天线。

依据上述原则选择天线的形式，出发点是充分利用山谷的有效作用，使山坡上的电流分布有利于辐射。图 4.6 - 1 为典型山谷天线的电流流向示意图。

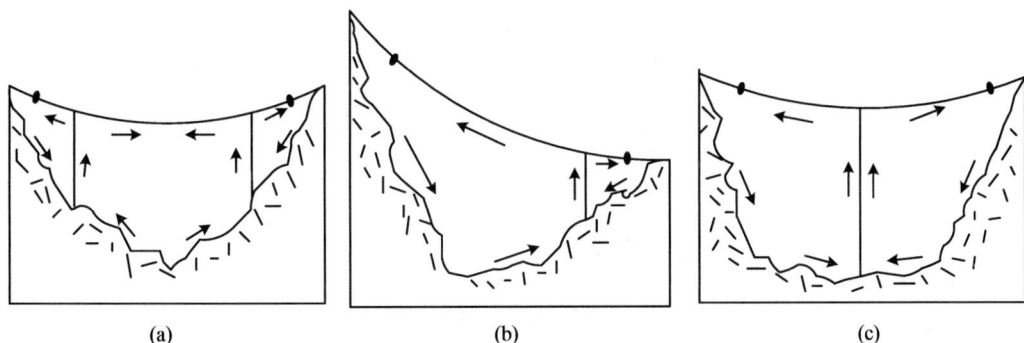

(a)　　　　　　　　　　(b)　　　　　　　　　　(c)

图 4.6 - 1　山谷天线的电流流向示意图

山谷的选择是建造山谷天线首先要解决的问题。

（1）由于山谷天线的有效高度与山顶到地面的高度有关，对于 T 形天线，有效高度约等于山体高度的 1/3，而对于 Γ 形天线，有效高度约等于山体高度的 1/2，因此山谷的深度是山谷地形选择的重要依据。对于大功率台，为了增大山谷天线的功率容量，要求天线有一个很大的顶电容，因此为了使山谷承受大功率，必须对山谷的宽度和纵深提出要求。功率越大，山谷的容积也应越大。

（2）山谷的走向也是选择场地时要考虑的因素之一。由于山谷天线有一定的方向性，因此山谷的走向应与天线的服务区平行，且靠近服务区的一侧，山体一侧的高度要低于另一侧，最多两侧山体的高度相等。

（3）从天线统调方面来看，天线的顶容线应一样长，因此两山体的高度要接近平行。

（4）山坡规则平整、谷底平坦、水源充足、地电导率高、交通方便等也是地形选择的重要因素。

4.7 气球天线

当今甚低频气球发射天线系统是由氦气球悬吊的 1/4 波长直立天线和地网构成的单极子天线系统。充氦气球具有工作稳定、浮力小(因氮比氢重)、无爆炸危险等优点,因此气球天线的高度可超过两千米。气球应有良好的防渗性,连续留在空中 10 天应仍不减少浮力;气球内装有自动调节压力的装置,当外界压力减小使气球膨胀时,可以及时将球内副气囊内的空气排入大气,以防发生故障。

气球天线系统由气球、系缆(兼作天线辐射体)、卷扬机、地网组成,见图 4.7-1。

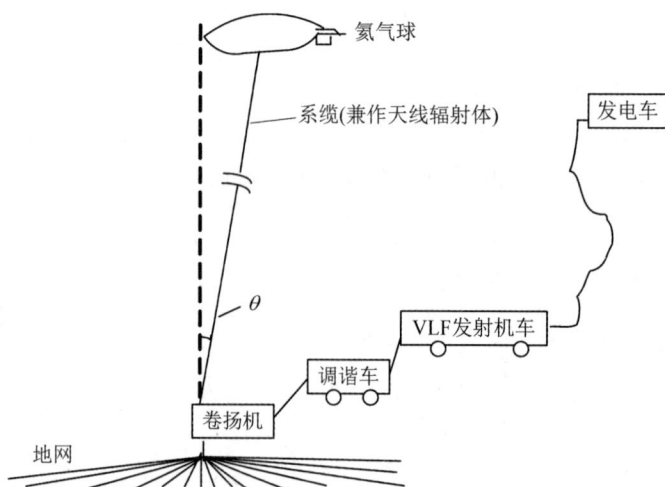

图 4.7-1 气球天线系统的组成

气球天线系统设计中已经综合考虑了通信距离、工作频率、传输速率(带宽)、辐射效率、机动能力及建造成本等因素。这些因素往往相互矛盾,有时需做折中考虑。

(1)其生存能力应放在重要的地位,而生存主要靠机动能力来保障。

(2)从天线电特性指标考虑,希望天线越高越好,并适当加粗天线以增大功率容量,这需要较大的气球来提升。因球的容积和重量都随气球的线尺寸的平方增加而增加,因此增大气球的体积,可以使气球的提升能力和抗风能力增大。但气球体积和系缆长度增大后,会引起整个系统的规模增大,不仅开支和人员增多,还会使机动能力和生存能力下降。有关气球大小和天线长度的参考值见表 4.7-1。

表 4.7-1 气球大小和天线长度的参考值

天线长度/m	气球容量/m³	天线直径/mm	抗风能力/(km/h)
900.0	710.0	14.7	81
1500.0	1500.0	16.0	83
2300.0	2850.0	17.3	86

（3）气球的系缆要求有足够的抗拉强度和足够轻的重量。气球的系缆又是天线的辐射体，要求表面电阻小，且能承受大的电流。天线的辐射功率受限于电晕起始电压，所以系缆导体的直径不能太小，但一般不超过 20 mm。系缆芯主要用于增强纤维，承受拉力，其外是内护套，内护套外是金属丝编织层（即辐射体）。有的系缆含内外两层导体，导体之间相互绝缘，外导体为辐射体，内导体则为气球上某些控制部件提供电源。

（4）气球天线的地网是由软铜索构成的，用地钉钉入地面，一般由 8 根长 100～150 m 的导线呈辐射状铺设地网。地网线根数大于 8 根后，再增加地网线根数，辐射效率增加不多，但展开和收撤的时间增加，从而降低机动性能。

系留气球甚低频通信系统具有投资少、效率高、生存能力较强等优点。但系留气球通信系统受恶劣气象和环境的限制，必须有可靠的补给保障，适合于在定点或机动性不高的区域工作，战时应用依赖于施放地域的防卫和制空权。

4.8　伞 形 天 线

伞形天线是在直立天线顶端加几根倾斜辐射状的导线作为顶负载而形成的，如图 4.8-1 所示。这种天线的伞形导线虽然可以使直立部分的波腹电流上升，但由于顶线是向下倾斜的，所以顶线上有铅垂向下的电流成分，其产生的电场要抵消天线直立部分所产生的电场，其抵消的程度显然取决于伞形导线的数目及其与天线直立部分的夹角，所以在选择尺寸时就应该注意不要使夹角过小，一般不小于 50°，同时不能使其末端（绝缘子）离地太近。绝缘子的安装高度会影响天线的有效高度，一般不低于天线悬挂高度的一半。因此，这种天线与同等高度的鞭状天线比起来并无显著的优点，只是输入阻抗的电抗部分比鞭状天线要低一些，便于调谐。

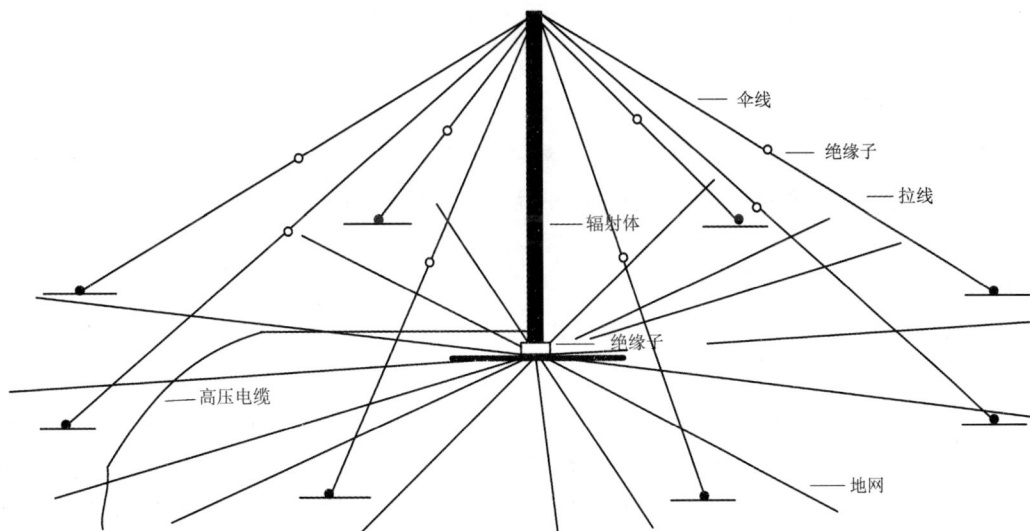

图 4.8-1　甚低频伞形天线示意图

4.9 螺旋鞭天线

螺旋天线是用金属导体(导线或管材)做成的螺旋状的天线。它通常用同轴电缆馈电，电缆的内导体和螺旋线的一端相连接，外导体和金属接地板相连接。接地板可以减弱同轴线外表面的感应电流，改善天线的辐射特性，同时又可以减弱后向辐射。本节主要介绍螺旋鞭状天线(注：鞭状天线简称鞭天线)。

4.9.1 螺旋天线的参数

螺旋天线(helical antenna)的结构如图 4.9-1 所示。它是传统的圆柱螺旋几何结构结合直线、圆以及柱体的几何形式。对螺旋天线进行几何描述时需要用到以下参量：螺旋直径 D、周长 C、节距 S、螺旋升角 α、圈长 L、圈数 N、螺旋轴长 A、螺旋导体直径 d。传统螺旋线的直径 D 和周长 C 按照通过螺旋导体中心线的虚构柱面来定义。对于上述参量，采用下标 λ 来定义，表示该参量在自由空间中的电长度(即该参量的物理尺寸与工作频率对应自由空间波长的比值)，如 $D_\lambda = D/\lambda$。

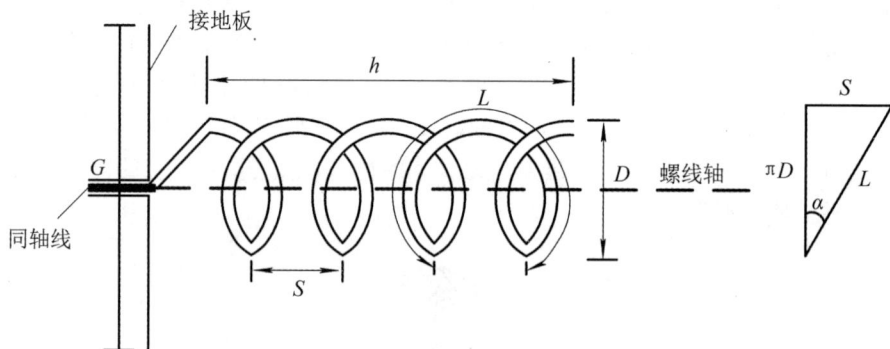

图 4.9-1 螺旋天线的结构图

如果将圆柱螺旋中心线的一圈展开成平面，则节距 S、周长 C、圈长 L 之间的关系为

$$L^2 = S^2 + C^2 \tag{4-24}$$

其中，$C = \pi D$。

考虑一个圈长为 λ(即 $D_\lambda = 1$)的单圈螺旋，当 $\alpha = 0°$ 时螺旋成为周长为 λ 或直径为 λ/π 的环。随着升角 α 增大，周长反而减小，直至 $\alpha = 90°$ 时螺旋成为长为 λ 的直导体。

传统螺旋天线的工作波长对应于 1 个周长的电长度，当工作频率不变时，改变天线周长，在 $C_\lambda < 3/4$ 的范围内螺旋天线辐射法向模，在 $3/4 < C_\lambda < 4/3$ 的范围内螺旋天线辐射轴向模。随着 C_λ 的进一步增大，轴向模增益与圆极化性能反而下降，并且最大辐射方向逐渐偏离轴向。

螺旋天线的辐射特性取决于螺旋线直径 D 与波长的比值，即 D/λ。此类天线具有三种辐射状态，如图 4.9-2 所示。

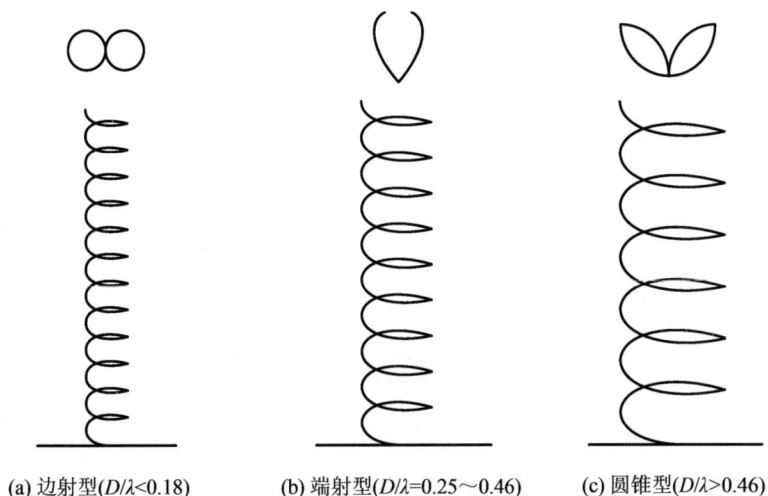

(a) 边射型($D/\lambda<0.18$)　　　　(b) 端射型($D/\lambda=0.25\sim0.46$)　　　　(c) 圆锥型($D/\lambda>0.46$)

图 4.9 - 2　螺旋天线的三种辐射状态图

　　当 $D/\lambda<0.18$ 时为细螺旋天线，最大辐射方向在垂直于天线轴的法向，这种天线又称为法向模螺旋天线；当 $D/\lambda=0.25\sim0.46$ 时为端射型螺旋天线，这时在天线轴向有最大辐射，这种天线又称为轴向模螺旋天线或简称螺旋天线；当 $D/\lambda>0.46$ 时为圆锥型螺旋天线，沿螺旋线的轴线方向的电流分布仍接近正弦分布，它是一种慢波结构，即电磁波沿轴线传播的相速比沿直导线传播的相速小。

4.9.2　螺旋鞭天线

　　螺旋鞭天线如图 4.9 - 3 所示。螺旋线是空芯的或绕在低耗的介质棒上，圈的直径可以是相同的，也可以随高度逐渐变小，圈间的距离可以是等距的或变距的。

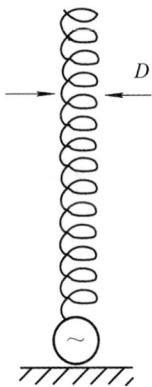

图 4.9 - 3　螺旋鞭天线

　　螺旋鞭天线相当于将加载的电感分布在鞭天线的整个线段中，多采用垂直极化方式，以取代车载或船载鞭天线。由于电磁波沿螺旋轴线传播的相速比垂直偶极天线小，因此其谐振长度可以缩短，从而使天线的垂直高度大大降低。这种天线广泛地应用于短波及超短波的小型移动通信电台中。和单极振子天线相比，螺旋鞭天线的最大优点是天线的长度可以缩短 2/3 甚至更多。

　　螺旋鞭天线由于绕制的导线细而长，导线损耗较大，因此天线效率比同高度鞭天线要低一些。但如果与调谐匹配电路一起考虑，其效率并不比一般鞭天线差，因为螺旋鞭天线可以工作在谐振点附近，其输入阻抗是纯电阻，或带有不大的电抗，这样调谐回路可采用低耗的电容元件，而短鞭天线中的调谐电路的损耗是很大的。

　　因此，从总的效果看，螺旋鞭天线的增益比等高度的普通鞭天线高，但其带宽比较窄，当驻波比小于 1.5 时相对带宽约为 5%。

4.10　宽频带直立天线

　　在许多应用中都要求天线能在较宽的频率范围内有效地工作。通常当天线的相对带宽在百分之几十以上时称之为宽频带天线。对于天线上电流分布为驻波分布的线天线，限制其工作频带的主要因素通常是它的阻抗特性，因为在宽频带内天线的输入阻抗随频率变化很大。理论分析与实验均说明，这种天线的线径及形状对天线带宽有明显的影响。例如，将偶极天线的臂改成锥体而变成双锥天线，其具有很宽的工作带宽。

　　本节研究的盘锥天线和套筒天线都属于宽带天线。

4.10.1　盘锥天线

　　盘锥天线(discone antenna)的结构如图 4.10-1 所示，它由一个圆盘和圆锥构成，二者之间有一定的间隙。该天线由穿过锥体内部的同轴线馈电，同轴线的内导体位于顶部圆盘的中心处，外导体在间隙处与圆锥顶部相连。盘锥天线可看成双锥天线的变形，即将双锥天线的上部改为圆盘，换用同轴线馈电。

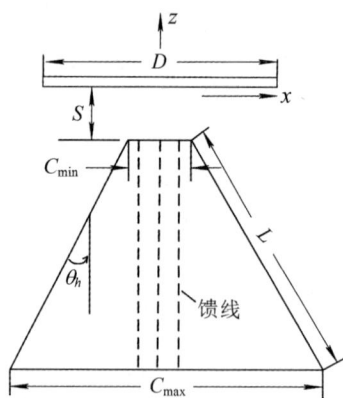

图 4.10-1　盘锥天线

　　盘锥天线通常用于 VHF 和 UHF 频段。作为水平面全向的垂直极化天线，盘锥天线实现 130% 的相对带宽，同时在该频率范围内保持与 50 Ω 同轴馈线上的驻波比不大于 1.5。

　　圆盘直径 D 的大小对天线方向图的影响很大。若直径过大，则相当于在锥顶上加了一块相当大的金属板，会减小高于水平方向处的场强；若直径太小，则会破坏天线的阻抗宽带特性，而且使天线方向图的主瓣明显偏离水平方向。

锥顶 C_{min} 的大小与天线带宽成反比，一般使 C_{min} 仅比同轴线馈线的外导体稍大一点。圆盘与锥顶之间的间隙 S 对天线性能的影响较小，对其尺寸要求不严。

盘锥天线存在最佳设计尺寸，实验中得出的一组最佳尺寸为 $S=0.3C_{min}$，$D=0.7C_{max}$，取锥角 $\theta_h=30°$，$C_{min}=L/22$，其中 L 为锥的斜高。在此尺寸下，若驻波比小于 1.5，则该天线具有 7：1 的带宽；若允许驻波比放宽到 2，则带宽可达 9：1。

该天线的 H 面方向图为圆，即水平平面是全向的，E 面（即垂直平面）方向图如图 4.10 - 2 所示。由图 4.10 - 2 可见，当频率较低时，此结构小于一个波长，方向图与短振子类似；如果频率增高，则由于盘锥天线的电尺寸增大，因此辐射波瓣被限制在下半空间。

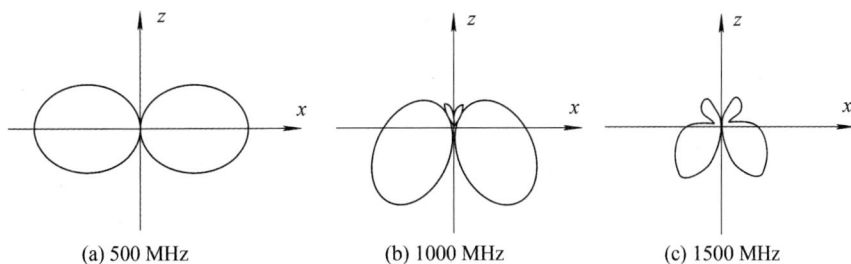

(a) 500 MHz　　　　　(b) 1000 MHz　　　　　(c) 1500 MHz

图 4.10 - 2　盘锥天线垂直平面方向图

为了降低重量并减小风的阻力，盘锥天线可设计成线状结构，即用辐射状的金属棒取代金属片，如图 4.10 - 3 所示。为携带方便，有时也采用伞状结构，不用时可收成一束。

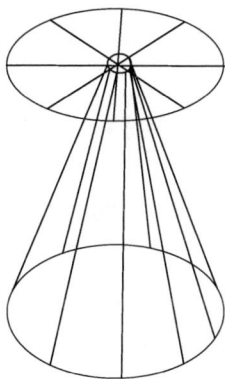

图 4.10 - 3　线状结构示意图

4.10.2　套筒天线

对于简单的单极子天线来说，我们知道加粗振子可以获得很低的特性阻抗，而形式上不对称的天线以及不对称的馈电方式就像电路中的参差调谐一样，可以有效地展宽阻抗带宽。在天线内辐射体外面附加一个与内辐射体同轴的金属套筒，就构成了套筒天线，既等效加粗了振子，又实现了不对称形式的馈电，结构简单而且效果明显。通常情况下，套筒天线都可以实现倍频以上的相对带宽。就结构而言，可以把套筒天线分成套筒单极子和套筒偶极子。

最典型的套筒天线模型如图 4.10-4 所示。一个最简单的套筒天线主要包括内导体、套筒、地板。内导体与同轴线的内芯相连接进行馈电，同轴线外皮与地板相连接。一般而言，典型的结构参数包括同轴线末端离开地板的高度 h_1、内导体的高度 h_2 以及直径 $2a$、套筒的高度 h_3 以及半径 b。

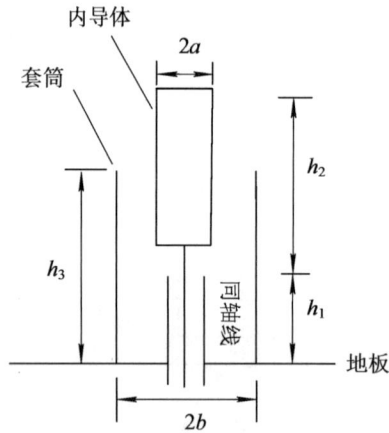

图 4.10-4　套筒天线模型图

与典型的单极子天线一样，套筒单极子天线的总高度 H 通常取为工作频段内最大波长的 1/4。在总高度不变的情况下，天线的匹配及辐射性能主要取决于套筒天线总高度 H 与套筒高度 h_3 的比值。此比例有一个最优值，在这个最优比例下，天线的带宽最宽。套筒的半径 b 与内导体的半径 a 也有个最优的比例。在其他参数给定的情况下，调节 b 的值可以有效改变天线的阻抗带宽。

如前面所指出的，谐振式天线的输入阻抗对频率的变化是非常敏感的，但如果在单极天线外面增加一个套筒，就可以将它们的带宽增加到大于一个倍频程。套筒天线如图 4.10-5 所示。套筒外表面上的电流与单极天线的上部分的电流几乎是同相的，电流的最大值出现在套筒天线的底部。

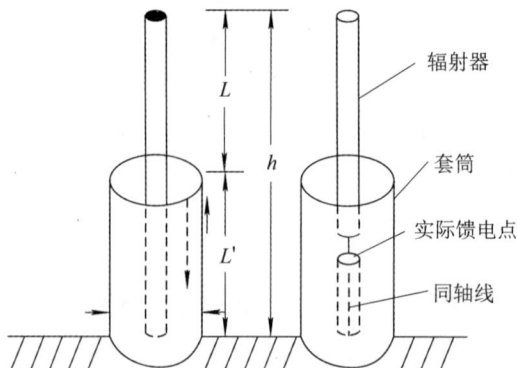

图 4.10-5　套筒天线图

套筒天线的阻抗随频率的变化较一般单极天线的平缓，这是由于：① 等效半径较粗，平均特性阻抗小；② 辐射器与其镜像构成一段开路线，而套筒与其镜像构成一段短路线，两者的输入电抗的性质相反，具有互补性。因此，套筒天线具有工作频带宽的优点。

4.11　伞形天线实例

本节给出了伞形天线的一个实例，天线指标如下：
（1）工作频率：98～102 kHz。
（2）有效高度：≥180 m。
（3）电抗变化率：$(3.5\pm0.5)\ \Omega/\text{kHz}$。
（4）天线物理高度：≤280 m。
（5）辐射效率：≥70%。

4.11.1　伞形天线实例介绍

1. 天线辐射体

天线辐射体的模型如图 4.11-1 所示。天线的辐射体为一伞状铁塔，铁塔高 265 m，由 1 m 高的桶形绝缘子、25 根高为 8.8 m 的桅杆标准节、5 根高为 8.8 m 的桅杆拉绳节组成。桅杆标准节与标准节之间、标准节与拉绳节之间通过法兰连接。在模型中，忽略标准节与拉绳节之间的区别，同时忽略法兰。

铁塔顶部有 18 根与天线成 50°夹角的斜拉线构成天线的顶加载，同时作为天线第五层纤绳的一部分。18 根顶加载均匀分布在天线铁塔周围，相邻两根加载之间的夹角为 20°。

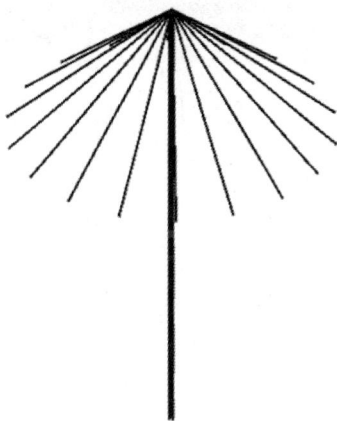

图 4.11-1　天线辐射体模型

2. 纤绳

纤绳的模型如图 4.11-2 所示。由于纤绳的材料为导体，对于天线的电气性能的影响不可以忽略，所以也需要对其进行建模。使用细线建模，与对天线辐射体的处理一样，需要注意的是保证纤绳不与天线辐射体相接，也不与大地相接。

　　纤绳一共有五层，从下到上依次为第一层到第五层，这五层纤绳均与天线主塔成 50° 的夹角，相邻两层与天线相连的点之间等间隔。第一到第四层为 3 方纤绳，每相邻两方之间的夹角为 120°，第五层为 18 方纤绳，每相邻两方之间的夹角为 20°。

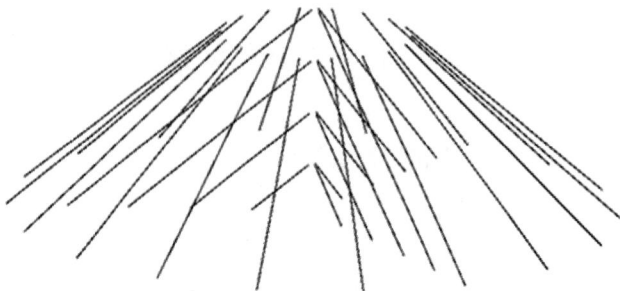

图 4.11 - 2　纤绳模型

3. 地网建模

　　地网模型如图 4.11 - 3 所示。地网由放射状地网线加环状地网线组成，放射状地网线从铁塔正下方离地面 0.5 m 处发出，每隔 3° 放射一条，总计 120 条，覆盖范围为天线第五层纤绳所覆盖的范围。环状地网线共有 6 个环，它们以放射状地网线的起点为圆心等间隔设置，最里面的环半径为 3.2 m。在设置环状地网时需注意留出地基的位置。

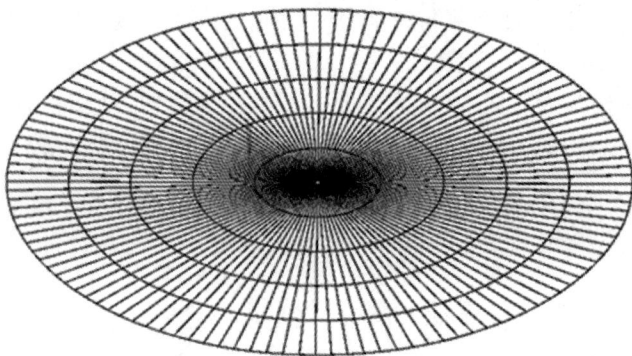

图 4.11 - 3　地网模型

4. 接地井建模

　　接地井分为简易接地井与接地深井。简易接地井的半径为 1.5 m，深为 5 m，需要用高导电性的材料填充，在建模时用大小相等的圆柱形导体代替，将其在最外围环状地网线下方等间隔放置。接地深井与一次地下水相接，要根据实际天线的放置位置与地下水的分布情况来确定放置位置。接地井建模为一个圆柱。

5. 端口设置与整体模型

　　端口设置在天线辐射体正下方处，使用一条线段连接天线辐射体与接地网，端口设置为线端口。

　　综合所有模型，天线的整体模型如图 4.11 - 4 所示。

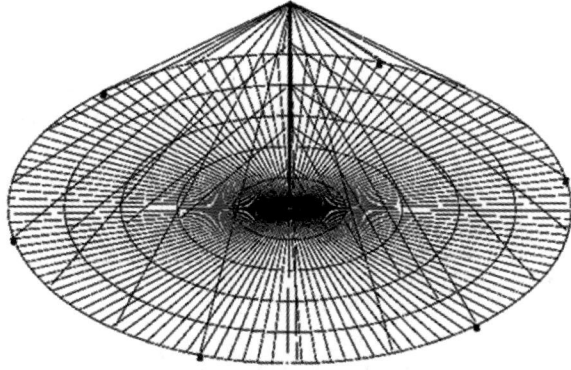

图 4.11-4　天线的整体模型

4.11.2　伞形天线的结果分析

图 4.11-5 给出了天线在 98 kHz、100 kHz、102 kHz 频率下的方位面和俯仰面的仿真方向图。从图 4.11-5 中可以看出，天线方向图在方位面为一圆形，是全向天线。在俯仰面是"8"字形的一半，这其实就是对称振子缺失大地以下部分的结果。同时还可以看出，天线的方向图在整个带宽范围内有高度的一致性。表 4.11-1 为天线在各频点的增益统计表。

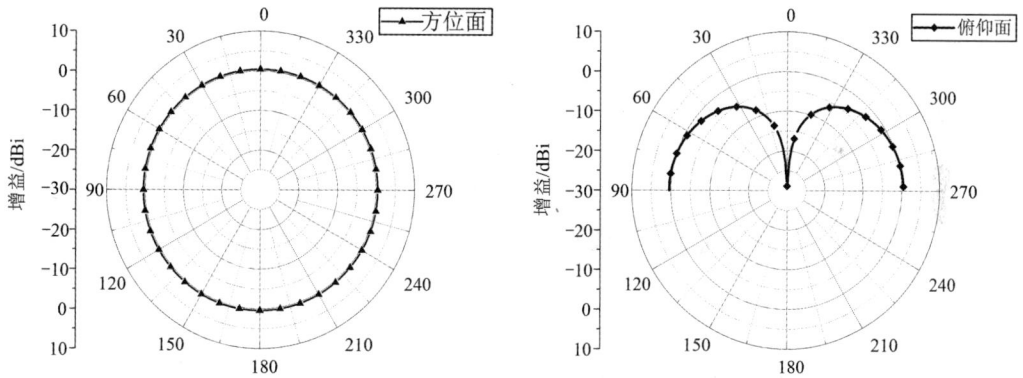

(a) 98 kHz 频点

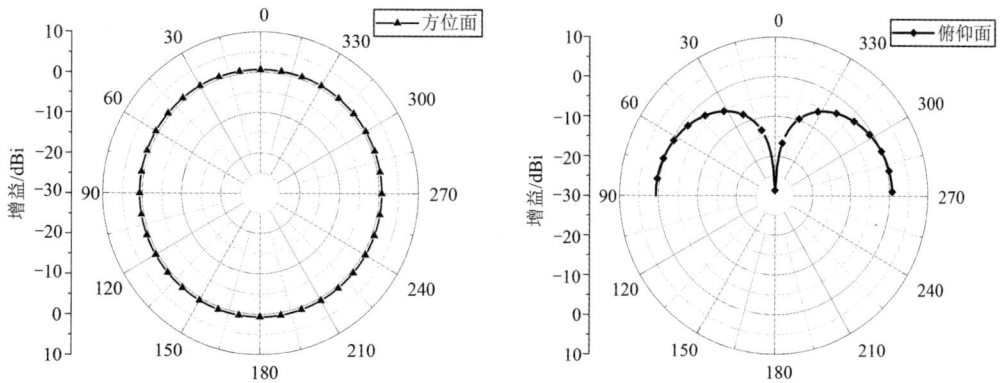

(b) 100 kHz 频点

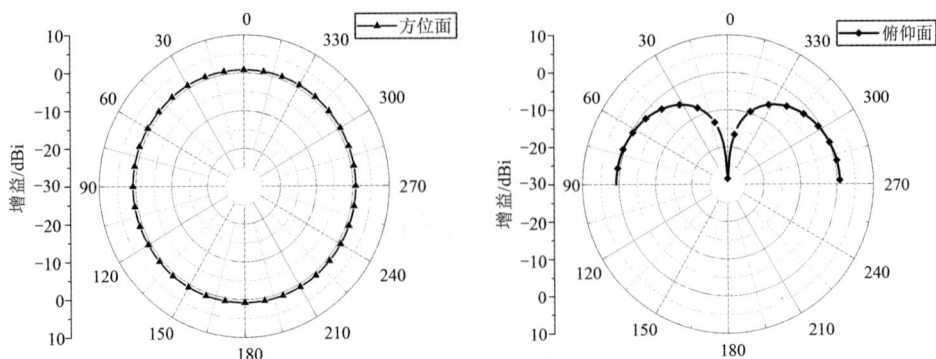

(c) 102 kHz 频点

图 4.11 - 5　天线辐射方向图

表 4.11 - 1　天线在各频点的增益统计表

频率/ kHz	方位面增益/dBi	俯仰面增益/dBi
98	0.4	0.4
100	0.65	0.65
102	0.79	0.78

4.11.3　伞形天线的有效高度

伞形天线的有效高度的计算公式如下：

$$h_e = \frac{10^7 E_z d}{4\pi I f} \qquad (4-25)$$

其中，d 为近场距离，一般大于一个波长；E_z 为距离 d 处的电场强度；I 为天线的根部电流；f 为对应的频率。

在距离天线 5000 m、距离地面 10 m 处设置一测试点，测得该点的电场强度，如图 4.11 - 6 所示。再根据如图 4.11 - 7 所示的馈电处的电流，推算出天线的有效高度，如图 4.11 - 8 所示。

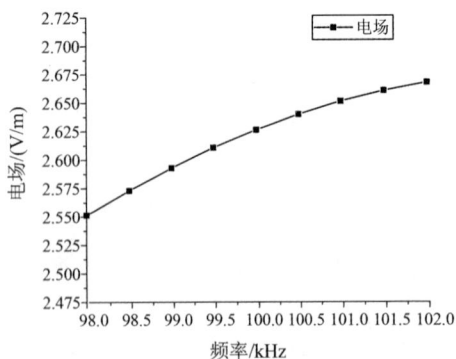

图 4.11 - 6　测试点的电场强度

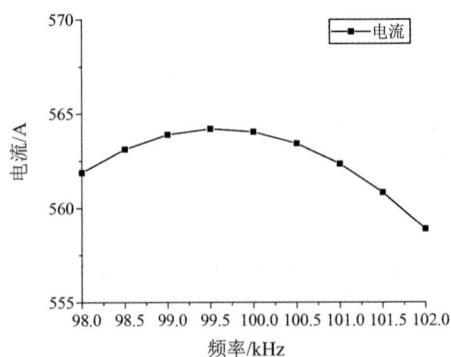

图 4.11 - 7　馈电处的电流

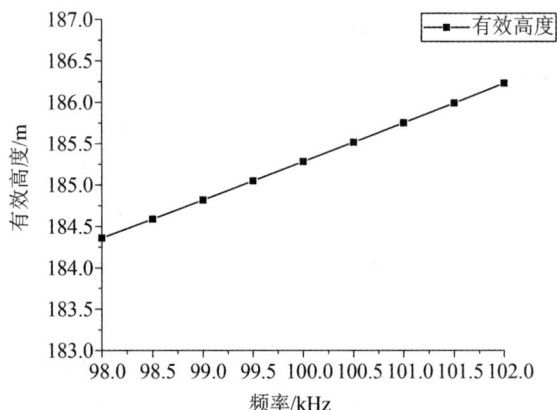

图 4.11 - 8　天线的有效高度

从图 4.11 - 8 中可以看出，天线的有效高度在整个频带内都满足大于 180 m 的指标，并且由于随着天线的频率增大，天线的波长减小，相对应的电尺寸也增大，因此导致天线的有效高度逐渐增加，由仿真结果计算出的天线的有效高度的变化趋势满足理论分析得到的结论。

4.11.4　伞形天线的输入阻抗

通过仿真计算得到的伞形天线输入阻抗如图 4.11 - 9 所示。

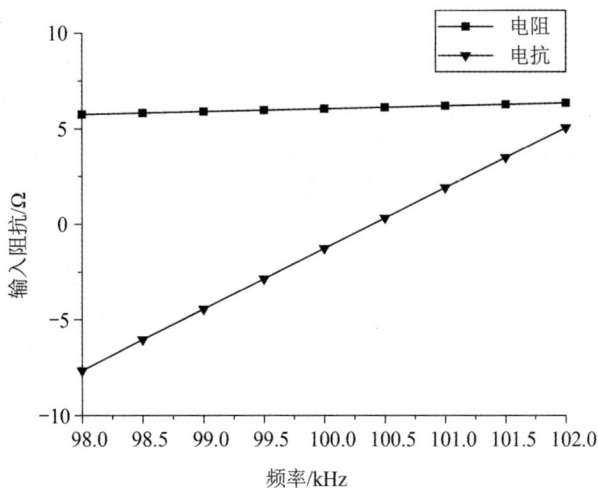

图 4.11 - 9　伞形天线的输入阻抗

由图 4.11 - 9 可知，天线的输入电阻大约为 6 Ω，天线的谐振频率大约在 100.5 kHz 处。对于天线的辐射效率，有

$$\eta = \frac{R_{\mathrm{r}}}{R_{\mathrm{r}} + R_{\mathrm{g}}} \tag{4 - 26}$$

式中，R_{r} 为天线的辐射电阻，R_{g} 为天线的损耗电阻。

由于在建模时将地面设置为无限大导电平面，没有涉及导线损耗和地损耗，所以仿真计算出来的输入电阻就是天线的辐射电阻。

天线的损耗电阻主要来自地损耗。地损耗一般认为是位移电流从天线经地面流入地线系统时产生的电流损耗和垂直下引线电流，与在近区切向磁场与在地面感应的朝天线引线方向流动的电流产生的磁场损耗之和。地损耗通过地网线和接地井的设置可将损耗电阻控制在 1 Ω 以内。

假设接地电阻最大为 1 Ω，将仿真所得的输入电阻作为辐射电阻，与接地电阻一起代入式(4-26)，计算出的辐射效率如图 4.11-10 所示。

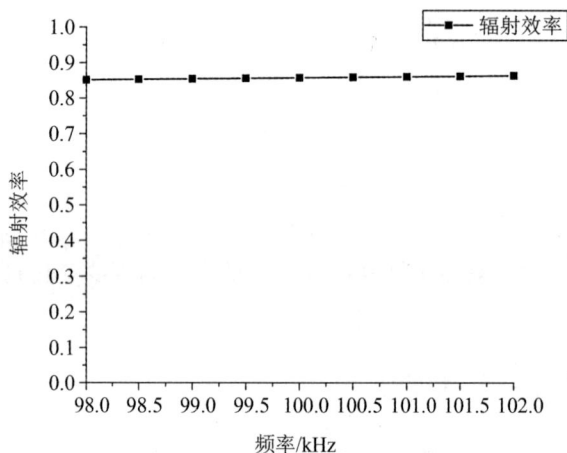

图 4.11-10　天线的辐射效率

由图 4.11-10 可以看出，天线在整个频带内的辐射效率都大于 0.7，满足指标要求。

对图 4.11-9 中的电抗进行分析，计算得出电抗变化率，得到在频带范围内的结果为 $3.15\sim3.20$ Ω/kHz，满足电抗变化率的指标要求。

长波伞形天线的体积虽然庞大，但依然为电小天线，辐射电阻一般只有几欧。因此，设计时要通过铺设地网使天线的地损耗电阻尽可能小，以满足天线辐射效率的要求。在设计伞形天线地网时，加大地网铺设密度，对降低磁场损耗十分必要。若地网总量不够，则地网铺设半径越大，磁场损耗电阻就会越大，从而影响天线效率的提升；若地网总量达到一定规模，则地网铺设半径越大，磁场损耗电阻会越小，所以可以综合考虑，从而得到最佳地网铺设半径。

4.12　套筒单极子天线实例

本节给出了套筒天线的一个实例，天线指标如下：

(1) 工作频率：530～935 MHz。

(2) 增益：≥0 dBi。

(3) 波束宽度：方位面全向。

(4) 电压驻波比：≤1.5。

（5）极化方式：垂直极化。

（6）输入阻抗：50 Ω。

4.12.1　套筒天线实例介绍

针对套筒单极子天线的技术要求，采用加有圆盘顶的套筒单极子天线形式。套筒单极子天线主要包括内导体、套筒、地板等结构，采用内导体与 50 Ω 同轴线的内芯相连接进行馈电，同轴线外皮与地板相连接。套筒单极子天线结构示意图如图 4.12 - 1 所示。

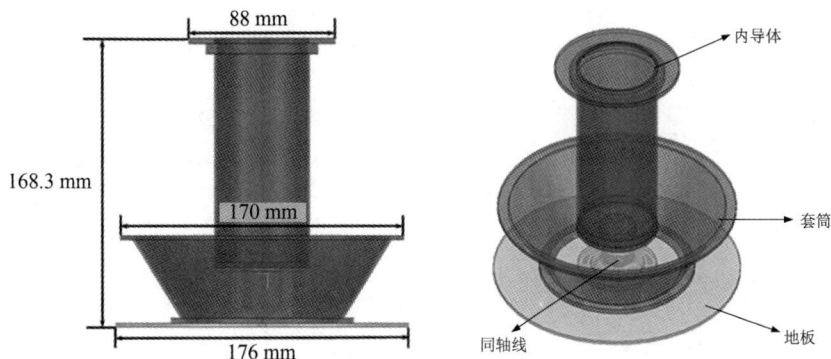

图 4.12 - 1　套筒天线模型结构图

4.12.2　套筒天线结果分析

图 4.12 - 2 为套筒天线的电压驻波比，可以看出，天线在整个工作频段的电压驻波比小于 1.5，满足指标要求。

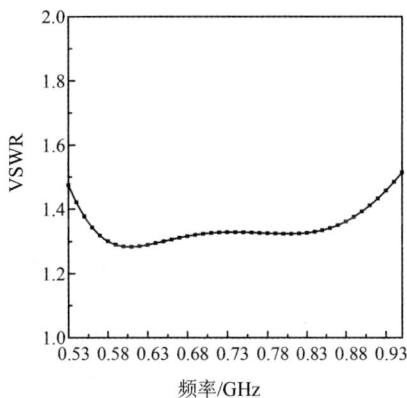

图 4.12 - 2　套筒天线的电压驻波比

图 4.12 - 3(a)～(c)分别是套筒天线在 530 MHz、732.5 MHz 和 935 MHz 频点的辐射方向图。表 4.12 - 1 给出了各频点的增益值。从图 4.12 - 3 和表 4.12 - 1 中可以看出，该天线的方向图在整个频段内一致性好，增益满足指标要求。

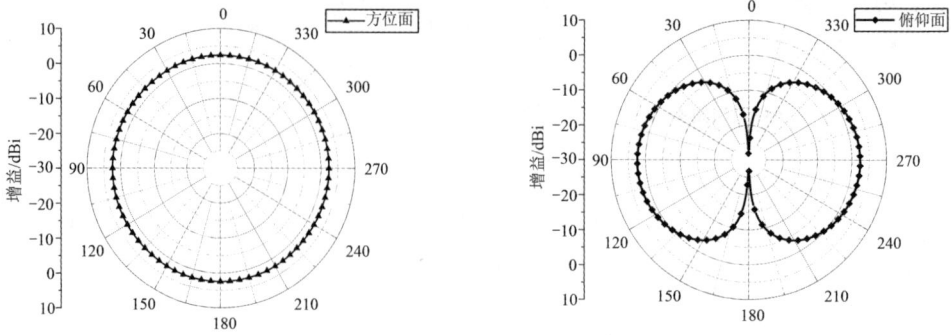

(a) 530 MHz 频点

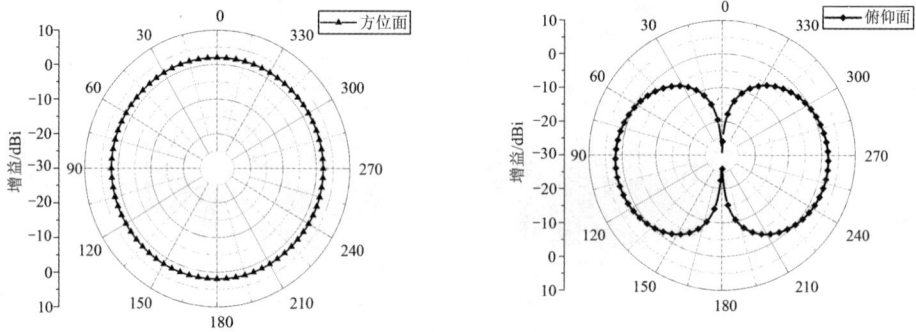

(b) 732.5 MHz 频点

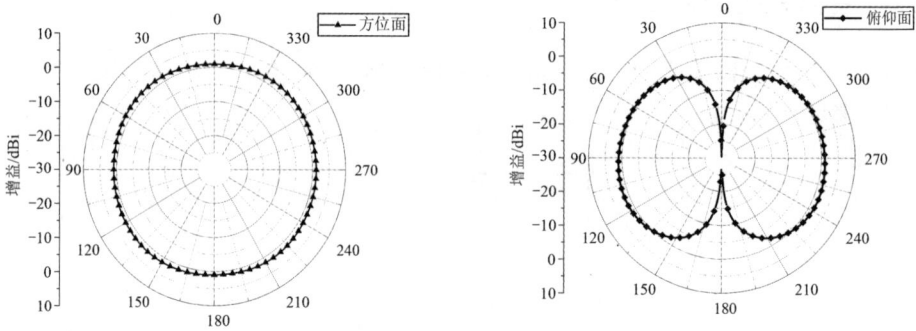

(c) 935 MHz 频点

图 4.12 - 3   套筒天线的辐射方向图

表 4.12 - 1   天线在各频点的增益统计表

频率/MHz	方位面增益/dBi	俯仰面增益/dBi
530	2.36	2.34
732.5	1.96	2.14
935	1.43	1.56

第 5 章
引向天线与短背射天线

引向天线被广泛用于米波、分米波段的通信，雷达和电视接收等系统。其突出优点是结构简单、馈电方便、成本低而能提供较高的增益，但频带较窄，一般在 5% 以内。短背射天线是 20 世纪 60 年代初在引向天线基础上发展起来的一种新型天线。由于其结构简单、馈电方便、纵向长度短、增益高（可达数百）和副瓣背瓣较小（可分别做到 -20 dB 和 -30 dB 以下）等优点，得到天线工作者的重视。本章主要研究这两种天线。

▮ 5.1　引　向　天　线

引向天线又叫八木-宇田天线，此天线最早由日本东北大学宇田太郎在 1926 年发表的日本论文中介绍了初期的实验结果，后来比他年长 10 岁的八木秀次教授在 1928 年的英文论文中报道了更多的成果，并在美国纽约和华盛顿等地访问时作了介绍。该天线因此广泛被称为八木天线，而现在天线界公认得更恰当的名称是八木-宇田天线。

八木天线由一个有源振子、多个无源振子（由反射振子和若干个引向振子组成）。所有振子都排列在一个平面内，互相平行，中心都在一条直线上。无源振子的中心固定在与它们垂直的金属杆上，有源振子与金属杆绝缘。有源振子通常为半波谐振长度，通过同轴馈线与发射机或接收机相连接。

通常有几个振子就称为几单元或几元引向天线。图 5.1-1 共有八个振子，就称八元引向天线。它是一个紧耦合的寄生振子端射阵，由一个（有时由两个）有源振子及若干个无源振子构成。

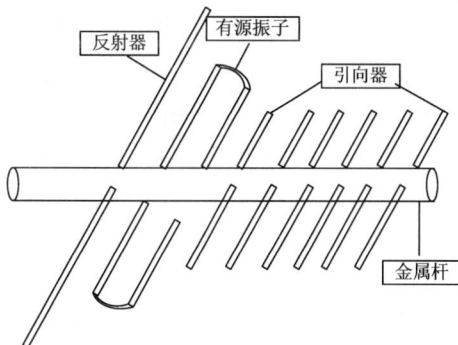

图 5.1-1　八元引向天线

有源振子近似为半波振子，主要作用是提供辐射能量；由于振子间的相互影响，有源振子天线的输入阻抗会发生变化。可采用半波折合振子、半波振子。

无源振子的作用是使辐射能量集中到天线的端向。其中稍长于有源振子的无源振子起反射能量的作用，称之为反射器；较有源振子稍短的无源振子起引导能量的作用，称之为引向器。无源振子起引向或反射作用的大小与它们的尺寸及离开有源振子的距离有关。由于每个无源振子都近似等于半波长，中点均为电压波节点。

各振子与天线轴线垂直，它们可以同时固定在一根金属杆上，金属杆对天线性能影响较小，增益可以做到 10 dB 以上；缺点是调整和匹配较困难，工作带宽较窄。

5.1.1　引向天线的工作原理

1. 引向器与反射器

为了分析产生"引向"或"反射"作用时振子上的电流相位关系，我们先观察两个有源振子的情况。设有平行排列且相距 $\lambda/4$ 的两个对称振子，如图 5.1 - 2 所示。

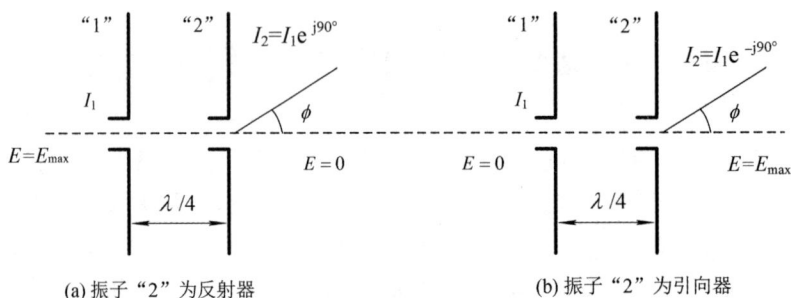

(a) 振子"2"为反射器　　　　　　(b) 振子"2"为引向器

图 5.1 - 2　引向天线原理图

若两振子的电流幅度相等，但振子"2"的电流相位超前振子"1"90°，即 $I_2 = I_1 \mathrm{e}^{j90°}$，此时在 $\phi = 0°$ 方向上，振子"2"的辐射场要比振子"1"的辐射场少走 $\lambda/4$ 路程，即由路程差引起的相位差，振子"2"超前于振子"1"90°。同时，振子"2"的电流相位又超前振子"1"的电流相位 90°，则两振子辐射场在 $\phi = 0°$ 方向的总相位差为 180°，因而合成场为零。反之，在 $\phi = 180°$ 方向上，振子"2"的辐射场要比振子"1"的辐射场多走 $\lambda/4$ 路程，但其电流相位却比振子"1"领先 90°，则两振子辐射场在该方向是同相相加的。

在其他方向上，两振子辐射场的路程差所引起的相位差为 $(\pi/2)\cos\phi$ 的关系，而电流相位差恒为 $\pi/2$。因而合成场强介于最大值与最小值(零值)之间。所以当振子"2"的电流相位领先于振子"1"90°，即 $I_2 = I_1 \mathrm{e}^{j90°}$ 时，振子"2"的作用好像把振子"1"朝它方向辐射的能量"反射"回去，故振子"2"称为反射振子(或反射器(reflector))。

如果振子 2 相位滞后于振子"1"90°，即 $I_2 = I_1 \mathrm{e}^{-j90°}$，则其结果与上面相反，此时振子"2"的作用好像把振子"1"向空间辐射的能量引导过来，则振子"2"称为引向振子(或引向器(director))。

如果将振子"2"的电流幅度改变一下，例如，减小为振子"1"电流幅度的 1/2，它的基本作用会不会改变呢？

此时，E_2 对 E_1 的相位关系并没有因为振幅变化而改变，虽然在 $\phi = 0°$ 方向，$E = 1.5E_1$，在 $\phi = 180°$ 方向，$E = 0.5E_1$，但相对于振子"1"，振子"2"仍然起着引向器的作用。

这一结果使我们联想到：**在一对振子中，振子"2"起引向器或反射器作用的关键不在于两振子的电流幅度关系，而主要在于两振子的间距以及电流之间的相位关系。**

实际工作中，引向天线振子间的距离一般在 $0.1\lambda \sim 0.4\lambda$ 之间，在这种条件下，振子"2"对振子"1"的电流相位差等于多少才能使振子"2"成为引向器或反射器呢？

为了简化分析过程，我们只比较振子中心连线两端距天线等距离的两点 M 和 N 处辐射场的大小（如图 5.1-3 所示）。若振子"2"所在方向的 M 点辐射场较强，则"2"为引向器；反之，则为反射器。

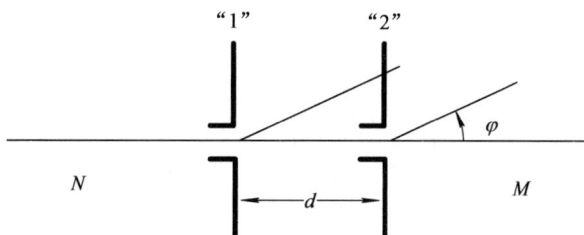

图 5.1-3　判断场强大小

设 $I_2 = mI_1 e^{j\alpha}$，间距 $d = 0.1\lambda \sim 0.4\lambda$，则在 M 点 E_2 对 E_1 的相位差 $\phi = \alpha + kd$。则在 N 点 E_2 对 E_1 的相位差 $\phi = \alpha - kd$。

根据 d 的范围 $36° \leqslant kd \leqslant 144°$。如果 $0° \leqslant \alpha \leqslant 180°$，即 I_2 的初相导前于 I_1 时，在 N 点 E_2 对 E_1 导前的电流相位差将与落后的波程差有相互抵消的作用，辐射场较强，所以振子"2"起反射器的作用。

如果 $-180° < \alpha < 0°$，即 I_2 的初相落后于 I_1 时，则在 M 点 E_2 对 E_1 导前的波程差与落后的电流相位差相抵消，辐射场较强，振子"2"起引向器作用。

由此可知，在 $d/\lambda \leqslant 0.4$ 的前提下，振子"2"作为引向器或反射器的电流相位条件如下：

$$\text{反射器：} 0° < \alpha < 180°$$
$$\text{引向器：} -180° < \alpha < 0°$$

2. 引向天线分析方法

如图 5.1-4 所示 N 元引向天线，振子 1，2，3，…，N 依次为反射振子、有源振子和引向振子，各振子的长度分别为 $2l_1$，…，$2l_N$，相邻振子间的间距分别为 S_1，…，S_N。

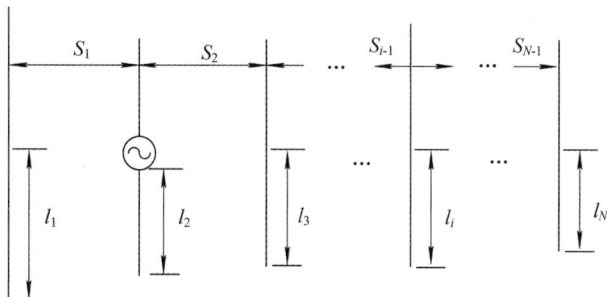

图 5.1-4　一般八木天线结构

由耦合振子理论，有

$$\begin{cases} 0 = I_{M1}Z_{11} + I_{M2}Z_{12} + \cdots + I_{Mi}Z_{1i} + \cdots + I_{MN}Z_{1N} \\ U_0 = I_{M1}Z_{21} + I_{M2}Z_{22} + \cdots + I_{Mi}Z_{2i} + \cdots + I_{MN}Z_{2N} \\ \qquad\qquad\qquad\qquad \vdots \\ 0 = I_{M1}Z_{i1} + I_{M2}Z_{i2} + \cdots + I_{Mi}Z_{ii} + \cdots + I_{MN}Z_{iN} \\ \qquad\qquad\qquad\qquad \vdots \\ 0 = I_{M1}Z_{N1} + I_{M2}Z_{N2} + \cdots + I_{Mi}Z_{Ni} + \cdots + I_{MN}Z_{NN} \end{cases} \tag{5-1}$$

式中，I_{Mi} 为第 i 个振子的波腹电流；$Z_{ij}(i=1\sim N, j=1\sim N)$ 是第 i 个振子和第 j 个振子间的互阻抗；U_0 为有源振子的外加电压。

方程组共有 N 个方程式，可解出各振子上的电流 I_{Mi}，进而得到天线的远区辐射场：

$$E = \frac{60}{r} f_1(\theta) f_a(\theta, I_{Mi}) \tag{5-2}$$

式中，$f_1(\theta)$ 为对称振子的方向函数，$f_a(\theta)$ 为阵因子的方向函数，式(5-2)是一个端射式的天线阵。各个振子上的电流也可通过矩量法来求。

5.1.2   二元引向天线

实际应用中为了使天线的结构简单、牢固、成本低，在引向天线中广泛采用无源振子作为引向器或反射器，如图 5.1-5 所示。因为一般只有一个有源振子，在引向天线中无源振子的引向或反射作用都是相对于有源振子而言的。

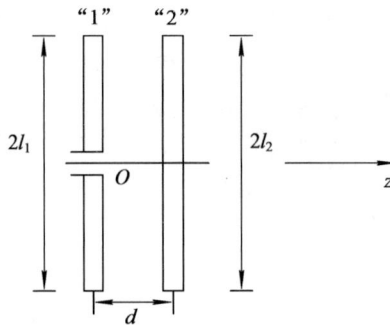

图 5.1-5   二元引向天线

为什么无源振子能够起引向或反射器的作用呢？我们可以从最简单的二元引向天线进行分析。如图 5.1-5 所示，假定有源振子"1"的全长为 $2l_1$，无源振子"2"的全长为 $2l_2$，二者平行排列，间距为 d，则从概念上讲，在有源振子电磁场的作用下，无源振子将被感应出电流 I_2。

有电流就会有辐射，无源振子的辐射场将对二元引向天线作出贡献，因而就方向性而论，无源振子实质上也是一个有效天线单元。只不过 I_2 不是由振子"2"本身的电源而是由它自身的尺寸以及与有源振子的相对关系决定而已。考虑到天线阵的阻抗特性，振子"2"的电流由下式决定：

$$\frac{I_2}{I_1} = -\frac{Z_{21}}{Z_{22}} = m\,e^{j\alpha} \tag{5-3}$$

式中：

$$\begin{cases} m = \sqrt{\dfrac{R_{21}^2 + X_{21}^2}{R_{22}^2 + X_{22}^2}} \\ \alpha = \pi + \arctan\dfrac{X_{21}}{R_{21}} - \arctan\dfrac{X_{22}}{R_{22}} \end{cases} \tag{5-4}$$

其中，R_{21} 和 X_{21} 为两振子间的互阻抗，即 Z_{21} 的电阻与电抗部分；$\arctan(X_{21}/R_{21})$ 为互阻抗 Z_{21} 的辐角；R_{22} 和 X_{22} 为无源振子自阻抗 Z_{22} 的电阻与电抗部分，大小与相同尺寸的对称振子的一样；$\arctan(X_{22}/R_{22})$ 为 Z_{22} 的辐角。

只要适当改变间距 d（可以改变互阻抗）或适当改变无源振子的长度 $2l_2$（可以主要改变自阻抗）都可以调整 I_2 的振幅和相位，使无源振子"2"起引向器或反射器的作用。

（1）当有源振子 $2l_1/\lambda$ 一定时，只要无源振子长度 $2l_2/\lambda$ 及两振子间距 d/λ 选择得合适，无源振子就可以成为引向器或反射器。对应于合适的 d/λ 值，通常用比有源振子长度短百分之几的无源振子可作引向器，用比有源振子长百分之几的无源振子可作反射器。

（2）当有源及无源振子长度一定时，d/λ 值不同，无源振子所起的引向或反射作用不同，例如，对于 $2l_2/\lambda = 0.450$，$d/\lambda = 0.1$ 时有较强的引向作用，而当 $d/\lambda \geqslant 0.25$ 以后就变成了反射器。因此，为了得到较强的引向或反射作用，应合理选择或调整无源振子长度及间距。

（3）为了形成较强的方向性，引向天线振子间距 d/λ 不宜过大，一般 $d/\lambda < 0.4$。

5.1.3　多元引向天线

为了得到足够的方向性，实际使用的引向天线大多数是更多元的，图 5.1-6 就是一个六元引向天线，其中的有源振子是普通的半波振子。

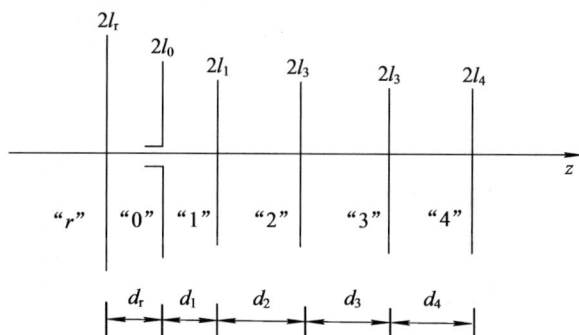

图 5.1-6　六元引向天线

通过调整无源振子的长度和振子间的间距，可以使反射器上的感应电流相位超前于有源振子；使引向器"1"的感应电流相位落后于有源振子的；使引向器"2"的感应电流相位落后于引向器"1"的；引向器"3"的感应电流相位再落后于引向器"2"的……如此下去便可以调整使得各个引向器的感应电流相位依次落后下去，直到最末一个引向器落后于它前一个为止。这样就可以把天线的辐射能量集中到引向器的一边（z 方向，通常称 z 方向为引向天线的前向），获得较强的方向性。图 5.1-7 为六元引向天线的方向图。

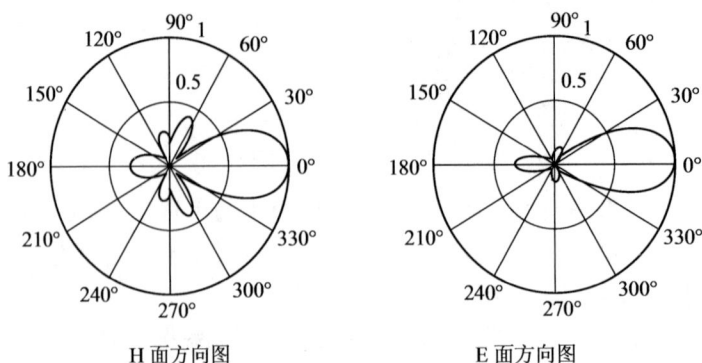

H 面方向图　　　　　　　　　　　E 面方向图

图 5.1－7　六元引向天线方向图

　　在图 5.1－7 中给出了某六元引向天线：$2l_r=0.5\lambda$，$2l_0=0.47\lambda$，$2l_1=2l_2=2l_3=2l_4=0.43\lambda$，$2d_r=0.25\lambda$，$d_1=d_2=d_3=0.3\lambda$，$2a=0.0052\lambda$ 的 E 面、H 面方向图。

　　由于已经有了一个反射器，再加上若干个引向器对天线辐射能量的引导作用，在反射器的一方(通常称为引向天线的后向)的辐射能量已经很弱，再加多反射器对天线方向性的改善不是很大，通常只采用一个反射器就够了。至于引向器，一般来说数目越多，其方向性就越强。但是实验与理论分析均证明：当引向器的数目增加到一定程度以后，再继续加多，对天线增益的贡献相对较小。

　　图 5.1－8 给出了包括引向器、反射器在内的所有相邻振子间距都是 0.15λ，振子直径均为 0.0052λ 的引向天线增益与元数的关系曲线。由 5.1－8 图可以看出，若采用一个反射器，当引向器由一个增加到两个时($N=3$ 增至 $N=4$)，天线增益能大约增大 1 dB，而引向器个数由 7 个增至 8 个($N=9$ 增至 $N=10$)时，增益只能增加约 0.2 dB。

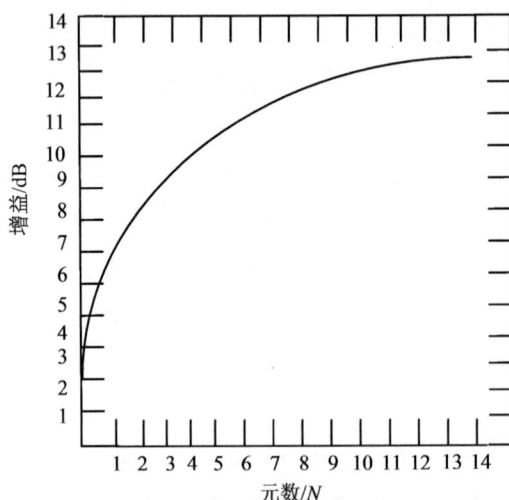

图 5.1－8　典型引向天线的增益与总元数的关系

　　不仅如此，引向器个数多了还会使天线的带宽变窄、输入阻抗减小，不利于与馈线匹配。加之从机械上考虑，引向器数目过多，会造成天线过长，也不便于支撑。因此，在米波波段实际应用的引向天线引向器的数目通常很少超过十三四个。

5.1.4　引向天线的电特性

虽然实际应用的引向天线不一定是等间距的，引向器也不一定是等长的，但为了大致了解引向天线的电特性，还是通过表5.1-1给出了等间距、引向器等长的一些引向天线的典型数据，包括不同元数、不同振子长度、不同间距时引向天线的增益、输入阻抗以及 E 面和 H 面方向图的波束宽度、副瓣电平前后辐射比。所谓前后辐射比，是指方向图中前向与后向的电场振幅比，它在引向天线中具有一定的实际意义。

表 5.1-1　引向天线的电参数

元数 N	间隔 d/λ	单元长度 $2l/\lambda$			增益 /dB	前后辐射比 /dB	输入阻抗 /Ω	H 面		E 面	
		$\dfrac{2l_r}{\lambda}$	$\dfrac{2l_0}{\lambda}$	$\dfrac{2l_1}{\lambda} \sim \dfrac{2l_2}{\lambda}$				$2\theta_{0.5H}$ /(°)	SLL/dB	$2\theta_{0.5E}$ /(°)	SLL/dB
3	0.25	0.479	0.453	0.451	9.4	5.6	22.3+j15.0	84	−11.0	66	−34.5
4	0.15	0.486	0.459	0.453	97	8.2	36.7+j9.6	84	−11.6	66	−22.8
4	0.20	0.503	0.474	0.463	9.3	7.5	5.6+j20.7	64	−5.2	54	−25.4
4	0.25	0.486	0.463	0.456	10.4	6.0	10.3+j23.5	60	−5.8	52	−15.8
4	0.30	0.475	0.453	0.446	10.7	5.2	25.8+j23.2	64	−7.3	56	−18.5
5	0.15	0.505	0.476	0.456	10.0	13.1	9.6+j13.0	76	−8.9	62	−23.2
5	0.20	0.486	0.462	0.449	11.0	9.4	18.4+j17.6	68	−8.4	58	−18.7
5	0.25	0.447	0.451	0.442	11.0	7.4	53.3+j6.2	66	−8.1	58	−19.1
5	0.30	0.482	0.459	0.451	9.3	2.9	19.3+j39.4	42	40	40	−9.6
6	0.20	0.482	0.456	0.437	11.2	9.2	51.3−j1.9	68	−9.0	58	−20.0
6	0.25	0.484	0.459	0.446	11.9	9.4	23.2+j21.0	56	−7.1	50	−13.8
6	0.30	0.472	0.449	0.437	11.6	6.7	61.2+j7.7	56	−7.4	52	−14.8
7	0.20	0.489	0.463	0.444	11.8	12.6	20.6+j16.8	58	−7.4	52	−14.1
7	0.25	0.477	0.454	0.434	12.0	8.7	57.2+j1.9	58	−8.1	52	−15.4
7	0.30	0.475	0.455	0.439	12.7	8.7	35.9+j21.7	50	−7.3	46	−12.6

1. 输入阻抗

引向天线是由若干个振子组成的，由于存在着互耦，在无源振子的影响下，有源振子的输入阻抗将发生变化，不再和单独一个振子时相同。这种影响主要体现在两个方面，一个是使有源振子的输入阻抗下降，二是使输入阻抗随频率变化更大。单独一个半波振子的输入电阻一般约 70 Ω，在引向天线中如果用半波振子作有源振子，天线的输入电阻往往会大大下降，有时只有十几欧姆。

加之有的馈电平衡转换装置（简称平衡器），例如，U 形管本身具有阻抗变换作用，使得天线很难与常用的同轴电缆匹配（标准同轴电缆的特性阻抗为 50 Ω 或 75 Ω），为此，必须设法提高引向天线的输入电阻。除了通过调整天线尺寸提高输入电阻的方法以外，最有效也是最常用的措施是采用"折合振子"。另外，已知对称振子的输入阻抗随频率的变化比较大，现在又加上了无源振子的影响，变化就更大。因此，引向天线一般只能在很窄的带宽（典型值为 2%）内与馈线保持良好的匹配。

使用中常常不注重引向天线输入阻抗的精确值，主要以馈线上的驻波比为标准进行调整。当引向天线要求在稍宽的频带内工作时，只有牺牲对驻波比的要求。此时，往往只要求驻波比小于 2 或者更差一点。

2. 方向图的半功率角与副瓣电平

原则上引向天线的方向图可以用矩量法按照实际结构来计算，由于元数较多时各振子电流的计算比较复杂，在工程上多用近似公式、曲线和经验数据来估算。引向天线半功率角的估算公式为

$$2\theta_{0.5} \approx 55\sqrt{\frac{\lambda}{L}} \qquad\qquad (5-5)$$

式中，L 为引向天线的长度，是由反射器到最后一个引向器的几何长度；λ 为工作波长。

图 5.1-9 为半功率角的估算曲线。按照式(5-5)得到的半功率角是个平均值。实际上，引向天线的 H 面的方向图比 E 面的要宽一些，因为单元天线在 H 面内没有方向性，而在 E 面却有方向性。由图 5.1-9 可以看出，当 $L>\lambda/2$ 以后，$2\theta_{0.5}$ 随 L/λ 的增大下降得相当缓慢，所以引向天线的半功率角不可能做到很窄，通常都是几十度。

引向天线的副瓣电平一般也只有负几分贝到负十几分贝，H 面的副瓣电平一般总是较 E 面的高（参看表 5.1-1）。由表 5.1-1 还可以看出，引向天线的前后辐射比往往不是很高，即引向天线往往具有较大的尾瓣，这也是不够理想的。

为了进一步减小引向天线的尾瓣，可以将单根反射器换成反射屏或"王"形反射器等形式。图 5.1-10 为带"王"字形反射器的引向天线。

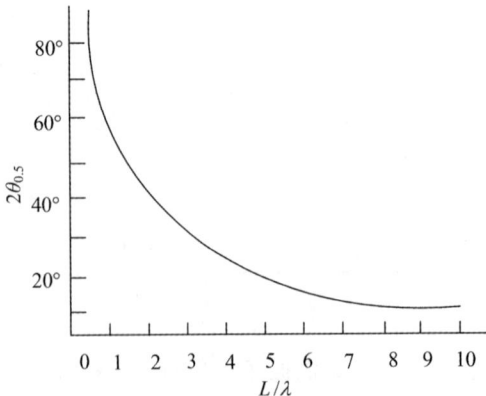

图 5.1-9 半功率角的估算曲线

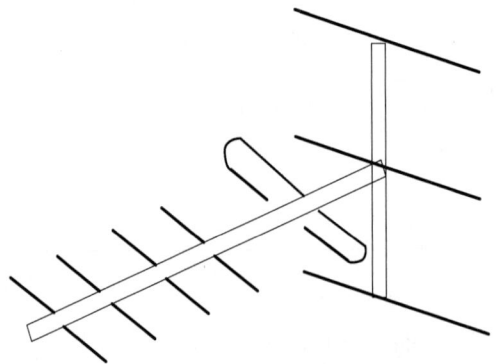

图 5.1-10 带"王"字形反射器的引向天线

3. 方向系数和增益系数

引向天线的方向系数可由图 5.1-11 估算。一般的引向天线长度 L/λ 不是很大，它的方向系数只有 10 左右。当要求更强的方向性时，若频率不是很高时，则可采用将几副引向天线排列成天线阵的方法。

引向天线的效率很高，差不多都在 90% 以上，可以近似看成 1，因而引向天线的增益系数也就近似等于它的方向系数，即

$$G = \eta D \approx D \tag{5-6}$$

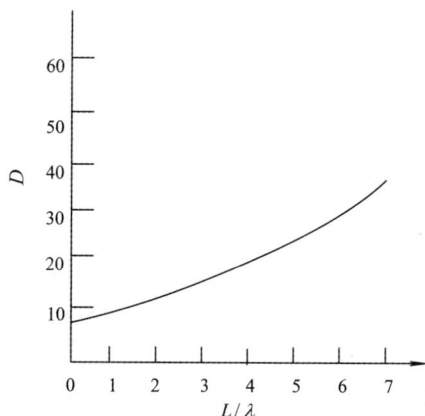

图 5.1-11　D 与 L/λ 的关系

4. 极化特性

常用的引向天线为线极化天线，它的辐射场在空间任一点随着时间的推移都始终在一条直线上变化。当振子面水平架设时，工作于水平极化；当振子面垂直架设时，工作于垂直极化。

5.1.5　引向天线的设计

引向天线设计主要包括确定振子的数目、振子的尺寸、各个振子间的间距及馈电方式等。

1. 振子的数目

振子的数目由给定的增益来确定，随着振子数目的增加，天线增益也随之增加，当 $N>14$ 时再增加振子的数目，增益提高也是有限的。相应地，天线长度却变得过于庞大。因此，对于增益要求较高的应用，可采用引向天线排阵的方法。

2. 无源振子尺寸的选择

主要由天线方向性和天线的输入阻抗来考虑。有均匀结构和非均匀结构两种形式，前者是指引向器等长等间距的情况，后者是指引向器不等长、不等间距的情况。

3. 馈电方法

关于引向天线的馈电问题，若使用同轴电缆馈电，当直接馈电时，振子两臂上的电流是不相等的。为保证天线的对称性，应在馈线和天线接口处加入平衡-不平衡转换设备：如 U 形管匹配器、开槽式平衡变换器等。

5.2 短背射天线

当背射天线长度最短时(典型尺寸约半个波长)即为短背射天线(SBA, short backfire antenna)。与某些类天线相比较，SBA 具有增益高、波束对称、旁瓣及后瓣低、重量轻、纵向尺寸短、结构简单、一致性好、加工、装配、调试容易等一系列独特优点。在飞行器上及地面无线电设备中，既适合作单独天线，又适合作反射面天线馈源，也特别适合做阵列单元。

5.2.1 背射天线的原理

在引向天线最末端的引向器后面再加一反射盘 T，就构成背射天线，如图 5.2 - 1 所示。当电波沿引向天线的慢波结构传播到反射盘 T 后即发生反射，再一次沿慢波结构向相反方向传播，最后越过反射器向外辐射，故又称为反射天线。

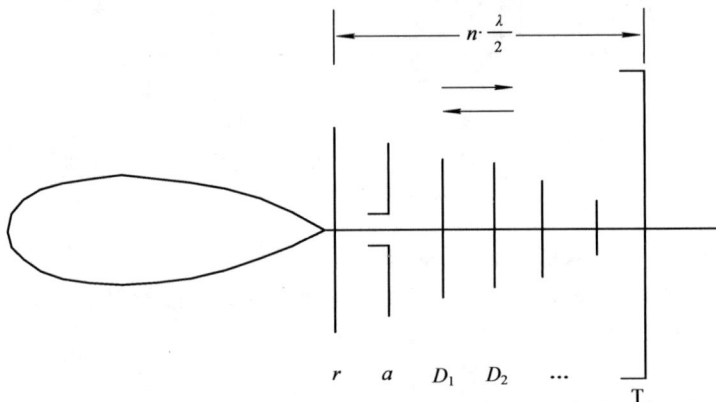

图 5.2 - 1 背射天线

增加反射盘 T 后相当于将原来的引向天线长度增加了 1 倍，故在同样长度上可望多获得 3 dB 的增益，此外，由于反射盘的镜像作用，增益还可以再加大一些(理想情况下是再增加 3 dB)。

反射盘一般称为表面波反射器，它的直径大致与同一增益的抛物面天线的直径相等。反射盘与反射器之间的距离应为 λ/2 的整数倍。如果在反射盘的边缘上再加一圈反射环(边框)，则可使增益再加大 2 dB 左右。一个设计良好的背射天线，可以做到比同样长度的引向天线多 8 dB 的增益，其增益可用下式大致估算：

$$G = 60 \frac{L}{\lambda} \tag{5 - 7}$$

当要求天线的增益为 15~30 dB 时，采用背射天线是比较恰当的，因为在此增益范围内，引向天线的长度太大，不易实现，对称振子阵列的馈电系统复杂，而用抛物面天线时，结构、工艺上均不够经济。

5.2.2　典型的短背射天线

这种天线由一根有源振子(或开口波导、小喇叭)和两个反射盘组成,如图 5.2-2 所示。小反射盘的直径为 $(0.4 \sim 0.6)\lambda$,大反射盘的直径为 2λ,边缘上有宽度 $W = \lambda/4 \sim \lambda/2$ 的边框——反射环。电波在两个反射盘之间来回反射,其中一部分越过小反射盘向外辐射。

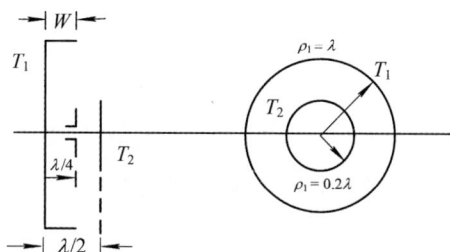

图 5.2-2　短背射天线结构图

各部分的巧妙组合形成了一个较为理想的开口电磁谐振腔,使其定向辐射性能加强而杂散能量减弱,因而能获得较高增益和较低副瓣。其增益约为 $8.5 \sim 17$ dB,在同样增益下,其长度可为引向天线长度的 $1/10$。目前该天线主要依靠经验数据进行设计,再通过实验调整。

其典型结构由两个不同直径的圆形平面反射器组成,这两个反射器一般相隔大约半个波长,形成浅漏泄腔体谐振器,其辐射图垂直于小反射器。该天线由位于两个反射器中间点的偶极子馈电。这种天线在大反射器边缘有一围边,约四分之一波长,见图 5.2-3。
注：$D = 2\lambda$,$d = 0.4\lambda \sim 0.6\lambda$,$L = 0.48\lambda$,$W = 0.25\lambda$,$H_d = 0.5\lambda$,$H_1 = 0.25\lambda$。

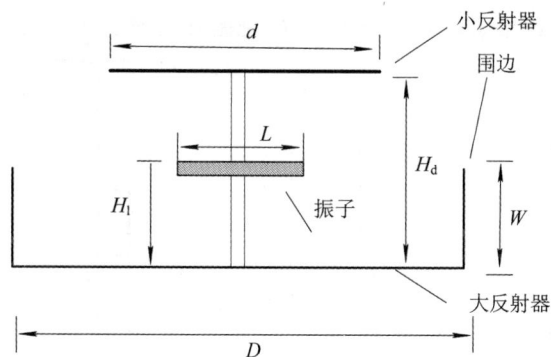

图 5.2-3　SBA 典型形式

半波振子作馈源的短背射天线向空间辐射的场可近似地认为由以下四个部分组成,即 X_1:由馈源射向大反射器后,再向空间辐射的波;X_2:由馈源射向小反射器,转而又射向大反射器后向空间辐射的波;X_3:被边环拦截转而向空间辐射的波;X_4:所有经小反射器边缘的绕射波。

馈源辐射的波到达大反射器后,在大、小反射器形成的腔内是会激励起高阶谐波的,

它们对天线的增益也是有所贡献的，但是由于它们的幅度相对于上述四部分来说小得多，故这里未考虑。现设

$$\begin{cases} X_1 = a_1 \sin(\omega t + \psi_1) \\ X_2 = a_2 \sin(\omega t + \psi_2) \\ X_3 = a_3 \sin(\omega t + \psi_3) \\ X_4 = a_4 \sin(\omega t + \psi_4) \end{cases} \tag{5-8}$$

合成波为

$$X = A\sin(\omega t + \psi) \tag{5-9}$$

适当选择和调整大反射器直径 D、小反射器直径 d 和边环宽度 W 以及馈源与大、小反射器，使得 ψ_1、ψ_2、ψ_3、ψ_4 在轴向尽量满足同相叠加条件，则当它们之间的相位差为 $2n\pi$ 时，合成波为

$$X = (a_1 + a_2 + a_3 + a_4)\sin(\omega t + \psi) \tag{5-10}$$

5.2.3 短背射天线的发展

1. 基本发展形式

随着短背射天线典型模型结构的发展，为了进一步提高短背射天线的增益和其阻抗带宽等特性，修改型的短背射天线方案也被逐渐提出。

（1）变形短背射天线，如图 5.2-4 所示。它是在副反射器之外离主反射器半波长整数倍处放置几个起引向作用的反射器，各反射器直径的典型尺寸为 $d_1 = 0.45\lambda$，$d_2 = 0.35\lambda$，其他尺寸不变，当 $l = 1.5\lambda$，$D = 2.5\lambda$ 时，增益达到 17.8 dB。

（2）密闭式短背射天线，如图 5.2-5 所示。为了适应特定要求，可采用密闭式短背射天线，据报道，此种天线增益达到 16 dB，同时副瓣和后瓣有所降低。

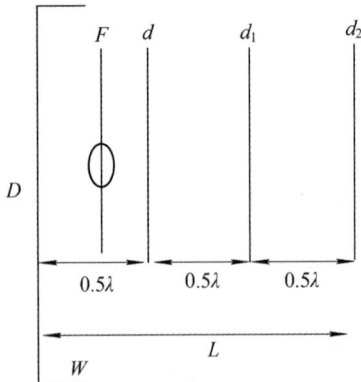

图 5.2-4 变形式短背射天线

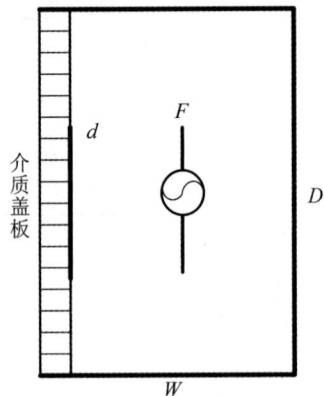

图 5.2-5 密闭式短背射天线

（3）波导馈电的短背射天线。波导的功率容量大，阻抗带宽调节灵活，如图 5.2-6(a) 为扦入式结构，图 5.2-6(b) 为平装式波导馈电的短背射天线，两种结构形式波导馈电的短背射天线，适当地选择各部分尺寸，增益可做到 17.5 dB。

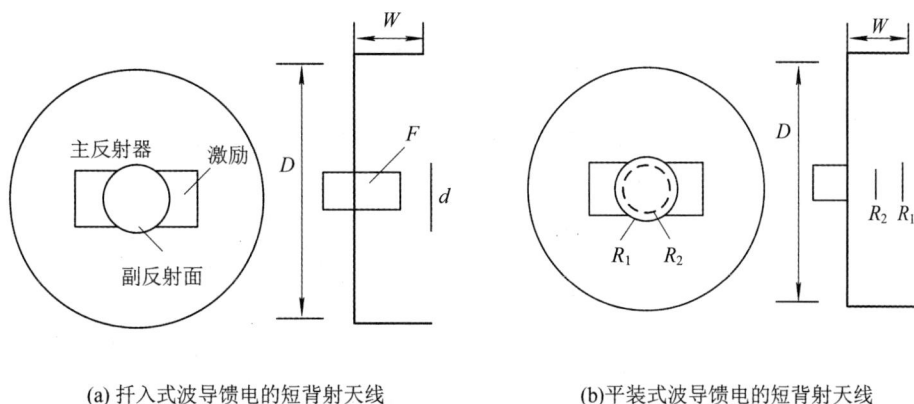

(a) 扦入式波导馈电的短背射天线　　　　(b)平装式波导馈电的短背射天线

图 5.2 - 6　波导馈电的短背射天线

（4）槽形边环短背射天线，如图 5.2 - 7 所示。这种天线是在边环内半波长上开了两个槽，提高增益，改善匹配性能和幅瓣特性，起到绕射作用。当频率在 10 GHz 以上时，增益为 20 dB，主反射面直径 3λ（S 波段），SLL＝－17 dB，VSWR≤ 2，相对带宽为 10%。

（5）介质表面波结构的短背射天线，见图 5.2 - 8，可以有效地减少旁瓣和改善匹配特性。

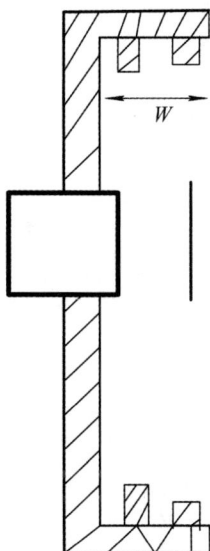

图 5.2 - 7　槽形边环短背射天线

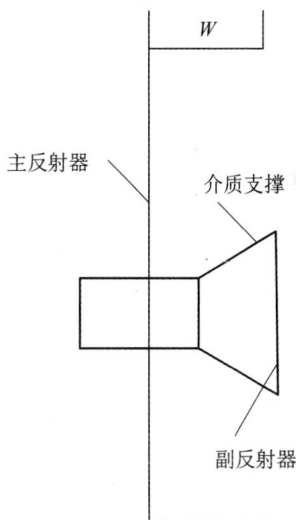

图 5.2 - 8　介质表面波结构的短背射天线

2. 局部发展形式

上节分析发展修改的短背射天线主要是按宏观布局的不同来介绍，本节将依据主反射器、副反射器和激励的不同形式来讲解。

按照主反射器的不同形式分类如下：

（1）抛物面形状 SBA，如图 5.2 - 9 所示。主反射面采用抛物面形式，馈源采用水滴形的振子，可实现较宽的带宽，中心频带增益可达到 18.65 dB，天线口径效率达到 83%。

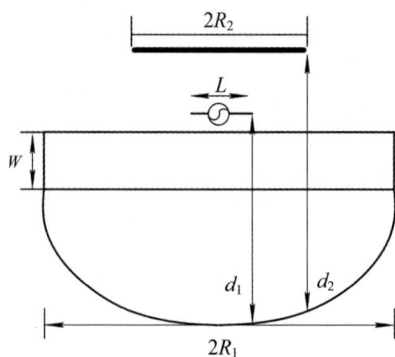

图 5.2 - 9 抛物面形 SBA

(2) 1/4 圆弧形式的短背射天线，如图 5.2 - 10 所示。主反射面采用平板和 1/4 圆弧相结合的形式，副反射面采用锥形状，激励采用矩形波导。这种 SBA 的增益达到 18.52 dB，副瓣较好，天线效率较高。

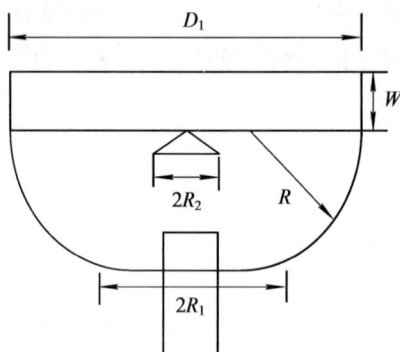

图 5.2 - 10 1/4 圆弧形 SBA

(3) 浅盆式短背射天线，如图 5.2 - 11 所示。

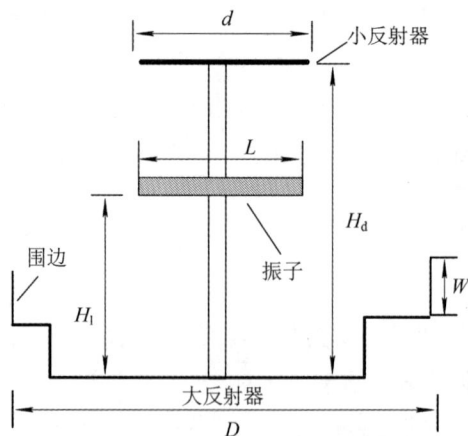

图 5.2 - 11 浅盆式短背射天线

（4）锥形状的短背射天线，如图 5.2－12 所示，这种形式的短背射天线增益可以达到 15 dB 以上，经过合适的改进(包括增加第二个幅面，增加环形圈，增加扼流圈等)增益可以达到 20 dB 以上，且宽带宽。

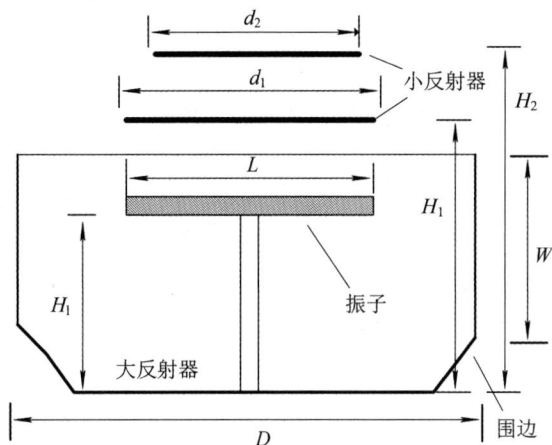

图 5.2－12　锥形状的短背射天线

（5）凸盆式的短背射天线，如图 5.2－13 所示。

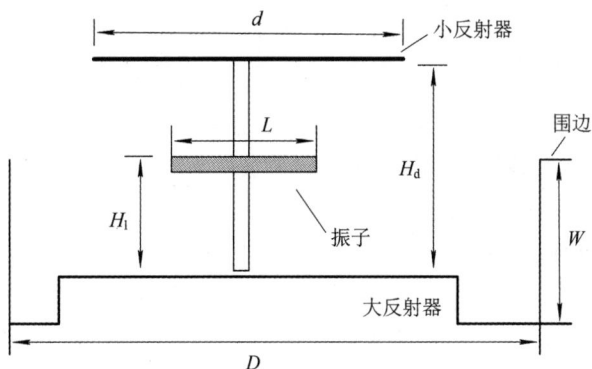

图 5.2－13　凸盆式的短背射天线

按照副反射器的不同形状分类如下：

（1）锥形，如图 5.2－14 所示，目的是改善阻抗带宽。

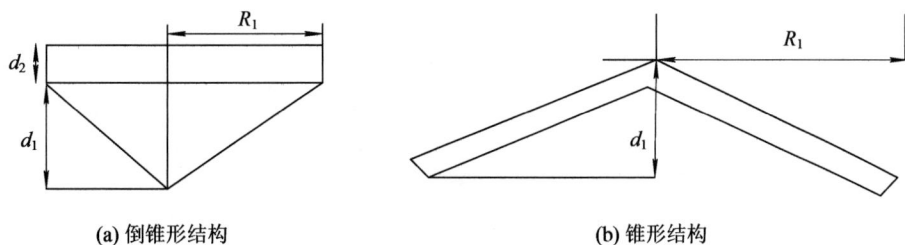

图 5.2－14　锥形的两种结构

（2）渐变倒锥形，如图 5.2 - 15 所示。

（3）环形反射面，主要是加强了天线谐振，改善增益。

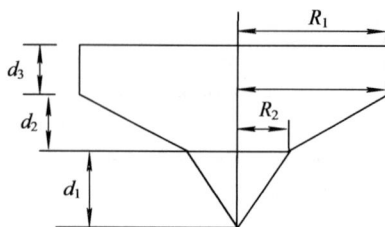

图 5.2 - 15　渐变倒锥形

按照激励的不同类型分类如下：

（1）经过改进的偶极子结构：V 形偶极子、双锥天线、折合振子、十字馈源。

（2）波导激励，其有功率容量大，增益高，阻抗带宽调节灵活等一系列优点，主要缺点是馈源结构庞大。

（3）螺旋激励。

（4）微带贴片激励，结构简单，制作花费少，重量轻，馈源尺寸小；匹配不好调，主要缺点是交叉极化大，主瓣内 E 面比 H 面宽。

根据激励的不同，经过后续处理就可实现所需要的双极化及圆极化 SBA。

5.2.4　线极化短背射天线

为了实现 SBA 不同的极化方式来满足实际需求，需要对其激励源进行合适的处理，对整个天线进行好的构造和改进。本节中主要研究波导激励和缝隙贴片激励的线极化短背射天线。

1. 波导激励的短背射天线

在 3 GHz 以上频段，用矩形波导或圆形波导代替偶极子给短背射天线馈电有以下优点：能承受大功容，结构简单，具有低的馈电损耗，改进了阻抗宽带，在 S 频段以上更容易设计（消除了对称振子的机械公差），更容易密封，与其他用波导馈电的天线（如喇叭天线）相比结构尺寸更紧凑。

图 5.2 - 16(a)、(b)是用波导馈电的短背射天线。图 5.2 - 16(a)是让波导口与大反射板共面，称为水平式；图 5.2 - 16(b)是让波导口穿过大反射板，位于大小反射板之间，称为插入式。

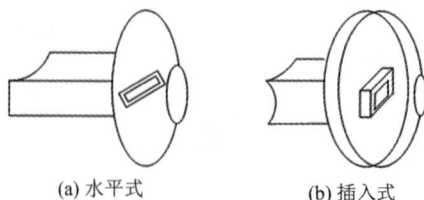

(a) 水平式　　　　　　　(b) 插入式

图 5.2 - 16　用波导馈电的短背射天线

大反射器与小反射之间的空腔可以用硬泡沫塑料或低耗硬介质材料填充，以便用它支撑小反射器，如图 5.2 - 17(a)所示；也可以把小反射器固定在天线罩的里面，如图 5.2 - 17(b)所示。由图可以看出，小反射器用伸进波导口里边的介质棒支撑。注意到波导口伸出大反射器的距离为 W_e，用它来控制同轴波导的相位中心位置，此位置到小反射器的距离必须为 $\lambda_0/4$。波导的尺寸为 $a/b=4$，$a=0.4\lambda$，同轴波导的相位中心在它的口面前面。

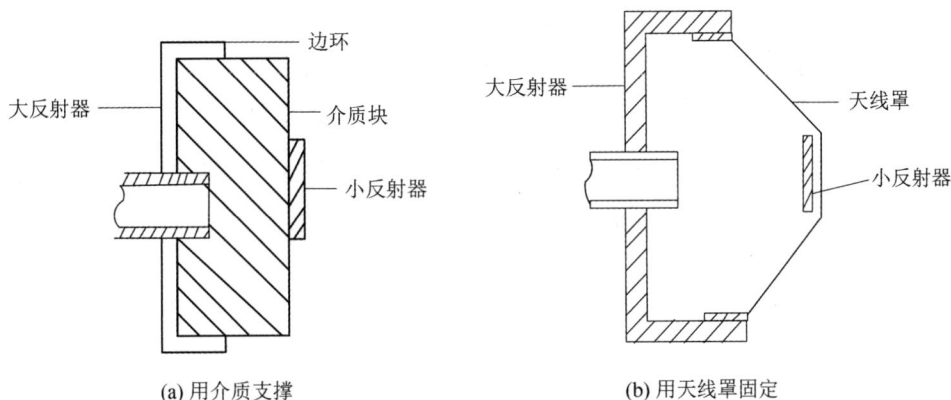

(a) 用介质支撑　　　　　　　　　(b) 用天线罩固定

图 5.2 - 17　用介质材料固定小反射器的方法

2. H 缝隙贴片激励的线极化 SBA

用偶极子激励短背射天线的主要缺点是阻抗带宽太窄，VSWR≤1.5 的相对带宽只有 3%～5%。为了抑制副瓣电平，往往只能把边环的高度抬高，但在此情况下，相对带宽却变得更窄。另外，用同轴线给偶极子馈电还必须使用巴伦，首先必须解决以下问题：假定贴片的位置太低，则很难激励起背射需要的漏波；如果贴片离大反射器的距离增大，其结果必然使探针的长度变长，这样不仅由于探针引入了大的感抗，使阻抗匹配更难，而且长的馈电探针还会产生大的交叉极化分量，降低短背射天线的性能。

采用图 5.2 - 18 所示的高 $0.32\lambda_0$ 的 H 形缝隙矩形贴片激励的短背射天线，不仅有好的辐射特性，而且有宽的阻抗带宽。由图 5.2 - 18(a)可看出，该天线主要由带边环的大反射器、小反射器和激励贴片组成。小反射器为正方形，边长为 W_r，贴片为矩形，长×宽=$L_p \times W_p$。

在贴片上面切割出一个如图 5.2 - 18(b)所示的 H 形缝隙，用直径为 $2r$ 的探针给贴片馈电，为了展宽带宽，还用 $\phi=2.4$ mm 的短路柱把贴片短路。短路柱和探针的间距为 d，天线的最佳电尺寸如表 5.2 - 1 所示。

表 5.2 - 1　用 H 形缝隙贴片激励短背射天线的最佳电尺寸

$D_m=2.20\lambda_0$	$L_s=0.32\lambda_0$
$W=0.58\lambda_0$	$L_c=0.2\lambda_0$
$H_s=0.32\lambda_0$	$W_s=0.04\lambda_0$
$W_r=0.38\lambda_0$	$W_c=0.016\lambda_0$
$W_p=0.30\lambda_0$	$r=0.012\lambda_0$
$L_p=0.46\lambda_0$	$d=0.04\lambda_0$

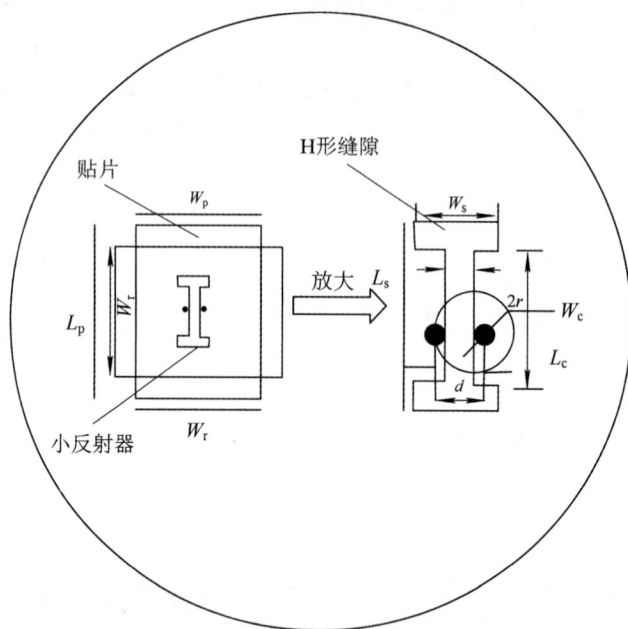

(a)

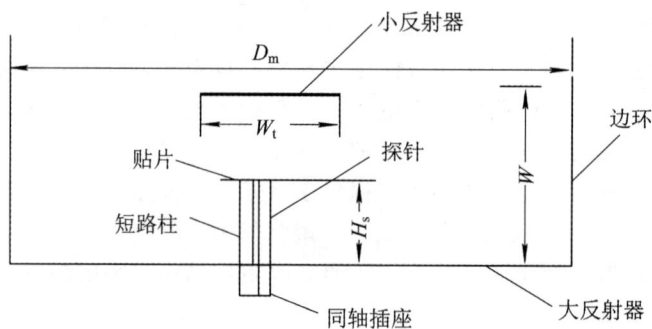

(b)

图 5.2-18 H 形缝隙矩形贴片激励的短背射天线

5.2.5 圆极化短背射天线

实现圆极化 SBA 一般常用的激励结构是由两个正交偶极子组成的十字交叉偶极子，通常这种十字交叉偶极子激励的结构需要 90°相移混合电桥，即使不需要电桥靠自相移实现圆极化但也需要额外的巴伦电路。并且由于天线是谐振腔结构所以其相对带宽也很窄，一般驻波比小于 1.5 时相对带宽只有 3%～5%。

另外一种实现圆极化背射天线的馈源结构是螺旋天线，圆极化螺旋背射天线可分为无主反射器螺旋背射天线和有主反射器螺旋背射天线，无主反射器的螺旋 SBA 与端射螺旋的区别是主瓣宽度随频率升高而变宽。有主反射面的背射螺旋天线有很多性能比如主瓣宽度在 15°左右、副反射面对旁瓣比较敏感等。

　　还有一种实现圆极化常用的激励结构是正交的十字缝隙，这种形式在微带贴片天线中经常用到，两个不等长度的矩形缝隙通过自相移产生 90°相位差，从而辐射圆极化波。这种形式一般是用微带馈电或单个探针馈电，但是它们都不能用于 SBA，因为 SBA 的激励结构为了激励背向辐射的电磁波都要离主反射面大约 $\lambda_0/4$ 的位置，微带馈电明显不合适，单个馈电探针由于长度($\lambda_0/4$)的关系会产生寄生电感，从而导致匹配困难，四分之一波长的馈电探针犹如一个谐振单极子天线，辐射大的交叉极化，从而降低 SBA 的辐射特性。

　　正交的双 H 缝中一个呈现感性另一个必须要呈现容性，才能实现圆极化。对于矩形缝隙大于半波长即对应是容性，在 SBA 中一般副反射面的直径为半波长，如果激励缝隙大于半波长，则激励贴片大于半波长阻挡了主、副反射之间的能量谐振，所以把矩形缝隙换为 H 缝隙增加其等效长度解决了以上的问题。图 5.2-19 为圆极化短背射天线示意图。

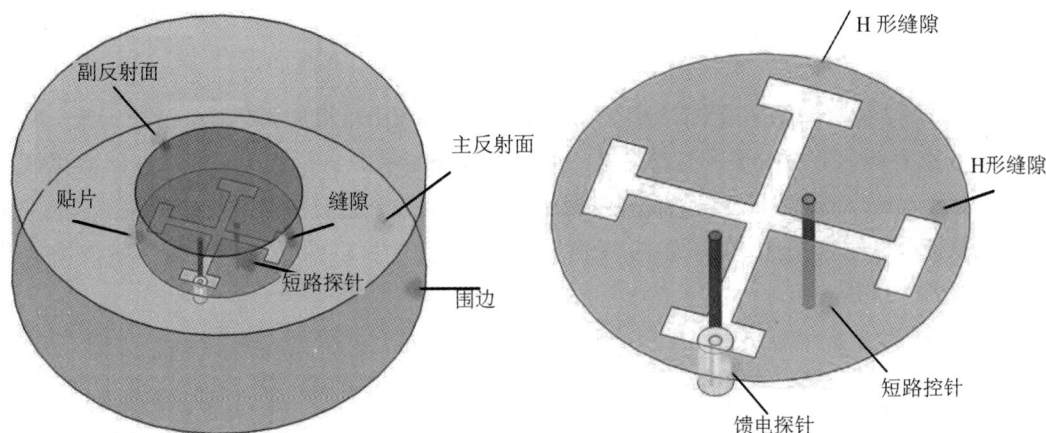

图 5.2-19　圆极化短背射天线

5.3　引向天线实例

　　本节给出了引向天线的一个实例，天线指标如下：

（1）极化形式：线极化。

（2）天线增益：≥8 dBi。

（3）天线带宽：≥20%。

（4）天线驻波比：≤1.5。

（5）功率容量：≥2000 W。

5.3.1　引向天线实例介绍

　　八木天线实际上就是一个直线阵，它只对唯一的一个有源振子馈电，无源振子则是利用与有源振子之间的近场耦合作用来产生感应电流，通过调整各个振子间的间距以及各个振子的长度可以控制各个振子的电流分配比来达到要求的电性能。八木天线就是利用这种方法，使引向振子到反射振子的各振子电流相位依次超前，从而在引向振子的前向使八木天线产生最大辐射。

图 5.3-1 为有源振子的设计过程，从双锥振子结构变形为蝶形振子，再进一步改进成为 X 形振子。采用 X 形有源振子结构可以展宽八木天线工作带宽，X 形振子在结构上由互相呈一定张角的线性振子组成，可适用于各种恶劣天气以及极端环境，而且 X 形振子结构可以减少天线的尺寸与重量，并且在一定程度上提高了天线的抗风和抗腐蚀能力。

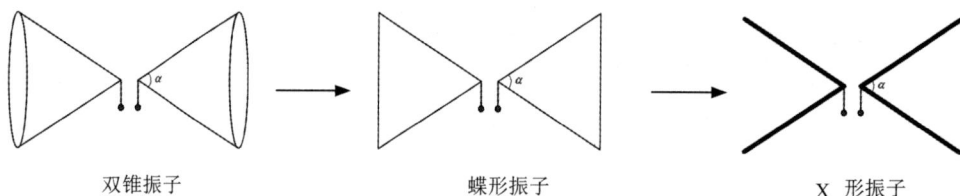

双锥振子　　　　　　　　　　蝶形振子　　　　　　　　　　X 形振子

图 5.3-1　引向天线有源振子形状设计过程

图 5.3-2 为有源振子形状对天线带宽的影响。从图中可以看出，对于引向天线，X 形有源振子比直线形有源振子的宽带更宽。所以选择 X 形有源振子作为引线天线的有源振子更为合适。对于 X 形振子天线来说，两振子夹角 α 是一个重要参数，经分析发现，夹角 α 越大，频带内的阻抗特性越好，但同时会导致增益下降。所以综合考虑天线频带内增益及驻波比特性，选择夹角 $\alpha = 30°$。

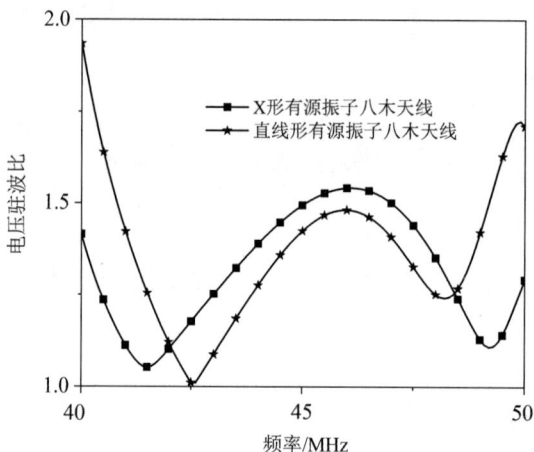

图 5.3-2　有源振子形状对带宽的影响

图 5.3-3 为引向天线实例结构图，由反射器、一体化馈电巴伦、X 形有源振子以及引向器组成。图 5.3-4 为馈电巴伦的宽带一体化设计模型图，通过选择适当粗细的空心主杆，将开槽线平衡巴伦放置于空心主杆中，实现馈电巴伦天线的一体化设计。巴伦材料选择金属硬同轴线，开槽线巴伦通过在同轴外皮上开对称的纵向凹槽缝隙来实现，而且同轴外皮具有一定的厚度，可防止被轻易击穿。图 5.3-5 为引向天线的折收过程。

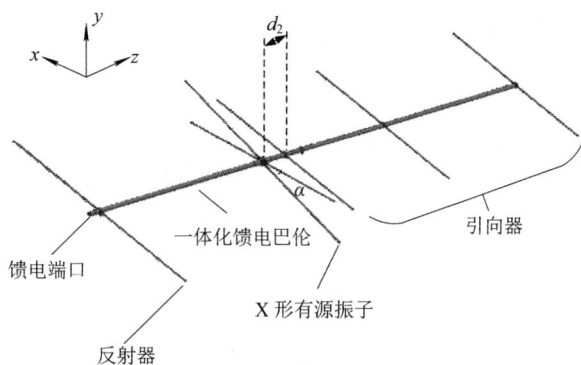

图 5.3 - 3　引向天线实例结构图

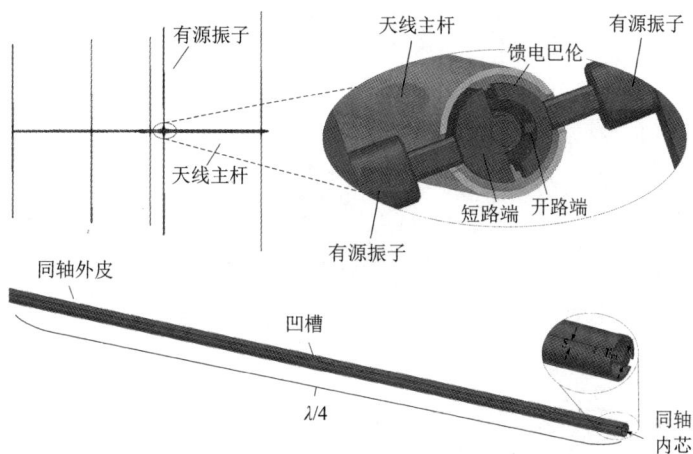

图 5.3 - 4　馈电巴伦的宽带一体化设计模型图

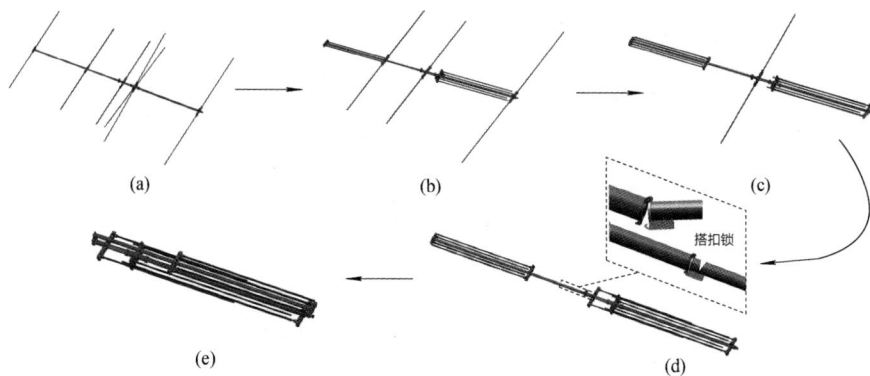

图 5.3 - 5　引向天线折收过程

5.3.2 引向天线结果分析

图 5.3-6 为引线天线的电压驻波比，由图可知，天线在整个工作频段内电压驻波比小于 1.5，满足指标要求。图 5.3-7 给出了天线在 40 MHz、45 MHz、50 MHz 频率的 E 面和 H 面的辐射方向图，从图中可以看出，天线具有较好的定向辐射特性，H 面具有较宽的辐射波束。

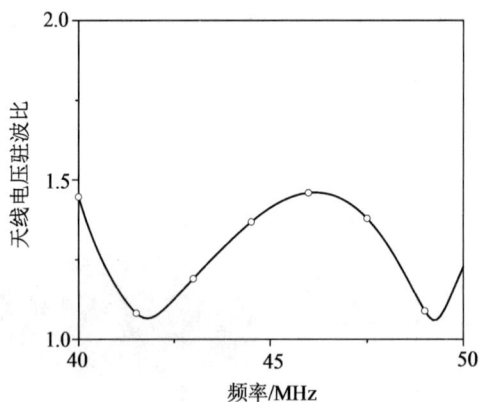

图 5.3-6 引向天线电压驻波比

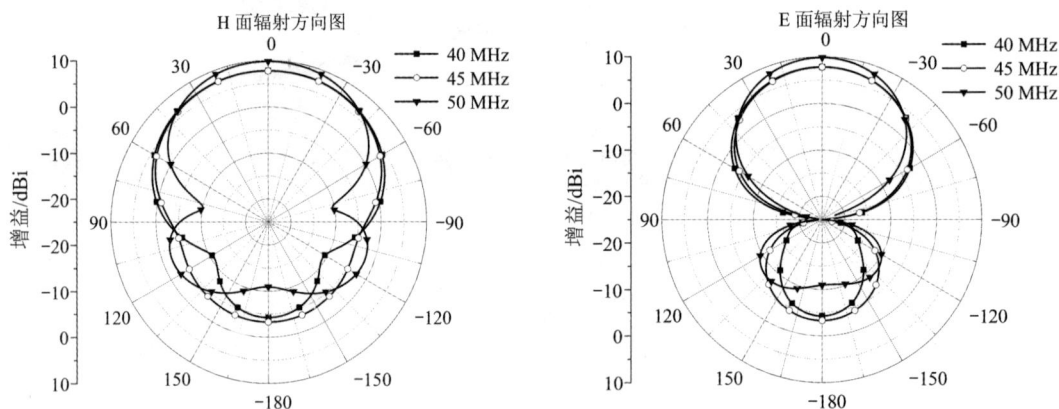

图 5.3-7 引向天线辐射方向图

5.4 背射天线实例

本节给出了背射天线的一个实例，天线指标如下：

(1) 信号形式：连续波。

(2) 工作频率：74～82 MHz。

（3）电压驻波比：≤1.65。

（4）增益：≥9 dBi。

（5）波束宽度：≥50°（E 面和 H 面）。

（6）水平与垂直极化隔离度：不小于 22 dB。

（7）极化方式：线极化。

（8）接口：N 型×2，K 型。

5.4.1　背射天线实例介绍

天线采用短背射天线，结构如图 5.4-1 所示。

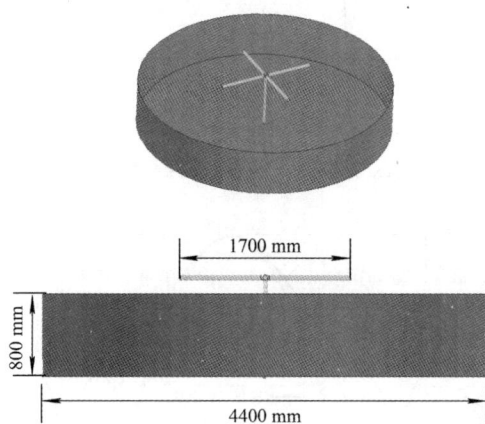

图 5.4-1　天线结构示意图

5.4.2　背射天线结果分析

1. 电压驻波比

图 5.4-2 为短背射天线的电压驻波比，由图可知，天线在整个工作频段内电压驻波比小于 1.3，满足指标要求。

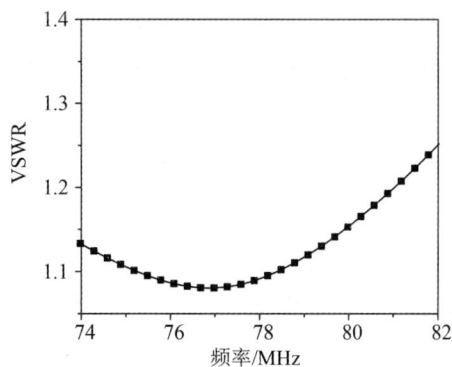

图 5.4-2　天线的电压驻波比

2. 天线方向图

图 5.4 - 3～图 5.4 - 5 给出了天线在 74 MHz、78 MHz、82 MHz 频率的 E 面和 H 面的辐射方向图，从图中可以看出，天线具有较好的定向辐射特性，H 面具有较宽的辐射波束。

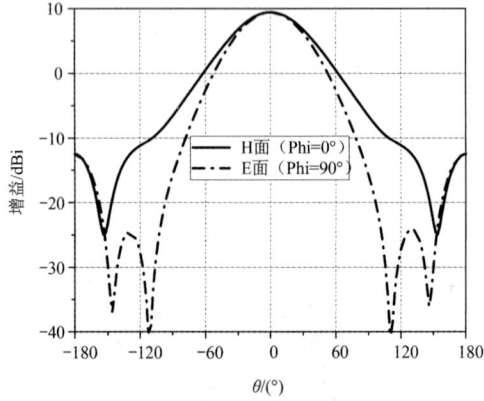

图 5.4 - 3　74 MHz 方向图

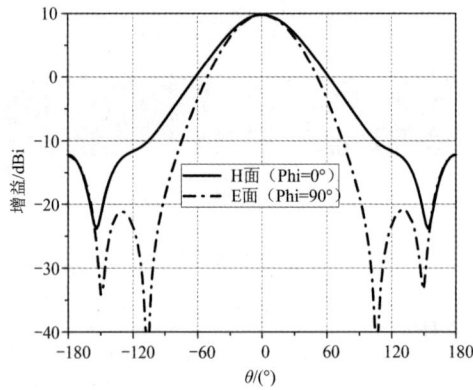

图 5.4 - 4　78 MHz 方向图

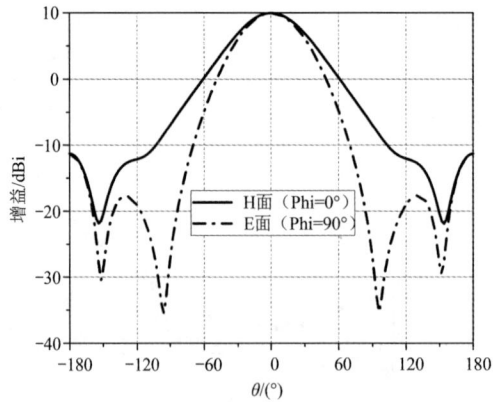

图 5.4 - 5　82 MHz 方向图

3. 增益和波束宽度

表 5.4 - 1 为背射天线增益和波束宽度统计表，由表可知，背射天线在各个频点的增益均大于 9 dBi，满足指标要求。

表 5.4 - 1　背射天线增益和波束宽度统计表

频点/MHz	增益/dBi	H 面波束宽度/(°)	E 面波束宽度/(°)
74	9.4	64	58
78	9.8	61	55
82	9.9	59	53

第 6 章

非 频 变 天 线

非频变天线概念是由拉姆西(V. H. Rumsey)于 1957 年提出的,非频变天线可将带宽扩展到超过 40∶1,是天线发展的一个突破。非频变或叫频率无关天线(frequency independent antenna),专用于表示工作频带没有理论限制的天线。当然由于物理可实现因素的限制,常规天线电性能在所有频率上,甚至连保持近似恒定都是不可能的。本章研究的螺旋天线、对数周期天线以及环形天线都属于非频变天线。

6.1 非频变天线的概念

非频变天线是指在工作频带内,所有电特性随频率的变化都是微小的,而工作频带又是非常宽的天线。一般来说,其带宽可达到 10 个倍频带宽,这类天线有时也称为超宽频带天线。非频变天线基于相似原理,即如果天线的所有尺寸和工作频率按相同的比例变化,则天线的特性保持不变。

实现非频变天线有如下两种方式。

(1) 天线的结构只由角度决定,而与其他尺寸无关,也称为"角度条件",用这种方法可以得到连续的缩比天线,如无限双锥天线、平面等角螺旋天线等。

(2) 如果天线的各种结构尺寸都按一特定的比例因子 τ 变换后电特性仍不产生变化,那么在离散的频率点 f 和 τf 上,天线的电性能将相同。其阻抗或其他电特性,都是频率对数的周期性函数,周期为 $\ln\tau$。利用这一原理实现的天线就称为对数周期天线。

如果将满足"角度条件"的天线或对数周期天线的终端(始端也是一种终端)部分截尾,对天线电特性没有显著的影响,则在这种情况下,有限尺寸的天线就可以在相当宽的频带范围内具有非频变天线的电特性。这种现象就称为"终端效应",这是构成实际非频变天线的重要条件。

"终端效应"的大小与天线结构形式和合理的尺寸设计有关。例如,双圆锥形天线是一种满足"角度条件"的结构形式,当其为无限长时,天线的方向性、阻抗特性均与频率无关。有些天线虽具有有限尺寸的对数周期几何结构,但因"终端效应大"而不具备对数周期天线的电特性。有些锥面上的电流随着与馈电点距离的增加而缓慢地减小,当天线为有限长时,由于终端不连续面引起的反射,将使天线辐射特性与天线的电长度有明显的依从关系,因而双圆锥形天线就不是非频变天线。

除此之外,一个成功的非频变天线,除应具有满足"角度条件"或对数周期几何结构的特征外,还应具有截尾后"终端效应小"的性质。平面或圆锥等角螺线天线以及各种形式(齿片形、梯齿形和偶极子式)的对数周期天线都是成功的实例,并获得了广泛的应用。

...

6.2　螺　旋　天　线

在 4.9 节中已经简单介绍了螺旋天线的结构参数，本节补充介绍一些不同种类的螺旋天线，例如，法向模、轴向模、阿基米德、等角、四臂螺旋天线等。

6.2.1　法向模螺旋天线

法向模螺旋天线的螺旋线是空心的或绕在低耗的介质棒上，圈的直径可以是相等的也可以是随高度逐渐变小，圈间的距离可以是等距的或变距的。它实际上是一个分布式的加载天线，在整个天线中作电感性加载。法向模螺旋天线广泛应用于短波及超短波的各类小型电台中。

可以将法向模螺旋天线看成由 N 个合成单元组成，每一个单元又由一个小环和一个电基本阵子构成，如图 6.2-1 所示。由于环的直径很小，合成单元上的电流可以认为是等幅同相的。

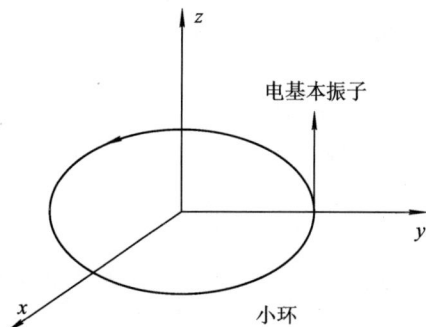

图 6.2-1　法向模螺旋天线一圈的等效示意图

小环产生的远区电场只有 E_ϕ 分量，即

$$E_\phi = \frac{120\pi^2 A I}{\lambda^2 r}\sin\theta e^{-jkr} \tag{6-1}$$

式中，$A = \pi D^2/4$ 为小环的面积。电基本振子的电场只有 E_θ 分量，即

$$E_\theta = j\frac{60\pi s I}{\lambda r}\sin\theta e^{-jkr} \tag{6-2}$$

因此单个合成单元在空间所产生的电场为式(6-1)与式(6-2)之和。由式(6-1)与式(6-2)可知，E_ϕ 和 E_θ 在时间上差 90°，在空间上正交，其合成电场将为椭圆极化波。电场分量比为

$$\left|\frac{E_\theta}{E_\phi}\right| = \frac{s\lambda}{2\pi A} = \frac{2s\lambda}{(\pi D)^2} \tag{6-3}$$

当它大于 1 时，等于极化椭圆的轴比；当它小于 1 时，等于极化椭圆轴比的倒数；当它等于 0 时(同时 $s=0$)，相当于环水平极化；当它等于 ∞ 时(同时 $D=0$)，相当于偶极子垂直极化；当它等于 1 时，就是圆极化，此时，由式(6-3)得

$$D = \frac{1}{\pi}\sqrt{2s\lambda} \qquad\qquad (6-4)$$

沿螺旋线的轴线方向的电流分布接近正弦分布。设每单位轴长的圈数为 N_1，则 $N_1 = \frac{1}{s} = N/h$。当 $N_1 D^2/\lambda \leqslant 0.2$ 时，螺旋线上电流的导波波长为

$$\lambda_g = \frac{\lambda}{\sqrt{1 + 20(N_1 D)^{\frac{5}{2}}\left(\dfrac{D}{\lambda}\right)^{\frac{1}{2}}}} \qquad\qquad (6-5)$$

式中，λ 为自由空间波长，这样可确定法向模螺旋天线的轴向长度为

$$h = \frac{\lambda_g}{4} = \frac{\lambda}{4\sqrt{1 + 20(N_1 D)^{\frac{5}{2}}\left(\dfrac{D}{\lambda}\right)^{\frac{1}{2}}}} \qquad\qquad (6-6)$$

这时天线工作在自谐振状态，输入阻抗为纯电阻。

6.2.2 轴向模螺旋天线

轴向模螺旋天线的结构沿轴线方向有最大辐射，辐射场是圆极化波，天线导线上的电流按行波分布，因此其输入阻抗等于线的特性阻抗并近似为纯电阻，具有宽频带特性。其增益可到 15 dB 左右，螺旋一圈的周长接近一个波长，并比螺距要大得多，因而可近似认为它由 n 个平面圆环所组成单元的天线阵。

如图 6.2-2，先研究单个平面圆环的辐射特性。假设一圈的周长等于波长 λ，则 N 圈螺旋天线的总长度就等于 $N\lambda$。沿线电流不断向空间辐射，到达螺旋终端时能量就很少了，终端反射也很少，可以认为沿线传输的是行波电流。假设在某一瞬间 t_1 时圆环上的电流分布如图 6.2-2 所示，其中图 6.2-3 是将圆环展成直线后的瞬时电流分布。

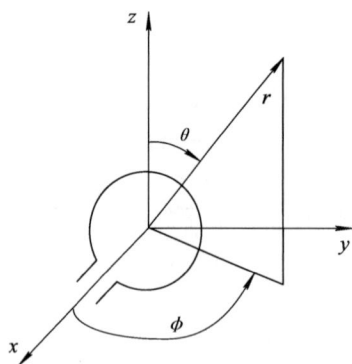

图 6.2-2 单个平面圆环

在平面圆环上，对称于 x 轴和 y 轴分布的 A、B、C、D 四点的电流都有 x 分量和 y 分量。由图 6.2-3(a)可以看出

$$\begin{cases} I_{xA} = -I_{xB} \\ I_{xC} = -I_{xD} \end{cases} \qquad\qquad (6-7)$$

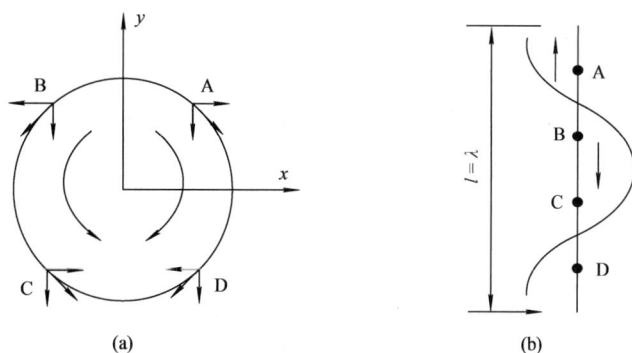

图 6.2 - 3　t_1 时圆环展成直线后的瞬时电流分布

式(6-7)对于任何两个对称于 y 轴的点都是正确的。因此在瞬时 t_1，对轴向辐射有贡献的只是 I_y 分量，且它们是同相叠加的，其辐射只有 E_y 分量。

由于线上载有行波，线上的电流分布将随时间而沿线移动。现在来看另一瞬时 t_2，且 $t_2=t_1+T/4$（T 为周期），此时电流分布如图 6.2-4 所示。对称点 A、B、C、D 上的电流发生了变化，由图 6.2-3(b)可以看到

$$\begin{cases} I_{yA}=-I_{yB} \\ I_{yC}=-I_{yD} \end{cases} \tag{6-8}$$

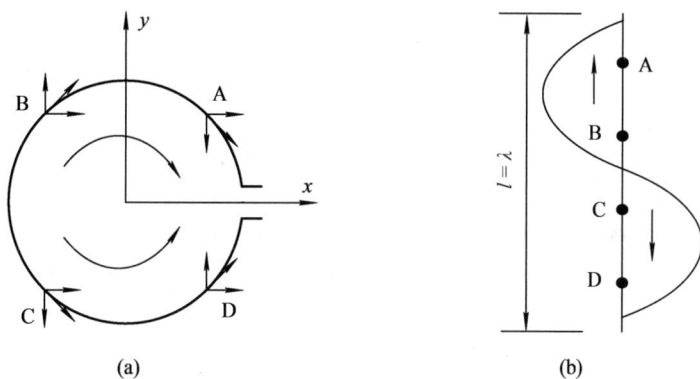

图 6.2 - 4　t_2 时圆环展成直线后的瞬时电流分布

同理，此时 y 分量被抵消而 I_x 同向，所以轴向辐射场只有 E_x 分量。这就说明经过时间 $T/4$ 后，轴向辐射的电场矢量在空间旋转了 90°。同理，如经过一个周期，电场矢量将要旋转 360°。由此可见，当平面环一圈周长 $l=\lambda$，且线上载有行波时，在轴向将形成一个随时间不断旋转的圆极化场。在包含 z 轴的平面内，每一圈的方向图近似为 $\cos\theta$。

把轴向模螺旋天线看成是由 N 个平面圆环组成的天线阵，则它的总方向图为单个圆环的方向图与其阵因子的乘积。其阵因子与 N 单元直线阵相似

$$f(\psi)=\frac{\sin\dfrac{N\psi}{2}}{N\sin\dfrac{\psi}{2}} \tag{6-9}$$

式中，$\psi = ks\cos\theta + \alpha_0$，$\psi = \beta\cos\theta + \alpha_1$，$\alpha_0$ 为相邻两圈间电流相位差。

　　轴向模螺旋天线的理论设计相当复杂，实际工程计算中常常按照给定的方向性系数或主瓣宽度，使用有大量测试归纳得到的经验公式。在满足螺距角 $\alpha = 12° \sim 16°$，圈数 $N > 3$，圈长 $l = (3/4 \sim 4/3)\lambda$ 的条件时，该天线的主要特性由下列经验公式给出。

　　（1）天线方向性系数：

$$G \approx D = 15 \left(\frac{l}{\lambda} \right)^2 \frac{Ns}{\lambda} \qquad (6-10)$$

　　（2）方向的半功率张角（主瓣宽度）：

$$2\theta_{0.5} = \frac{52°}{\dfrac{l}{\lambda}\sqrt{\dfrac{Ns}{\lambda}}} \qquad (6-11)$$

　　（3）方向零功率张角（主瓣两侧零点间的宽度）：

$$2\theta_0 = \frac{115°}{\dfrac{l}{\lambda}\sqrt{\dfrac{Ns}{\lambda}}} \qquad (6-12)$$

　　（4）输入阻抗：

$$Z_{\text{in}} \approx R_{\text{in}} \approx 140\frac{l}{\lambda} \qquad (6-13)$$

　　（5）极化椭圆的轴比为：

$$|\text{AR}| = \frac{2N+1}{2N} \qquad (6-14)$$

　　由于螺旋天线在 $l = (3/4 \sim 4/3)\lambda$ 的范围内保持端射方向图，轴向辐射接近圆极化，因此螺旋天线的绝对带宽可达：

$$\frac{f_{\text{max}}}{f_{\text{min}}} = \frac{4/3}{3/4} = 1.78 \qquad (6-15)$$

天线增益 G 与圈数 N 及螺距 s 有关，即与天线轴向长度 h 有关。

　　计算表明，当 $N > 15$ 以后，随 h 的增加，G 增加不明显，所以圈数 N 一般不超过 15 圈。为了提高增益，可采用螺旋天线阵。

　　若天线上仅有行波存在时，接地板对天线的影响是很小的。然而由于有其他模式的波存在，其中包括经天线末端反射到馈源区域的波，这就使得接地板的大小和形状对天线的影响不能忽略。原则上要求接地板直径至少达到 $3\lambda/4$，也可以用导线编织成接地栅网来代替实心的接地板，以减小风障，螺旋导线的直径一般介于 $0.005\lambda \sim 0.05\lambda$。使用阻抗变换器或者调整从同轴到螺旋起点的连接线的位置可以使得输入阻抗保持在 50 Ω，此天线广泛用于卫星通信。

6.2.3　阿基米德螺旋天线

　　阿基米德螺旋天线是宽带、圆极化、双向端射天线，阿基米德螺旋天线由两个螺旋臂构成，如图 6.2-5 所示，两臂的螺旋线与角度 ϕ 是线性关系，其方程为

$$\begin{cases} r_1 = r_0\phi \\ r_2 = r_0(\phi - \pi) \end{cases} \qquad (6-16)$$

其中，r_0 为 $\phi=0$ 时的矢径。

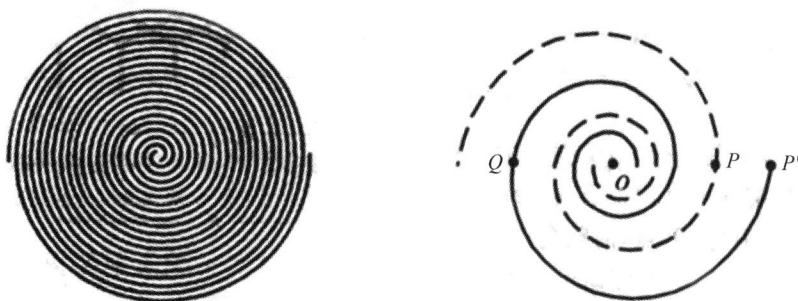

图 6.2-5　阿基米德螺旋天线

阿基米德螺旋天线的馈电点位于两臂的起点处，两臂可近似看成双线传输线，线上电流相位相反，当线间距很小时，不产生辐射。

考察两臂上 P 和 P' 点处两线段。图 6.2-5 中 P 和 Q 为两臂上的对应点，电流相位差为 π，且 $OP=OQ=r$。Q 点沿螺旋臂到达 P' 点的弧长近似为 πr，由此得到 P 和 P' 点电流相位差为

$$\text{phase}=\pi+\frac{2\pi}{\lambda}\cdot\pi r \tag{6-17}$$

当 $r=\lambda/(2\pi)$ 时，$\text{phase}=2\pi$，即两线段的辐射是叠加的。因此，阿基米德螺旋天线的辐射是集中在周长约等于 λ 的螺旋环带上，这个环带称为有效辐射带。随工作频率的变化，有效辐射带也随之变化。阿基米德螺旋天线实物如图 6.2-6 所示。

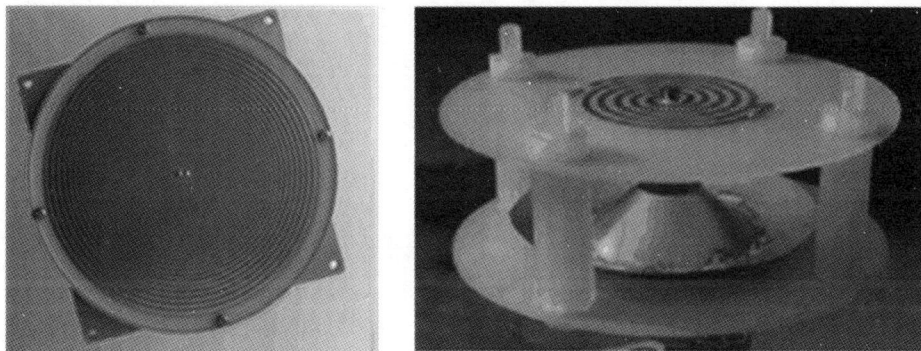

图 6.2-6　阿基米德螺旋天线实物图

6.2.4　等角螺旋天线

1. 等角螺旋天线结构

图 6.2-7 所示为平面等角螺旋天线，它是一个完全由角度确定形状的天线。通常用单面敷铜的印制板制作，其金属螺线的宽度等于两条螺线间的宽度，以形成互补结构，有利于阻抗的宽带特性。

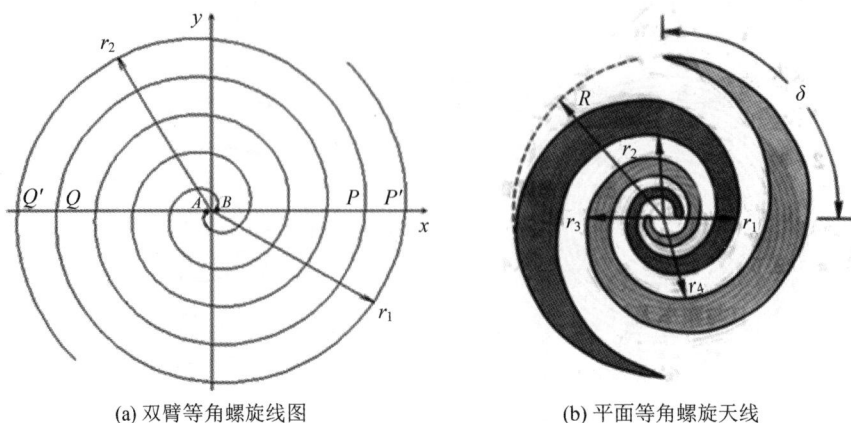

(a) 双臂等角螺旋线图　　　　　　(b) 平面等角螺旋天线

图 6.2 - 7　平面等角螺旋天线

　　天线的外形可以用极坐标表示为 $r = r(\phi)$。如果矢径 r 增大 K 倍或减小为原来的 $1/K$，相应的 Kr 可以在另一幅角上满足曲线方程，只是把表示 $r = r(\phi)$ 的极坐标曲线旋转了一个角度，数学公式表示为 $Kr = r(\phi + \beta)$，这里的 β 为相应于增大 K 倍或减小为原来的 $1/K$ 时曲线旋转的角度。

　　具有这种性质的曲线方程为

$$r = r_0 e^{a(\phi - \phi_0)} \tag{6-18}$$

式中，ϕ_0 为螺旋的起始角，r_0 为对应 ϕ_0 的矢径。a 为一个与 ϕ 无关的常数，$1/a = \tan\alpha$ 称为螺旋率，它决定螺旋线张开的快慢。当 ϕ 变化时就描绘出平面螺旋线。α 是螺旋线上某点切线与矢径 r 之间的夹角，又称螺旋角。所谓的等角螺旋线，即是指 α 处处相等的螺旋线（α 越大，螺旋线张开越慢）。实际的平面等角螺旋天线的两个臂都有一定宽度，每个臂都是由两条起始角相差 δ 的等角螺旋天线构成。两臂的四条边缘分别是

$$\begin{cases} r_1 = r_0 e^{a\phi} \\ r_2 = r_0 e^{a(\phi - \delta)} \\ r_3 = r_0 e^{a(\phi - \pi)} \\ r_4 = r_0 e^{a(\phi - \pi - \delta)} \end{cases} \tag{6-19}$$

　　r_1 和 r_3 分别为两臂的外边缘线，r_2 和 r_4 分别为内边缘线，见图 6.2 - 7（b）。若取 $\delta = \pi/2$，则用金属板构成的螺旋天线（阴影部分）与其空隙部分的形状完全相同，这样的结构称为自补结构。

　　展开比 ε，表示螺旋天线旋过一圈后矢径 r 增大的因子。其定义为

$$\varepsilon = \frac{r(\phi + 2\pi)}{r(\phi)} = e^{2a\pi} \tag{6-20}$$

其典型值为：$\varepsilon = 4$，$a = 0.221$。

2. 螺旋天线的工作原理

　　螺旋天线属于超宽带天线，但不是一个真正的非频变天线。因为天线上电流在有效辐射区之后并不明显地减小，以致在天线结构截断的终端处电流将发生反射，频率特性将受到影响。因此，可在截断的终端加载，涂吸波材料等。

由图 6.2 - 7(a)所示，在始端的两点 $A(+)$ 和 $B(-)$ 馈电，从点 A 沿由 r_1 决定的螺线绕到 P 点的线长，等于从点 B 沿由 r_2 决定的螺线绕到点 Q 的线长。由于馈电为反相馈电，则两点的相位反相。P、Q 两点在以坐标原点为中心的圆上，P 和 P' 是两条臂上相邻的两点，此两点的相位差为 $a_P - a_{P'} = \pi + 2\pi/\lambda \cdot (\pi r)$。

如果 $r = \lambda/(2\pi)$，则 $a_P - a_{P'} = 2\pi$，即两臂上 P 和 P' 点的电流同相，也就是说 P 和 P' 点的电流矢量方向相同，电流相位也相同；同理，Q 和 Q' 点的电流也是矢量方向相同，相位相同；虽然 P 和 P' 与 Q 和 Q' 点的电流相位反相，矢量方向也反相，但对 z 轴方向的场来说为同相叠加，所以最大辐射方向在阿基米德螺旋天线的法线方向。

同理，P 和 U' 与 V 和 V' 点的电流相位反相，但矢量方向也反相，对 z 轴方向的场来说为同相叠加，所以最大辐射方向也在天线平面的法线方向。周长约为一个波长的环带，就形成平面阿基米德天线的主要辐射带或称有效辐射区。当频率改变时有效辐射区随之变动，但方向图基本不变。

3. 螺旋天线馈电原理

等角螺旋天线通常采用两臂反相馈电，此时为轴向辐射模式。其最大辐射方向在天线平面两侧的法线方向，辐射圆极化波，圆极化方向的左右旋向由螺旋旋向决定。方向图 $f(\theta) = \cos\theta$，主瓣宽度约为 $2\phi_{0.5} \approx 90°$。

等角螺旋天线的馈电点位于两臂的起始点，两臂可以看成是一对变形的传输线，电流沿两臂传输，随传输距离而衰减。当臂上电流流过一个波长后，迅速衰减到 20 dB 以下，终端效应变得很弱。因此天线的辐射场主要由一个波长以内的部分产生，这个部分称为有效辐射区，传输行波电流。将其余的部分截去，不会对天线的电性能产生显著的影响。

有效辐射区的几何长度随工作频率成比例地变化，可在一定的频带内得到与频率无关的特性。可以证明，在某个工作频率 f 下，等角螺旋天线从顶点算起的臂长为一个波长 λ 左右，对应的径向长度约为 $\lambda/4$。由此可计算等角螺旋天线的频带宽度。

设工作频段的下限为 f_{min}，使平面等角螺旋天线的臂长约为一个波长 λ_{max} 时对应的矢径长度约为 $\lambda_{max}/4$；同理，工作频段的上限为 λ_{max} 时，使馈电点处的矢径长度约为 $\lambda_{min}/4$。

参量 a 愈小，螺旋线的曲率 K 愈小，曲率半径 $R = 1/K$ 就愈大，电流沿臂衰减愈快，频率特性就愈好。a 越大，螺旋线张开越慢，此外，天线臂愈宽(角宽度 δ 大)，频率特性愈好。

一般的平面等角螺旋天线是双向辐射，为了获得单向辐射，可采取加反射腔(见图 6.2 - 8)的办法，或将等角螺旋绕在圆锥体上。

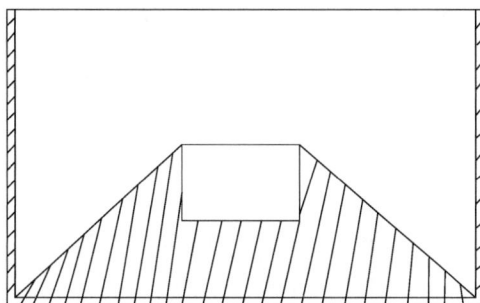

图 6.2 - 8　反射腔结构图

6.2.5　四臂螺旋天线

　　四臂螺旋天线是谐振式天线，由美国约翰霍普金斯大学应用物理实验室 Kilgus 博士于 1986 年提出，Kilgus 博士连续发表了两篇论文，用偶极子理论对四臂螺旋天线进行了分析。研究表明，90°相移馈电使四臂螺旋天线的辐射模式为心形圆极化方向图。1990 年 Tranquilla 利用矩量法对四臂螺旋天线进行了分析，结果表明四臂螺旋天线具有尺寸小和宽波束等优点。

　　谐振式四臂螺旋天线的结构如图 6.2-9 所示。

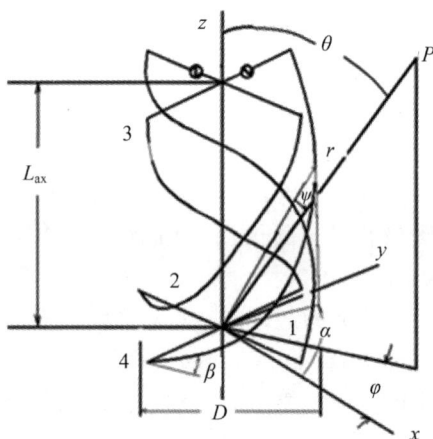

图 6.2-9　谐振式四臂螺旋天线结构图

　　天线由四根螺旋臂组成，每根螺旋臂长度为 $M\lambda/4$（M 为整数）。螺旋臂的长度包括螺旋部分与顶端径向部分；四根螺旋臂馈电端电流幅度相等，相位依次滞后 90°（0°，90°，180°，270°）；非馈电顶端开路（M 为奇数时）或短路（M 为偶数时），如图 6.2-10 所示。

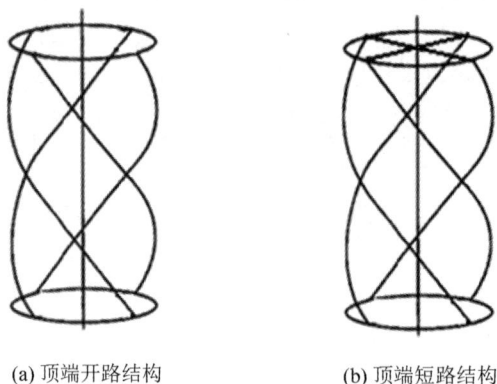

(a) 顶端开路结构　　　　　(b) 顶端短路结构

图 6.2-10　四臂螺旋天线

　　四臂螺旋天线参数简化示意图如图 6.2-11 所示。谐振式四臂螺旋天线基本参数为：r_0 为螺旋的半径，P 为螺距（每一螺旋臂旋转一圈的轴向长度），N 为螺旋匝数，L_{ele} 为螺旋臂的长度，$k=r_0/P$ 是螺旋半径与螺距之比。

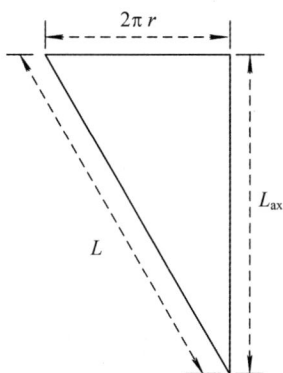

图 6.2 - 11　四臂螺旋天线参数简化示意图

螺旋的轴向长度：

$$L_{ax} = PN \tag{6-21}$$

四臂螺旋的结构参数：

$$P = \sqrt{\frac{1}{N^2}(L_{ele} - Ar_0)^2 - 4\pi^2 r_0^2} \tag{6-22}$$

当 M 为奇数时，$A=1$；当 M 为偶数时，$A=2$。四臂螺旋天线产生 90°相移有如下两种方法：

（1）自移相结构：由于四臂螺旋天线可以等效看作由两个双臂螺旋天线组成，这两个双臂螺旋需要以 90°相位差馈电。那么双臂螺旋 1 的单元长度应比双臂螺旋 2 的单元长度多出谐振波长的四分之一，这种长度差可以使两个双螺旋臂产生 90°相位差。这种方式虽然结构简单，不需要附加馈电网络，但由于相位控制需要结构同时满足很多条件，实现起来比较困难，而且该结构的带宽较窄。但是由于自相移结构有很广阔的发展空间，因此还是成为人们研究的热点。

（2）移相馈电网络：一般采用 3 dB 定向耦合器。这种方式虽然能很好地实现相位控制，但结构比较复杂，耦合器结构如图 6.2 - 12 所示。3 dB 定向耦合器由两个平行的主传输线、中间用许多分支传输线相互耦合而成。分支的长度以及间距是中心频率的 1/4 波长，使两个输出端口产生 90°相移。

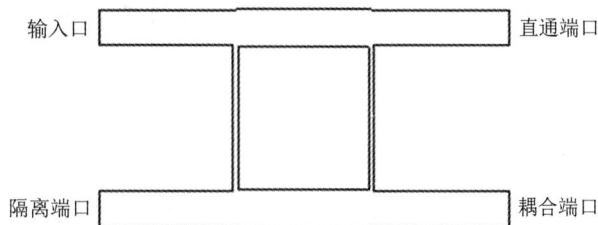

图 6.2 - 12　双分支定向耦合器平面结构图

（3）移相馈电结构：四根螺旋臂长度不变，而在其中一个双臂螺旋的馈电处并联一段开路同轴线，通过该段同轴线阻抗变化达到 90°移相的馈电要求。用方法 3 得到的天线带宽范围介于方法 1、方法 2 得到的天线带宽之间。但是，当采用同轴电缆给四臂螺旋天线馈电时，同轴电缆外导体接地，是非平衡传输线结构；当它的内、外导体分别连接在天线的两条臂上进行馈电时，内导体上连接的那条臂会和同轴线外导体之间存在分布参数，导致该臂上的电流以位移电流的形式漏到外导体上，从而使两臂上的电流不相等，这种非平衡性会改变天线的辐射方向图，使之成为不对称的方向图，引起馈线与天线失配。因此，在天线与同轴线连接时，不仅要考虑阻抗匹配而且还要进行非平衡到平衡的变换，如套筒巴伦、缝隙巴伦和无限巴伦等。

6.3 对数周期天线

实现非频变天线的另一种方法是使天线的结构尺寸都按特定的比例常数 τ 变化，这样当工作频率变化 τ（或 $1/\tau$）倍后，天线又可以呈现原来的结构和特性。由这个概念得到的天线，称为对数周期天线（LPDA，log periodic dipole antenna）。本节主要介绍这类天线。

6.3.1 对数周期天线的结构参数

对数周期振子阵天线结构如图 6.3-1 所示，由若干个对称振子平行放置组成一个平面阵。描述对数周期振子阵天线结构的参数主要有比例因子 τ、间隔因子 σ 和天线顶角 α，这些参数决定着天线的性能，是设计对数周期振子阵天线的主要依据。

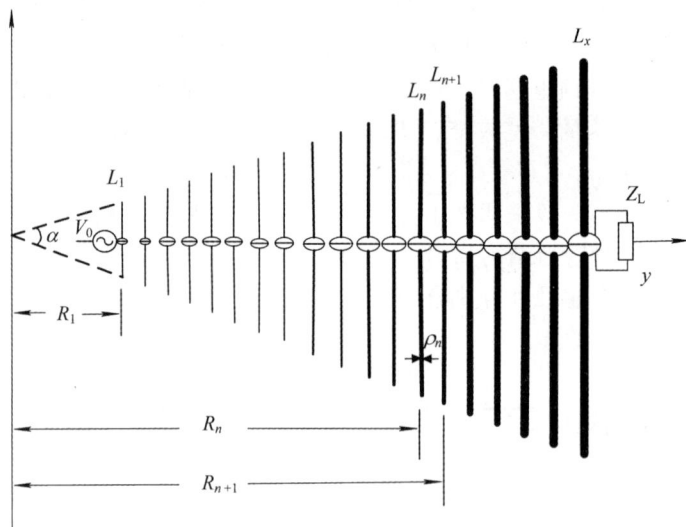

图 6.3-1 对数周期振子阵天线示意图

比例因子 τ 的定义如下

$$\tau = \frac{R_n}{R_{n+1}} = \frac{L_n}{L_{n+1}} = \frac{d_n}{d_{n+1}} = \frac{\rho_n}{\rho_{n+1}} < 1 \qquad (6-23)$$

式中，R_n、R_{n+1} 分别为第 n、$n+1$ 个振子到天线顶点距离。

假设第 n 个振子长度为 L_n，则天线顶角 α 可表示为

$$\tan\frac{\alpha}{2}=\frac{L_{n+1}/2}{R_{n+1}}=\frac{L_n/2}{R_n} \tag{6-24}$$

则相邻振子的间距

$$d_n=R_n-R_{n-1}=R_n(1-\tau)=(1-\tau)\frac{L_n}{2}\cot\frac{\alpha}{2} \tag{6-25}$$

间隔因子 σ 定义为相邻振子间的距离与 2 倍较长振子的长度 $2L_n$ 之比，即

$$\sigma=\frac{d_n}{2L_n}=\frac{1-\tau}{4}\cot\frac{\alpha}{2} \tag{6-26}$$

天线顶角可进一步表示为

$$\alpha=2\arctan\frac{1-\tau}{4\sigma} \tag{6-27}$$

虽然对数周期振子阵天线比八木天线的方向性系数略低，但是它能获得的带宽大得多，这是这两种天线的主要区别。八木天线中各振子没有特定的规律，而对数周期振子阵天线中振子的所有尺寸都按同一比例因子 τ 变化。

6.3.2 对数周期天线的工作原理

对数周期振子阵天线的馈电点位于最短振子处。相邻振子间交叉馈电，给振子馈电的那一段平行线称为集合线，以区别于天线的主馈线。交叉馈电可以使相邻振子获得反相馈电，如图 6.3 - 2 所示。

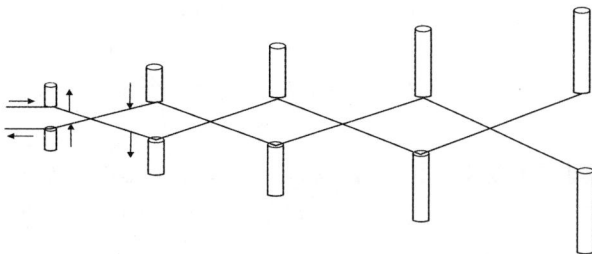

图 6.3 - 2 平行双导线馈线图

如果主馈线用同轴线对天线馈电，为了实现相邻单元交叉馈电的目的，可采用图 6.3 - 3 所示的结构。馈电的同轴电缆穿过作为集合线的一根馈电管到达馈电端，外导体就接在这根馈电管上，而内导体适当延伸以后接到另一根馈电管上。这种馈电方式本身就起到了宽频带的不平衡-平衡转换作用。

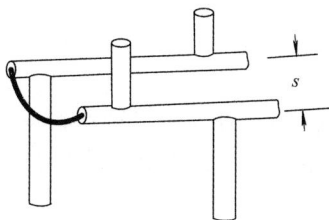

图 6.3 - 3 LPDA 的馈电结构图

如果 LPDA 天线向长振子方向延伸到无限远，在短振子方向精确地按比例系数 τ 一直短到无限小，那么，从馈电点向外看，每当频率变化 τ 倍时，天线的电结构完全相同，只是向外推移了一个、二个、三个……振子而已。因此在离散的 f、τf、$\tau 2f$……这些频点上，由于电尺寸完全相同，天线的电特性也完全相同。

从 f 到 τf，$\tau 2f$ 到 $\tau^2 f$……各频率周期 $(1-\tau)f$，$(1-\tau)\tau f$……也不相同，但如果取这些频率的对数，则能发现其规律。

假设频率 f_n 与尺寸 R_n 相对应，则 $f_{n+1}=\tau f_n$ 必与 R_{n+1} 相对应。这就是说，这种结构的天线在频率 f 时出现的特性必将在 $\tau^n f$（n 为整数）频率上重复出现，即对应于 $\ln f$ 的电特性和对应于 $n\ln\tau+\ln f$ 的电特性一样。这表明天线的电特性按频率的对数周期重复出现，其重复周期为 $\ln\tau$，对数周期天线由此得名。

但是，在 f 到 τf，τf 到 $\tau 2f$……频率区间内，频率的变化使结构的电尺寸并不相同，天线的电特性自然会变化。如果取 τ 接近于 1，则在频率周期 $f\sim\tau f$ 内，电性能变化不大，在 τf 到 $\tau^2 f$ 内，电性能重复前面的变化。如此，在整个频率范围内，电性能变化不大，从而实现了非频变特性。

LPDA 天线辐射是单向的，其最大辐射方向是在馈电一端的短振子方向。

八木天线只有一个振子馈电，其他振子都是寄生振子。LPDA 与八木天线不同，是每个振子均接在集合线上馈电。在某一工作频率只有几根振子为有效辐射振子，其余远离谐振长度的那些长的或短的振子上的电流都很小。这些有效辐射振子，由于交叉馈电，以谐振振子为参考，使得沿短振子方向振子上的电流相位依次滞后约 90°，各长振子上电流依次超前 90°，形成端射阵。这也可简单解释电磁波向短振子方向辐射的原理。

下面从天线工作的物理过程进一步说明 LPDA 天线的宽带工作原理。

根据各振子电尺寸的不同，可把 LPDA 天线分为三个区，即传输区、有效辐射区和非辐射区（未激励区）。

（1）传输区：位于馈电点附近，且长度远小于 $\lambda/2$ 的短振子所在的区域，该区域振子电长度很短，输入容抗很大，因而激励电流很小，辐射很弱，集合线上的导波能量经过该区域时衰减很小，主要起传输线的作用。

（2）辐射区：半波长振子所在的区域就叫辐射区，该区域振子处于谐振或准谐振状态，电流激励较强，起主要辐射作用。当工作频率变化时，辐射区会在天线上前后移动，使天线的电性能保持不变。辐射区振子数一般不少于 3 个，通常为 4～6 个（实验表明，一般可考虑谐振振子前 2～4 个是短振子和后 1 个是长振子的作用），振子数越多天线的方向性越强，增益也越高，造价也越高。

（3）非辐射区：辐射区后面的部分为非辐射区，由于集合线上传输的能量绝大多数被辐射区的振子吸收，传送到非辐射区的能量很少，因此该区域激励电流很弱，振子几乎处于未激励状态。

非辐射区振子激励电流迅速下降，存在电流截断效应，正是因为这一点，才使得从无限大结构截去长振子那边无用的部分后，还能在一定的频率范围内近似保持理想的无限大结构时的电特性。

对数周期天线主要用在超短波波段，也可作为短波通信天线和中波、短波的广播发射天线，此外，对数周期天线还可用作微波反射面天线的馈源以及作为定向板状天线，用于室内分布和电梯信号覆盖。

　　如图 6.3 - 4 所示为工作在 100～1100 MHz，增益为 6 dBi 的商用 21 元对数周期振子阵天线。驻波比小于 2，前后比 20 dB，E 面半功率波瓣宽度 75°，H 面半功率波瓣宽度 120°。

图 6.3 - 4　双极化对数周期天线

6.4　环形天线

　　环形天线是由一根金属导体绕成一定形状构成的，如圆形、方形、三角形等，金属导体两端作为输出端的结构。绕制多圈（如螺旋状或重叠绕制）构成的天线称为多圈环天线。环形天线是一类重要的天线，它广泛应用于无线通信系统中。

6.4.1　环形天线的分类

　　图 6.4 - 1 给出了各种环形天线结构图，例如，圆形、方形、三角形、菱形等，图 6.4 - 2 为环形天线实物图。环形天线按照电尺寸通常分为电小环天线和电大环天线。电小环天线是实际中应用最多的，如收音机中的天线、便携式电台接收天线、无线电导航定位天线、场强计的探头天线等。电大环天线主要用作定向阵列天线的单元。本节主要介绍电小环和大环天线。

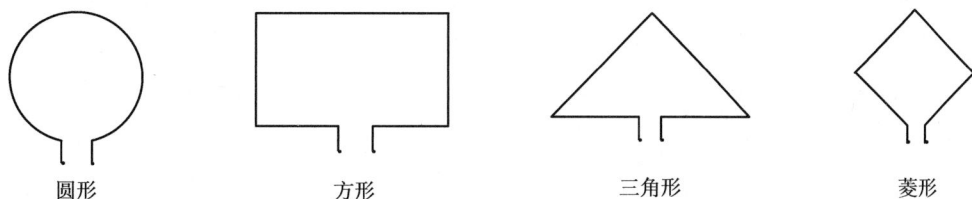

| 圆形 | 方形 | 三角形 | 菱形 |

图 6.4 - 1　各种环形天线结构示意图

图 6.4 - 2　环形天线实物图

电小环天线一般指环周长很小，且小于 1/4 波长的环形天线（如测向用的环形接收天线，其环周长约为 1/10 波长），可以将其看成是一个磁偶极子，其辐射方向图与理想磁偶极子相同，即在环的主平面上全向辐射，零点出现在垂直环平面的轴线上。电小环天线零点有两个相对的指向，只需要在环平面上放置一根偶极子，就可以产生在环的一边只有单个零点的心形方向图，从而准确地确定目标方向。电小环天线的全向辐射特性应用广泛，但是它的辐射电阻极小，辐射效率很低，一般只用作接收天线。

典型的电小环天线是印制在电路板上的电回路，也可以是一段制作成环形的导线。很多用于 ISM 频段的射频识别系统或无线发射器都是采用环形天线形式，天线或者直接与芯片匹配，或者在芯片内部完成调谐，从而易于集成。若要增加电小环的辐射电阻，要么增加环的尺寸或线圈数，要么加载高磁导率的铁氧体磁芯。

电大环天线可以看成是将偶极子天线的终端相连，并弯成环状而成。典型的大环天线的环周长等于半波长或全波长，工作时无须接地面，而且抗干扰能力强。水平放置的半波长环天线在谐振点处具有水平极化的全向辐射方向图，但是此时天线处于反谐振点处，难以与馈线匹配；全波长环天线相当于两个偶极子排列而成，具有双向的辐射特性，因此多用作圆环阵列天线的馈源或辐射元，如构成双环或四环形电视天线和环形八木天线。也有学者考虑将双环天线作为窄波束基站天线的阵元用于基站天线中。

由此可见，小环天线与大环天线的不同用途主要是由它们的辐射特性决定。电小环天线具有全向的辐射方向图，但是由于其辐射电阻很小而电抗极大，难以与馈线匹配且效率很低，从而限制了其应用范围；对于较大环的天线，虽然辐射电阻合适，也容易匹配，但是沿环电流分布不均匀，难以得到所需的全向辐射方向图。因此在现阶段，一个匹配较好的小型化全向辐射环形天线在设计上是存在难度的。

6.4.2　小环天线

小环天线为环半径 a 远小于波长、周长为 l 的载有高频电流的小环，如图 6.4 - 3 所示，圆环中心为坐标原点，环面位于 xOy 面上，环的轴线与 z 轴重合。由于 $l \leqslant \lambda$，因此可认为环上各点电流 I 等幅同相。

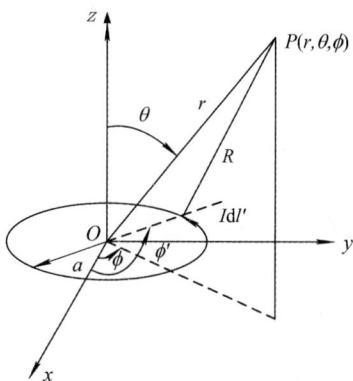

图 6.4 - 3　小电流环

电流环在场点 $P(r, \theta, \phi)$ 处产生的矢位为

$$\boldsymbol{A} = \hat{\boldsymbol{\phi}} \frac{Ia}{4\pi} \int_0^{2\pi} \frac{\mathrm{e}^{-\mathrm{j}kR}}{R} \mathrm{d}\phi' \tag{6-28}$$

应用直角坐标与球坐标之间的变换关系，可对 ϕ' 做如下变换：

$$\begin{aligned}
\boldsymbol{\phi}' &= -\hat{\boldsymbol{x}} \sin\phi' + \hat{\boldsymbol{y}} \cos\phi' \\
&= -(\hat{\boldsymbol{r}} \sin\theta\cos\phi + \hat{\boldsymbol{\theta}} \cos\theta\cos\phi - \hat{\boldsymbol{\phi}} \sin\phi)\sin\phi' + \\
&\quad (\hat{\boldsymbol{r}} \sin\theta\sin\phi + \hat{\boldsymbol{\theta}} \cos\theta\sin\phi + \hat{\boldsymbol{\phi}} \cos\phi)\cos\phi' \\
&= \hat{\boldsymbol{r}} \sin\theta\sin(\phi - \phi') + \hat{\boldsymbol{\theta}} \cos\theta\sin(\phi - \phi') + \hat{\boldsymbol{\phi}} \cos(\phi - \phi')
\end{aligned} \tag{6-29}$$

又有

$$\begin{aligned}
R = |\boldsymbol{r} - \boldsymbol{r}'| &= \sqrt{(x - x')^2 + (y - y')^2 + (z - z')^2} \\
&= \sqrt{(r\sin\theta\cos\phi - a\cos\phi')^2 + (r\sin\theta\sin\phi - a\sin\phi')^2 + (r\cos\theta)^2} \\
&= \sqrt{r^2 + a^2 - 2ra\sin\theta\cos(\phi - \phi')} \\
&= r\left[1 + \left(\frac{a}{r}\right)^2 - 2\frac{a}{r}\sin\theta\cos(\phi - \phi')\right]^{1/2}
\end{aligned} \tag{6-30}$$

由于 $a \leqslant \lambda$，因此式(6-30)可近似为

$$\begin{cases}
R \approx r - a\sin\theta\cos(\phi - \phi') \\
\dfrac{1}{R} \approx \dfrac{1}{r} + \dfrac{a\sin\theta\cos(\phi - \phi')}{r^2} \\
\mathrm{e}^{\mathrm{j}kR} \approx \mathrm{e}^{\mathrm{j}kr}[1 + \mathrm{j}ka\sin\theta\cos(\phi - \phi')]
\end{cases} \tag{6-31}$$

将式(6-31)代入式(6-28)，舍去高阶项积分，得

$$\boldsymbol{A}_\phi = \mathrm{j}\frac{Ika^2}{4r}\left(1 + \frac{1}{\mathrm{j}kr}\right)\sin\theta\,\mathrm{e}^{-\mathrm{j}kr} \tag{6-32}$$

辐射场：

$$E_\phi = \frac{120\pi^2 I}{r} \frac{S}{\lambda^2}\sin\theta, \quad H_\theta = -\frac{E_\phi}{120\pi} \tag{6-33}$$

辐射电阻:

$$R_r = 20(k^2 S)^2 = 320\pi^4 \frac{S^2}{\lambda^4} \tag{6-34}$$

辐射效率:

$$\eta_A = \frac{R_r}{R_r + R_l} \quad R_l = \frac{b}{a} R_S = \frac{b}{a}\sqrt{\frac{\omega\mu_0}{2\sigma}} \tag{6-35}$$

小环天线辐射电阻小,效率低,常用作接收天线,因为接收情况下信噪比更重要。小环天线的方向系数 $D=1.5$,有效接收面积 $S=\frac{3}{8\pi}\lambda^2$。

6.4.3　双环天线

双环天线的结构如图 6.4-4 所示,这种天线是由 2 个长度约为 1 个波长的大圆环通过平行双导线在同一平面内并接起来,并在平行双导线的中点平衡馈电所构成的。在同一环中,上半环与下半环的电流是同相的,因此,双环天线与半波振子阵是等效的。这种双环天线具有结构简单、馈电点少、增益高等特点。

双环天线还常常把四个或六个环用平行馈电线连接起来使用,形式如图 6.4-5 所示。根据环的数目,我们分别称它是 2L 型、4L 型和 6L 型。环越多,功率增益越大,同时在垂直面内的主瓣宽度也越窄。例如,2L 型的主瓣宽度是 34°,4L 型是 16°,6L 型就下降到 10°。

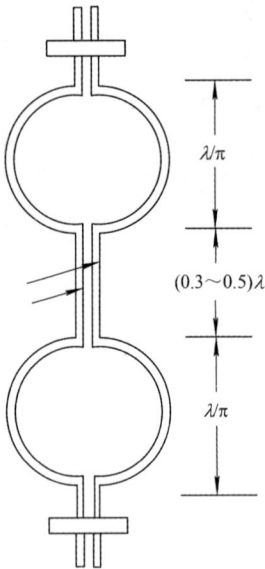

图 6.4-4　双环天线的结构图　　　图 6.4-5　多环天线的结构图

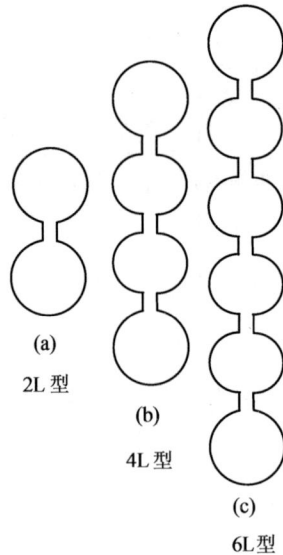

6.4.4　加载圆环天线

在小环天线的中点串入适当数值的电阻,可以使得沿线电流近似行波分布,这种天线称为加载圆环天线,图 6.4-6 为其结构图,其具有良好的宽频带特性,且为单向辐射。

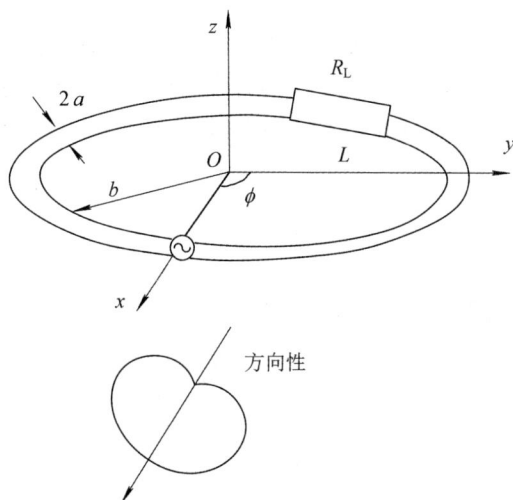

图 6.4 - 6　加载圆环天线结构和方向图

若负载阻抗 R_L 等于小环的平均特性阻抗 Z_0，则加载圆环可看成一种行波天线，可近似求出加载圆环的平均特性阻抗为

$$Z_0 = \frac{1}{\pi} \int_0^\pi 120\ln\frac{2b\sin\phi}{a}\mathrm{d}\phi = 120\ln\frac{b}{a} \qquad (6-36)$$

由于环内接有负载电阻，故天线效率很低，当天线尺寸不大时，效率可用下式估算

$$\eta_A \approx \frac{513}{Z_0}\left(\frac{2\pi b}{\lambda}\right)^4 \qquad (6-37)$$

6.5　平面螺旋天线实例

本节给出平面阿基米德螺旋天线的一个实例。天线指标如下：

(1) 工作频率：2～6 GHz。

(2) 驻波系数：≤2。

(3) 3 dB 波束宽度：典型值 90°。

(4) 圆极化增益：典型值 0 dBi。

(5) 极化形式：右旋圆极化。

6.5.1　平面螺旋天线实例介绍

由 6.2.3 小节可知阿基米德螺旋天线的基本方程为

$$r = r_0 + a\phi \qquad (6-38)$$

选择适当的螺旋增长率与圈数，将所得到的阿基米德螺旋线绕原点旋转 90°复制出另一条螺旋线，再将两条螺旋线的起始端用直线连接，末端用半径等于原点到螺旋线末端距离的圆弧相连，即可得到阿基米德螺旋天线的一臂，再将其绕原点旋转 180°即可复制出另一臂。

图 6.5-1(a)为阿基米德螺旋天线俯视图，图 6.5-1(b)为天线的侧视图，阿基米德螺旋天线结构主要由平面辐射板、馈电巴伦。平面辐射板上刻蚀有阿基米德螺旋线，线宽及线之间间距均为 W，两线起始半径为 $L/2$，两臂之间的间距为 G，圈数为 n。平面辐射板的厚度为 H_{sub1}，反射地板高度为 H_2，天线腔体厚度为 H_1。

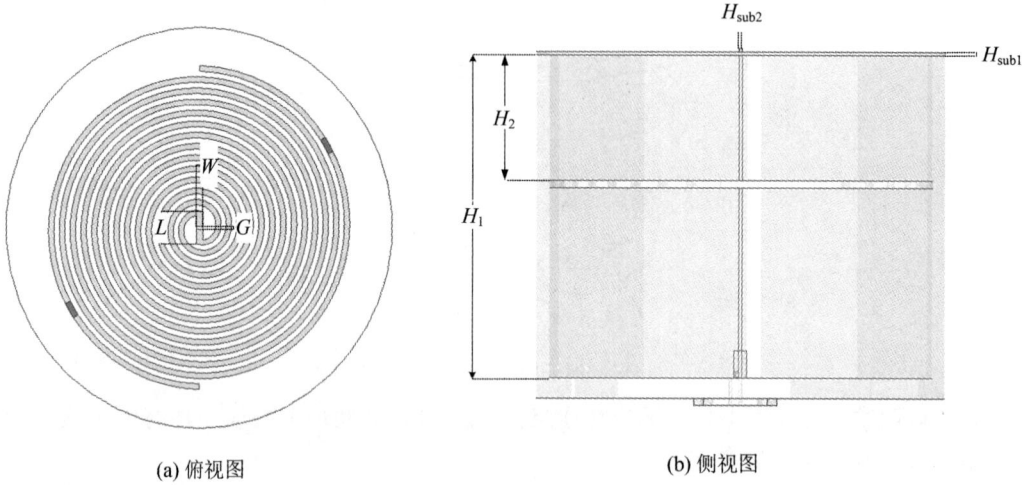

(a) 俯视图

(b) 侧视图

图 6.5-1　阿基米德螺旋天线俯视图

如图 6.5-2 的馈电结构图所示，馈电巴伦由双侧微带线和介质板构成，一侧微带线为渐变直线，一端宽度为 W_1，另一端宽度为 W_2；另一侧微带线为渐变指数线，边界形状一般为式(6-39)确定的指数形式曲线

$$y = C_1 e^{kz} + C_2 \quad (0 < z < H_1) \tag{6-39}$$

式中，H_1 为腔体的高度，k 为指数曲线的变化率，末端延伸的长度为 L_1。天线的具体参数如表 6.5-1 所示。

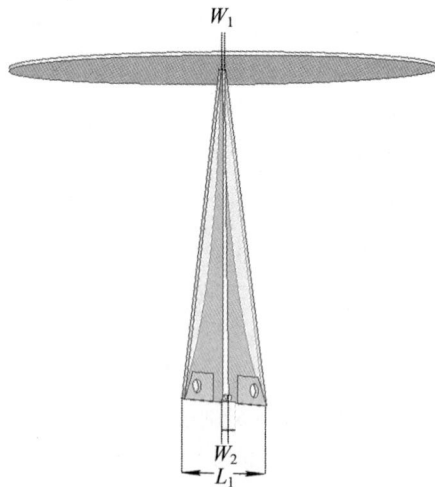

图 6.5-2　馈电结构图

表 6.5 - 1　天 线 各 参 数

参　数	数　值/mm	参　数	数　值/mm
W	0.8	W_1	0.5
L	5.2	W_2	1.6
G	0.5	L_1	20
H_{sub1}	0.5	C_1	1.001
H_{sub2}	0.5	C_2	−1.035
H_1	48	k	50
H_2	19	n	7

6.5.2　平面螺旋天线结果分析

图 6.5 - 3 为阿基米德螺旋天线的驻波比，可以看出，此天线具有良好的匹配特性，整个频带内 VSWR 均小于 2，满足指标要求。

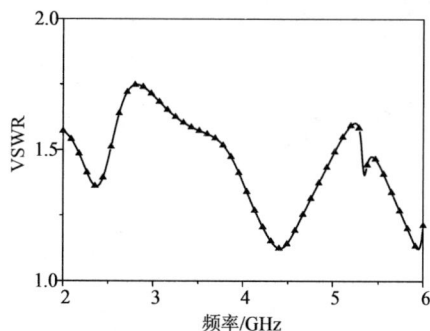

图 6.5 - 3　天线驻波比

图 6.5 - 4 给出在 2～6 GHz 频率下的正交面的仿真方向图，从图中可以看出，在整个工作频段内定向辐射特性良好且稳定，交叉极化隔离度在 15 dB 以上，且正交面上的方向图基本对称。

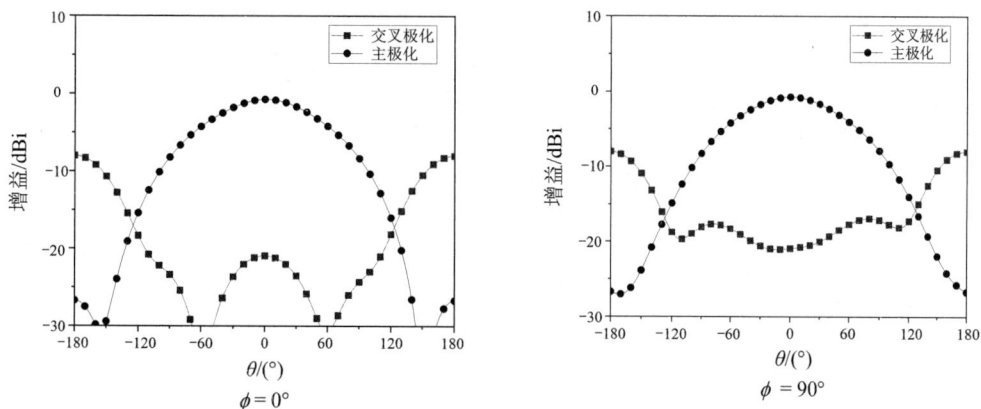

(a) 2 GHz

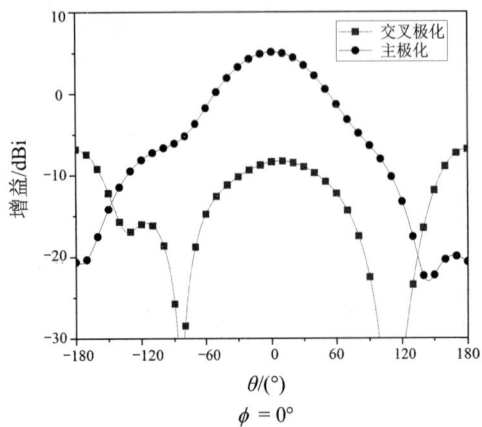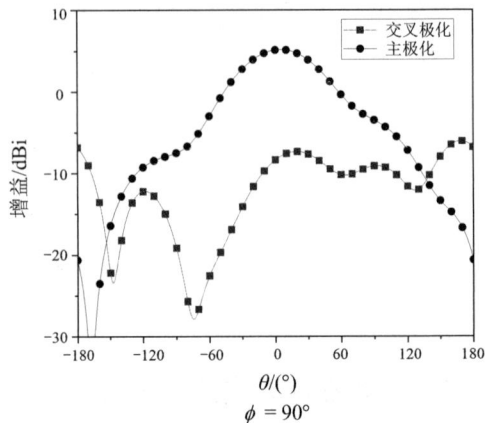

(b) 3 GHz

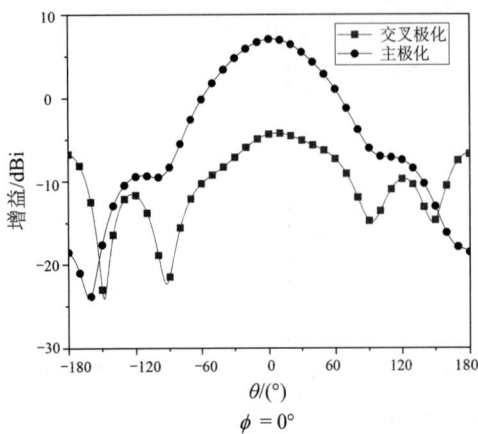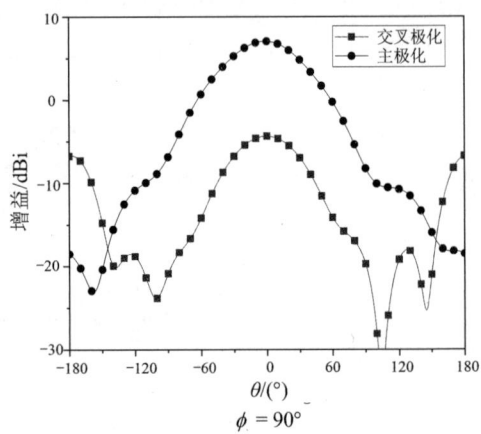

(c) 4 GHz

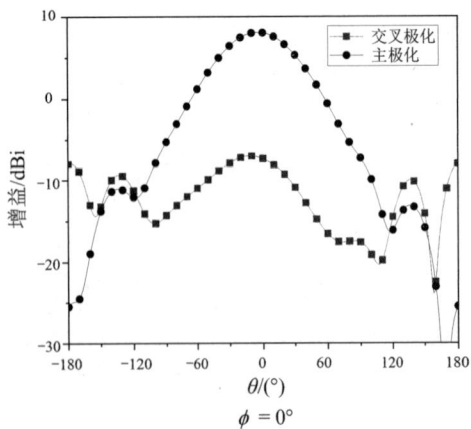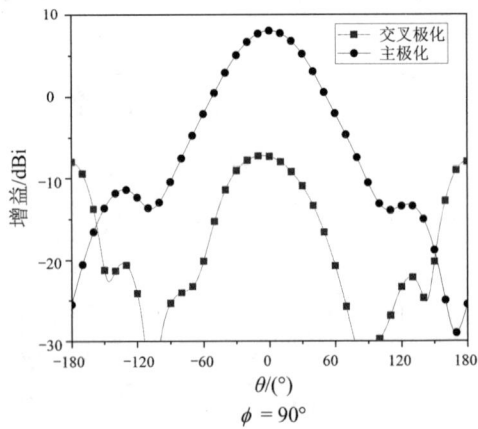

(d) 5 GHz

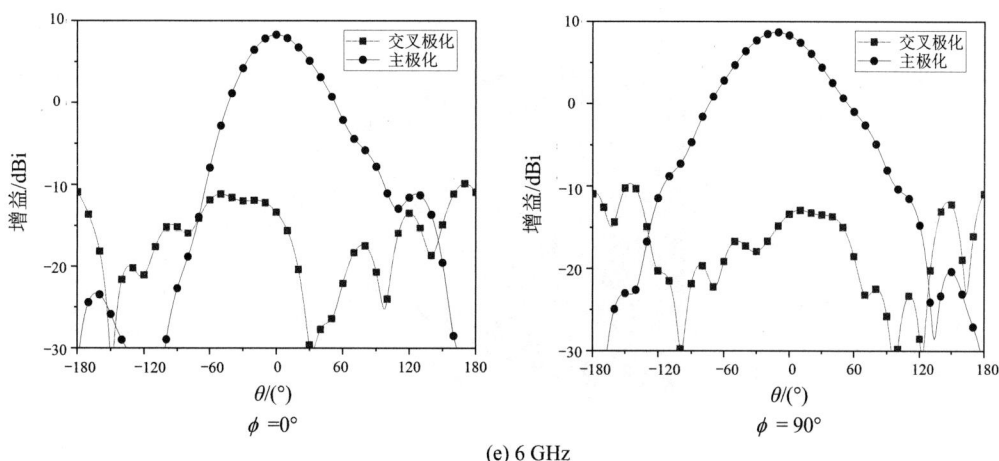

(e) 6 GHz

图 6.5-4　各频点正面的仿真方向图

平面螺旋天线有低剖面、小型化、超宽带的优良特性，在整个频带内辐射方向图和波束稳定，并且具有良好的圆极化特性，有抗多径效应的优势，因此在移动通信和卫星通信等领域有着广泛的应用。

6.6　对数周期天线实例

本节给出对数周期偶极子的一个实例，天线指标如下：

(1) 驻波比：≤2.0。

(2) 增益：≥6 dBi。

(3) E 面 3 dB 波束宽度：≤70°。

(4) H 面 3 dB 波束宽度：≤140°。

6.6.1　对数周期天线实例介绍

图 6.6-1 为印刷形式的对数周期天线，其中图 6.6-1(a)为天线的俯视图，(b)为天线的侧视图。天线采用介质基板采用 F4B，介电常数为 2.65，损耗正切为 0.002。介质基板正反两面印刷有 16 对覆铜振子，天线的部分尺寸在表 6.6-2 中给出，振子宽度相等，长度按照比例因子 0.866 等比例变化，每对振子的间距按照间隔因子 0.86 等比例变化，其他振子长度也可计算得出。天线的部分尺寸在表 6.6-2 中给出。

天线的短振子一端一般是天线的馈电点，对数周期天线在进行馈电后，电磁波能量就通过双集合线由小尺寸振子向大尺寸振子方向进行传输，在传输过程中依次对每个振子进行激励。天线采用同轴探针馈电，如图 6.6-1(a)所示。

(a) 俯视图

(b) 侧视图

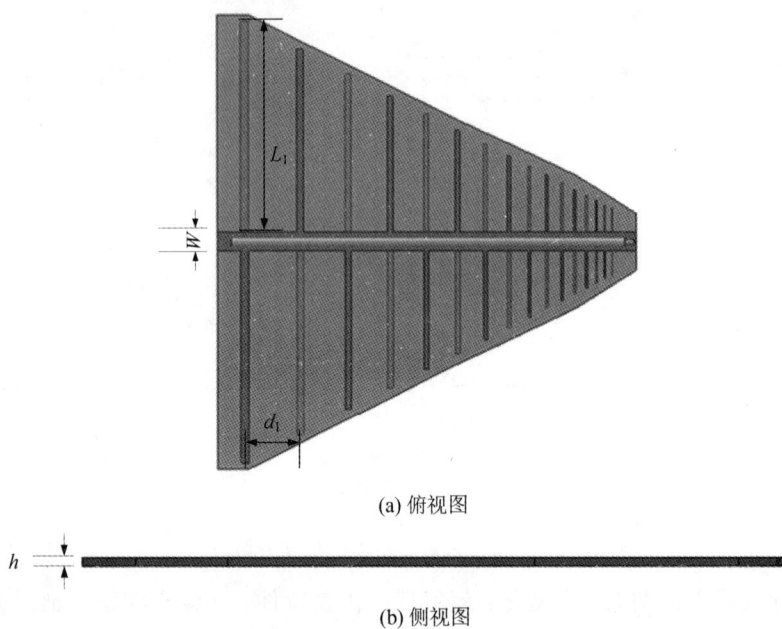

图 6.6-1　天线模型图

表 6.6-2　天线各参数

参　　数	数　值/mm
W	4
L_1	60
d_1	20
h	2

6.6.2　对数周期天线结果分析

对数周期天线在整个工作频段内驻波比小于 3，如图 6.6-2 所示。

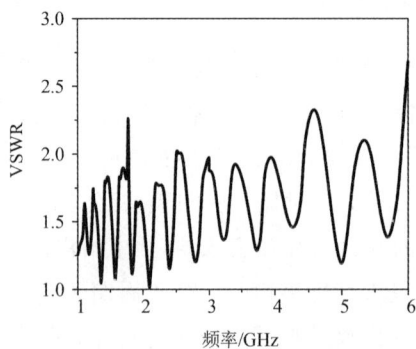

图 6.6-2　天线驻波比

图 6.6 - 3 给出 1 GHz、2 GHz、3 GHz、4 GHz、5 GHz 和 6 GHz 频率的 E 面和 H 面的仿真方向图，从图中可以看出，在整个工作频段内定向辐射特性良好而稳定，且 E 面、H 面上的方向图基本对称。

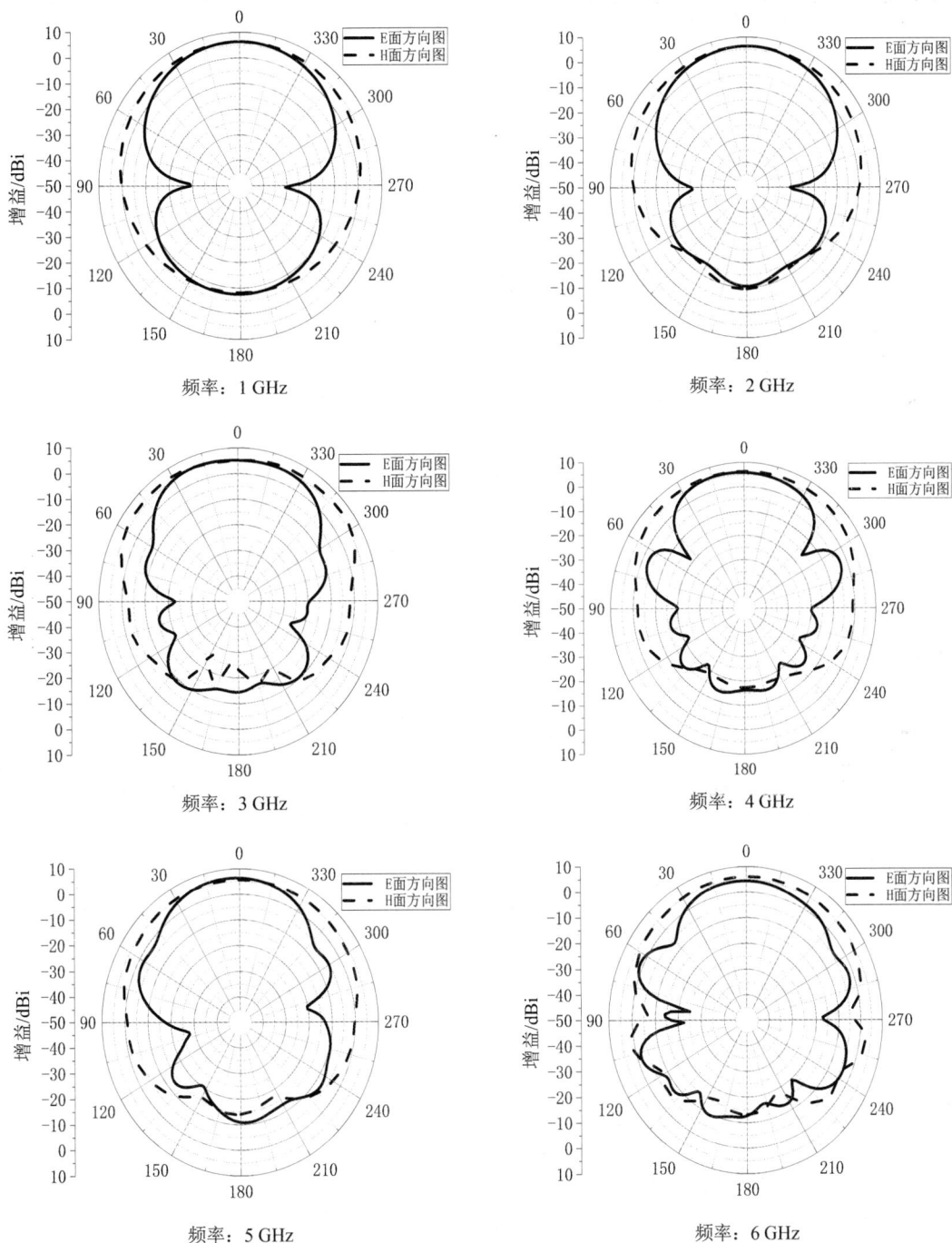

图 6.6 - 3　各频率下的 E 面和 H 面的仿真方向图

　　对数周期天线带宽宽、增益高等特点，更重要的是，波束宽度和辐射方向图形状在整个工作频带上都很稳定，所以对数周期天线的应用十分广泛：可用于点对点通信，比如科技数字信号测定，也还可以作为有线电视天线、接收电台信号、发送数字基站的科技信号；以及用于辐射测量设施雷达的效用等。

第7章
口径天线理论基础

本章将研究面天线，即口径天线（又称为孔径天线）。口径天线是微波波段最常用的天线。这类天线由于辐射结构是一个口径（平面或曲面），其上的辐射源为电流或电磁场，因而被称为口径天线。由于口径天线的辐射场是场源发出的电磁波通过口径绕射而产生的，类似于波动光学的绕射问题，因而口径天线又称为绕射天线。口径天线主要有缝隙天线、喇叭天线、反射面天线和透镜天线等。本章将研究等效原理及惠更斯原理，求解天线的远区场并对矩形口径天线的辐射特性进行介绍。

7.1 口径面天线的基本理论

顾名思义，面天线所载的电流是分布在金属面上的，而金属面的口径尺寸远大于工作波长。阵列单元是实际单元，可以单独使用，它们是积木式的、离散的；口径面天线单元是虚拟单元，它们是连续的，不能单独使用（理论上可以无限分割）。口径面天线形成的波束多为笔状波束，适用于高定向性天线。

口径天线一般都是由两部分构成：一部分是初级馈源，它的作用是将无线电设备中的高频电磁能量转换为向空间辐射的电磁能量，通常由对称振子、缝隙或喇叭构成；另一部分是辐射口面，它的作用是将初级馈源辐射的电磁波形成所需要的方向性波束。常见的口面形状有矩形波导、喇叭、抛物柱面及抛物面等，如图 7.1-1 所示。

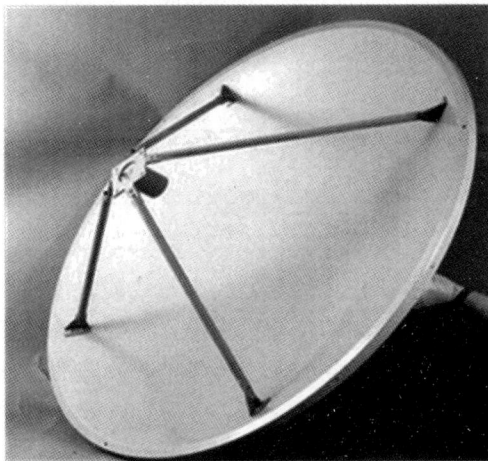

图 7.1-1 口径面天线

7.2　口径面天线的分析方法

严格求解面天线的辐射场目前还无法完成。一般采用两种近似求解方法，即面电流法和口径场法。近似求解方法分为以下两步：

（1）求解内问题（由场源求得口面上的场分布）。

（2）求解外问题（由口面上的场分布求解远区的辐射场）。当任一封闭面上的电磁场已知时，可精确求解封闭面外的场（要求封闭面外无其他场源）。

1. 面电流法

这种方法以馈源的初级辐射电磁场在金属表面产生的表面电流为依据，计算辐射场。表面电流密度与馈源的初级辐射场之间近似满足如下关系

$$\boldsymbol{J}_s = \hat{\boldsymbol{n}} \times \boldsymbol{H}_i \qquad (7-1)$$

式中，$\boldsymbol{J}_s$ 为金属反射面的表面电流密度；$\boldsymbol{H}_i$ 为金属表面处馈源的初级辐射磁场；$\hat{\boldsymbol{n}}$ 为金属表面的法向单位矢量。式（7-1）仅对于平面波入射到无限大金属平面的情况才是精确的。求得 $\boldsymbol{J}_s$ 后即可用表面积分求矢量位 $\boldsymbol{A}$，进而求得辐射场。

2. 口径场法

（1）利用几何光学法求出面天线口面上的场分布。所谓几何光学法，即把电磁波视为一束光线，口面上的场被认为是"光源"发出的场（光线）经直线路径传过来的，传播过程中满足几何光学的反射、折射定律，且由光源到场点的直线路径长度决定该场点场的相位。

（2）利用惠更斯原理，由口径场的分布求解辐射场（即采用等效原理求解，此为波动光学法）。等效原理即由口径场分布等效出面磁流。等效原理的根据是电磁场的唯一性定理。

面电流法的第一步是近似的，只有当金属无限大时，几何光学法才是精确的。但对于微波波段，此法是一种比较合理的近似方法。相比之下，口径场法直观、简单，物理概念清晰（分析面天线的辐射问题通常采用口径场法）。面电流法对反射面天线有效，它是分析反射面天线的方法之一，但是面电流法对喇叭天线、波导口天线等口径天线无效，或者说处理起来很难。因此我们采用口径场法。

7.3　惠　更　斯　原　理

1. 惠更斯原理的内容

惠更斯原理指出，在空间中任一点的场是包围天线的封闭曲面上各点的电磁扰动产生的次级辐射在该点叠加的结果。在波的传播过程中，波所经过的任意截面（或波阵面）上的每一个点都可看作新的（子）波源，这些波源发出子波，波阵面上所有波源发出的子波在空间一点叠加即决定了该点的波的强度。

经典波动光学指出，围绕振荡源作一封闭面，把封闭面上每一点都看作一个新的小振荡源，每个小振荡源在 P 处产生的场的总和构成了该系统在 P 点处的场。这就是惠更斯-菲涅尔原理。

2. 惠更斯原理的应用

在求解面天线的辐射场时，应先求出其口面上的场分布（实际上，口面场是由面天线的馈源产生的）；然后根据惠更斯原理（见图 7.3 - 1），将此口面场看成连续分布在口面上的（等效）辐射源，微分口面得到众多微小的面辐射元——基本面元；最后，对基本面元在整个口面上作面积分。线天线的辐射场是微小线元的辐射场的线积分。

注意：要按照这个过程求解口面天线的辐射场，还有一个问题必须解决，因为我们知道，一个辐射系统的辐射场是根据振荡源（电流源和磁流源）来求解的，而不是直接由场来求场，所以要先研究等效原理，根据等效原理，就可将口面天线口径面上的电磁场等效为电、磁流。

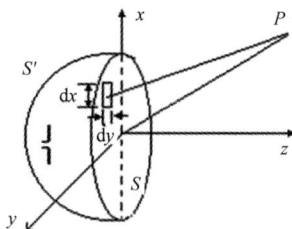

图 7.3 - 1 惠更斯原理图

7.4 等 效 原 理

在某一区域产生电磁场的实际场源，可以用一个能在同一区域产生相同电磁场的等效场源来代替，这就是等效原理，其依据的是场的唯一性原理。场的唯一性原理就是满足麦克斯韦方程和边界条件的解是唯一的。

求解外部问题时，可以不必了解内部场源，而只需知道表面的场即可。

场源 J_1^e、M_1^m 产生电磁场 E_i、H_i，在等效问题中去掉场源，使 S 内的等效场产生的对外的场与原来的一样，所以 S 上有面电流与面磁流满足边界条件：

$$J_s = \hat{n} \times (H_1 - H)$$
$$M_s = -\hat{n} \times (E_1 - E) \tag{7-2}$$

为计算简便，选内部电场和磁场为零（Love 等效原理）。图 7.4 - 1 为 Love 等效示意图，其等效场源为

$$J_s = \hat{n} \times H_1$$
$$M_s = -\hat{n} \times E_1 \tag{7-3}$$

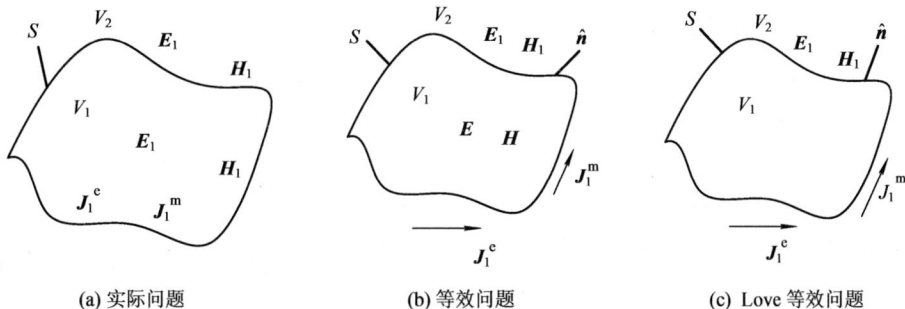

(a) 实际问题   (b) 等效问题   (c) Love 等效问题

图 7.4 - 1 Love 等效示意图

　　场等效原理是用等效流(等效电流、等效磁流)取代一个口径天线。该等效流在同一区域产生的辐射场等于口径天线产生的辐射场。

　　因此,得到了口面上的等电流 $\boldsymbol{J}_1^e$ 和等效磁流 $\boldsymbol{M}_1^m$,就可以借助矢量位(矢位法)求解远区辐射场。图 7.4-2 为矢位法求远区辐射场示意图。

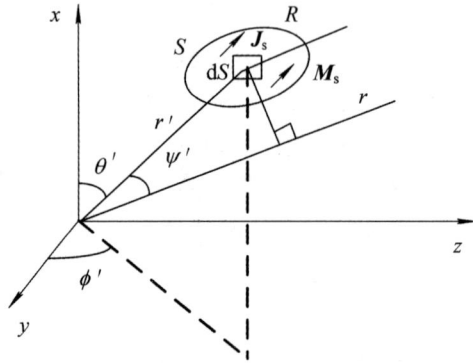

图 7.4-2　矢位法求远区辐射场示意图

7.5　矢位法求远区辐射场

　　等效电流 $\boldsymbol{J}_s$ 和等效磁流 $\boldsymbol{M}_s$ 产生的矢量位为

$$
\begin{cases}
\text{磁矢位}: \boldsymbol{A} = \dfrac{\mu_0}{4\pi}\iint_S \boldsymbol{J}_s \dfrac{\mathrm{e}^{-\mathrm{j}kR}}{R}\mathrm{d}S \\[4mm]
\text{电矢位}: \boldsymbol{F} = \dfrac{\varepsilon_0}{4\pi}\iint_S \boldsymbol{M}_s \dfrac{\mathrm{e}^{-\mathrm{j}kR}}{R}\mathrm{d}S
\end{cases}
\tag{7-4}
$$

　　口径面 S 上取一小面元 $\mathrm{d}S$,它到坐标原点的距离为 r',到远区的距离为 R,坐标原点到远区的距离为 r。

　　波程差为

$$
r - R = \hat{\boldsymbol{r}} \cdot \boldsymbol{r}' = r'\cos\psi
\tag{7-5}
$$

其中,ψ 为 r 与 r' 之间的夹角。由式(7-5)得

$$
R = r - \hat{\boldsymbol{r}} \cdot \boldsymbol{r}' = r - r'\cos\psi
\tag{7-6}
$$

因此可得磁矢位为

$$
\boldsymbol{A} = \frac{\mu_0}{4\pi r}\iint_S \boldsymbol{J}_s \mathrm{e}^{-\mathrm{j}k(r-\hat{r}\cdot r')}\mathrm{d}S' = \frac{\mu_0 \mathrm{e}^{-\mathrm{j}kr}}{4\pi r}\iint_S \boldsymbol{J}_s \mathrm{e}^{\mathrm{j}kr'\cos\psi}\mathrm{d}S' = \frac{\mu_0 \mathrm{e}^{-\mathrm{j}kr}}{4\pi r}\boldsymbol{N}
\tag{7-7}
$$

　　同理可得

$$
\boldsymbol{F} = \frac{\varepsilon_0 \mathrm{e}^{-\mathrm{j}\beta r}}{4\pi r}\iint_S \boldsymbol{M}_s \mathrm{e}^{\mathrm{j}\beta r'\cos\psi}\mathrm{d}S' = \frac{\mu_0 \mathrm{e}^{-\mathrm{j}\beta r}}{4\pi r}\boldsymbol{L}
\tag{7-8}
$$

　　电矢位与磁矢位中:

$$\begin{cases} \boldsymbol{N} = \iint\limits_S \boldsymbol{J}_s \mathrm{e}^{jkr'\cos\psi}\,\mathrm{d}S' = \iint\limits_S (\hat{\boldsymbol{x}}J_x + \hat{\boldsymbol{y}}J_y + \hat{\boldsymbol{z}}J_z)\mathrm{e}^{jkr'\cos\psi}\,\mathrm{d}S' \\[2mm] \boldsymbol{L} = \iint\limits_S \boldsymbol{M}_s \mathrm{e}^{jkr'\cos\psi}\,\mathrm{d}S' = \iint\limits_S (\hat{\boldsymbol{x}}M_x + \hat{\boldsymbol{y}}M_y + \hat{\boldsymbol{z}}M_z)\mathrm{e}^{jkr'\cos\psi}\,\mathrm{d}S' \end{cases} \tag{7-9}$$

直角坐标矢量与球坐标矢量间的转换公式为

$$\begin{bmatrix} A_r \\ A_\theta \\ A_\phi \end{bmatrix} = \begin{bmatrix} \sin\theta\cos\phi & \sin\theta\sin\phi & \cos\theta \\ \cos\theta\cos\phi & \cos\theta\sin\phi & -\sin\theta \\ -\sin\phi & \cos\phi & 0 \end{bmatrix} \begin{bmatrix} A_x \\ A_y \\ A_z \end{bmatrix} \tag{7-10}$$

由式(7-10)可知：

$$\begin{cases} N_\theta = \iint\limits_S [J_x\cos\theta\cos\phi + J_y\cos\theta\sin\phi - J_z\sin\theta]\mathrm{e}^{jkr'\cos\psi}\,\mathrm{d}S' \\[2mm] N_\phi = \iint\limits_S [-J_x\sin\phi + J_y\cos\phi]\mathrm{e}^{jkr'\cos\psi}\,\mathrm{d}S' \end{cases} \tag{7-11}$$

$$\begin{cases} L_\theta = \iint\limits_S [M_x\cos\theta\cos\phi + M_y\cos\theta\sin\phi - M_z\sin\theta]\mathrm{e}^{jkr'\cos\psi}\,\mathrm{d}S' \\[2mm] L_\phi = \iint\limits_S [-M_x\sin\phi + M_y\cos\phi]\mathrm{e}^{jkr'\cos\psi}\,\mathrm{d}S' \end{cases} \tag{7-12}$$

在远区场内，电磁波近似平面波，所以 $N_r = L_r = 0$。

因此，远场公式为

$$\begin{cases} \boldsymbol{E}_A \approx -j\omega\boldsymbol{A} \\ \boldsymbol{H}_F \approx -j\omega\boldsymbol{F} \end{cases} \tag{7-13}$$

其中，$\boldsymbol{H}_F$、$\boldsymbol{H}_A$ 分别为电流源和磁流源产生的场。

无耗介质中的均匀平面电磁波化简为

$$\begin{cases} \boldsymbol{E} = -\eta\boldsymbol{a}_k \times \boldsymbol{H} = -\dfrac{k}{\omega\varepsilon}\boldsymbol{a}_k \times \boldsymbol{H} \\[3mm] \boldsymbol{H} = \dfrac{1}{\eta}\boldsymbol{a}_k \times \boldsymbol{E} = \dfrac{k}{\omega u}\boldsymbol{a}_k \times \boldsymbol{E} \end{cases} \tag{7-14}$$

其中，$\boldsymbol{a}_k$ 是传播方向的单位矢量。由式(7-14)得

$$\begin{cases} \boldsymbol{E} = \dfrac{-jk}{j\omega\varepsilon}\hat{\boldsymbol{r}} \times \boldsymbol{H} = -\eta\hat{\boldsymbol{r}} \times \boldsymbol{H} \\[3mm] \boldsymbol{H} = \dfrac{1}{\eta}\hat{\boldsymbol{r}} \times \boldsymbol{E} \end{cases} \tag{7-15}$$

又因为

$$\begin{cases} \boldsymbol{E} = \hat{\boldsymbol{\theta}}E_\theta + \hat{\boldsymbol{\phi}}E_\phi \\ \boldsymbol{H} = \hat{\boldsymbol{\theta}}H_\theta + \hat{\boldsymbol{\phi}}H_\phi \\ E_\theta = \eta H_\phi \\ E_\phi = -\eta H_\theta \end{cases} \tag{7-16}$$

式中，$\eta=120\pi$ 为自由空间波阻抗，所以

$$\begin{cases} E_{A\theta}=-\mathrm{j}\omega A_\theta \\ E_{A\phi}=-\mathrm{j}\omega A_\phi \\ H_{F\theta}=-\mathrm{j}\omega F_\theta \\ H_{F\phi}=-\mathrm{j}\omega F_\phi \end{cases} \qquad (7-17)$$

得

$$\begin{cases} H_{A\theta}=-\dfrac{1}{\eta}E_{A\phi}=\mathrm{j}\omega\,\dfrac{A_\phi}{\eta} \\[2mm] H_{A\phi}=\dfrac{1}{\eta}E_{A\theta}=-\mathrm{j}\omega\,\dfrac{A_\theta}{\eta} \\[2mm] E_{F\theta}=\eta H_{F\phi}=-\mathrm{j}\omega\eta F_\phi \\[2mm] E_{F\phi}=-\eta H_{F\theta}=\mathrm{j}\omega\eta F_\theta \end{cases} \qquad (7-18)$$

由于分析的问题同时存在 J_s 和 M_s，因此由式(7-2)、式(7-3)、式(7-17)、式(7-18)可得远区总电场：

$$\begin{cases} E_\theta=E_{A\theta}+E_{F\theta}=-\mathrm{j}\omega(A_\theta+\eta F_\phi)=-\mathrm{j}\,\dfrac{\mathrm{e}^{-\mathrm{j}kr}}{2\lambda r}(\eta N_\theta+L_\phi) \\[3mm] E_\phi=E_{A\phi}+E_{F\phi}=-\mathrm{j}\omega(A_\phi-\eta F_\theta)=-\mathrm{j}\,\dfrac{\mathrm{e}^{-\mathrm{j}kr}}{2\lambda r}(\eta N_\phi-L_\theta) \\[3mm] H_\theta=H_{A\theta}+H_{F\theta}=-\mathrm{j}\omega\left(-\dfrac{1}{\eta}A_\phi+F_\theta\right)=-\mathrm{j}\,\dfrac{\mathrm{e}^{-\mathrm{j}kr}}{2\lambda r}\left(-N_\phi+\dfrac{1}{\eta}L_\theta\right) \\[3mm] H_\phi=H_{A\phi}+H_{F\phi}=-\mathrm{j}\omega\left(\dfrac{1}{\eta}A_\theta+F_\phi\right)=-\mathrm{j}\,\dfrac{\mathrm{e}^{-\mathrm{j}kr}}{2\lambda r}\left(N_\theta+\dfrac{1}{\eta}L_\phi\right) \\[3mm] E_r=H_r=0 \end{cases} \qquad (7-19)$$

对于大多数口面天线，其口径面是一个平面，所以我们选取口径面在 xy 面内，以一个矩形口径为例，存在沿 y 方向和 x 方向的电场和磁场，将等效的电流和磁流代入 L 和 N 中，之后代入式(7-19)即可得场的表达式。

7.6　口面场的辐射特性

在不考虑口径相位的情况下，分析同相口径在不同口径幅度分布时的辐射场，一般主要讨论矩形口径和圆形口径两种情况。本节主要讨论口径场相位同相、幅度为各种典型分布的情况。

7.6.1　矩形同相口径的辐射场

1. 等幅同相口径场分布

一般的矩形口径如图 7.6-1 所示。若口径场的幅度与相位均匀，则称此口径为均匀矩

形口径。

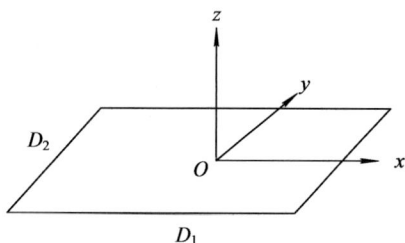

图 7.6 - 1　矩形口径辐射示意图

其均匀分布的口径场为

$$\boldsymbol{E}_s = \hat{\boldsymbol{y}}\, E_{sy}, \ E_{sy} = E_0 \tag{7-20}$$

其中，$x \in \left[-\dfrac{D_1}{2}, \dfrac{D_1}{2}\right], y \in \left[-\dfrac{D_2}{2}, \dfrac{D_2}{2}\right]$。

因此，有

$$\begin{cases} N_x = \iint\limits_{S} E_{sx}\, e^{j(kx\sin\theta\cos\phi + ky\sin\theta\sin\phi)}\, dS \\ N_y = \iint\limits_{S} E_{sy}\, e^{j(kx\sin\theta\cos\phi + ky\sin\theta\sin\phi)}\, dS \end{cases} \tag{7-21}$$

整理后有

$$\begin{cases} N_x = 0 \\ N_y = \int_{-\frac{D_1}{2}}^{\frac{D_1}{2}}\int_{-\frac{D_2}{2}}^{\frac{D_2}{2}} E_{sy}\, e^{j\boldsymbol{k}\cdot\boldsymbol{\rho}}\, dS = E_0\int_{-\frac{D_1}{2}}^{\frac{D_1}{2}}\int_{-\frac{D_2}{2}}^{\frac{D_2}{2}} e^{jk(x\sin\theta\cos\phi + y\sin\theta\sin\phi)}\, dx\, dy \end{cases}$$

$$= E_0 \underbrace{\int_{-\frac{D_1}{2}}^{\frac{D_1}{2}} e^{jkx\sin\theta\cos\phi}\, dx}_{I_x} \underbrace{\int_{-\frac{D_2}{2}}^{\frac{D_2}{2}} e^{jky\sin\theta\sin\phi}\, dy}_{I_y} = E_0 I_x \cdot I_y \tag{7-22}$$

然后可以得到 x 方向电流：

$$I_x = \frac{e^{jkx\sin\theta\cos\phi}}{jk\sin\theta\cos\phi}\Bigg|_{x=-\frac{D_1}{2}}^{x=\frac{D_1}{2}} = \frac{e^{jk\frac{D_1}{2}\sin\theta\cos\phi} - e^{-jk\frac{D_1}{2}\sin\theta\cos\phi}}{jk\sin\theta\cos\phi}$$

$$= \frac{2j\sin\left(k\dfrac{D_1}{2}\sin\theta\cos\phi\right)}{jk\sin\theta\cos\phi} = D_1 \cdot \frac{\sin\left(k\dfrac{D_1}{2}\sin\theta\cos\phi\right)}{k\dfrac{D_1}{2}\sin\theta\cos\phi} \tag{7-23}$$

同理可得 y 方向电流：

$$I_y = D_2 \cdot \frac{\sin\left(k\dfrac{D_2}{2}\sin\theta\sin\phi\right)}{k\dfrac{D_2}{2}\sin\theta\sin\phi} \tag{7-24}$$

设

$$
\begin{cases}
X = k \dfrac{D_1}{2} \sin\theta \cos\phi \\[3mm]
Y = k \dfrac{D_2}{2} \sin\theta \sin\phi
\end{cases}
\tag{7-25}
$$

得

$$
\begin{cases}
I_x = D_1 \sin \dfrac{X}{X} \\[3mm]
I_y = D_2 \sin \dfrac{Y}{Y}
\end{cases}
\tag{7-26}
$$

故得到远区场的表达式为

$$
\begin{aligned}
\boldsymbol{E} &= \frac{\mathrm{j}\mathrm{e}^{-jkr}}{2\lambda r}(1+\cos\theta)\left[\hat{\boldsymbol{\theta}}(N_x\cos\phi + N_y\sin\phi) + \hat{\boldsymbol{\phi}}(-N_x\sin\phi + N_y\cos\phi)\right] \\[2mm]
&= \frac{\mathrm{j}\mathrm{e}^{-jkr}}{2\lambda r}(1+\cos\theta)N_y(\hat{\boldsymbol{\theta}}\,\sin\phi + \hat{\boldsymbol{\phi}}\,\cos\phi) \\[2mm]
&= \frac{\mathrm{j}\mathrm{e}^{-jkr}}{2\lambda r}(1+\cos\theta)(\hat{\boldsymbol{\theta}}\,\sin\phi + \hat{\boldsymbol{\phi}}\,\cos\phi)\cdot E_0 D_1 D_2 \overbrace{\frac{\sin\left(k\dfrac{D_1}{2}\sin\theta\cos\phi\right)}{k\dfrac{D_1}{2}\sin\theta\cos\phi}}^{\sin u_1 / u_1}\overbrace{\frac{\sin\left(k\dfrac{D_2}{2}\sin\theta\sin\phi\right)}{k\dfrac{D_2}{2}\sin\theta\sin\phi}}^{\sin u_2 / u_2}
\end{aligned}
\tag{7-27}
$$

E 面 $\left(\text{即 } \phi = \dfrac{\pi}{2}\text{时}\right)$ 方向图函数为

$$
f_{\mathrm{E}}(\theta, \phi) = (1+\cos\theta)E_0 D_1 D_2 \frac{\sin\mu_2}{\mu_2}
\tag{7-28}
$$

则 E 面归一化方向图函数为

$$
F_{\mathrm{E}}(\theta, \phi) = \frac{1+\cos\theta}{2}\frac{\sin u_2}{u_2}
\tag{7-29}
$$

此时求出的 x 和 y 方向的电流为

$$
I_x = D_1 \cdot \frac{\sin\left(k\dfrac{D_1}{2}\sin\theta\cos\phi\right)}{k\dfrac{D_1}{2}\sin\theta\cos\phi} = D_1 \frac{\sin u_1 = 0}{u_1 = 0} = D_1
\tag{7-30}
$$

$$
I_y = D_2 \cdot \frac{\sin\left(k\dfrac{D_2}{2}\sin\theta\right)}{k\dfrac{D_2}{2}\sin\theta} = D_1 \frac{\sin u_2}{u_2}
\tag{7-31}
$$

其中：

$$
u_2 = k \frac{D_2}{2}\sin\theta
\tag{7-32}
$$

H 面(即 $\phi = 0$ 时)方向图函数为

$$f_{\mathrm{H}}(\theta,\phi) = (1 + \cos\theta)E_0 D_1 \cdot D_2 \cdot \frac{\sin u_1}{u_1} \tag{7-33}$$

则 H 面归一化方向图函数:

$$F_{\mathrm{H}}(\theta,\phi) = \frac{1 + \cos\theta}{2} \frac{\sin u_1}{u_1} \tag{7-34}$$

$$\begin{cases} I_x = D_1 \cdot \dfrac{\sin u_1}{u_1} \\ I_y = D_2 \end{cases} \tag{7-35}$$

其中:

$$u_1 = k\frac{D_1}{2}\sin\theta$$

辐射场的表达式为

$$\boldsymbol{E}_{\mathrm{E}} = \hat{\boldsymbol{\theta}}\frac{jk\,\mathrm{e}^{-jkr}}{4\pi r}(1 + \cos\theta)E_0 D_1 D_2 \frac{\sin u_2}{u_2} \tag{7-36}$$

$$\boldsymbol{E}_{\mathrm{H}} = \hat{\boldsymbol{\phi}}\frac{jk\,\mathrm{e}^{-jkr}}{4\pi r}(1 + \cos\theta)E_0 D_1 D_2 \frac{\sin u_1}{u_1} \tag{7-37}$$

当 $D_1 \gg \lambda$, $D_2 \gg \lambda$ 时, 有

$$\begin{cases} 2\theta_{0.5\mathrm{E}} \approx 0.886\dfrac{\lambda}{D_2} = 51°\dfrac{\lambda}{D_2} \\ 2\theta_{0.5\mathrm{H}} \approx 0.886\dfrac{\lambda}{D_1} = 51°\dfrac{\lambda}{D_1} \end{cases} \tag{7-38}$$

由于

$$F_{\mathrm{H}}(\theta,\phi) = \frac{1 + \cos\theta}{2} \frac{\sin u_1}{u_1} \quad \left(u_1 = \frac{3}{2}\pi\right) \tag{7-39}$$

取第一副瓣($\theta \approx 0$)处, 可得第一副瓣电平:

$$\mathrm{FSLL} = \lg(0.212) \approx -13.5 \ \mathrm{dB}$$

方向系数为

$$A = D_1 \cdot D_2 \quad \left(\eta = 1, \ D = \frac{4\pi}{\lambda^2}D_1 \cdot D_2\right) \tag{7-40}$$

2. 余弦同相口径场分布

设口径场沿 x 方向为余弦分布, 如图 7.6-2 所示。

其口径场为

$$E_{\mathrm{sy}}(x,y) = E_0\cos\left(\frac{\pi}{D_1}x\right) \tag{7-41}$$

其中, $x \in \left[-\dfrac{D_1}{2}, \dfrac{D_1}{2}\right]$, $y \in \left[-\dfrac{D_2}{2}, \dfrac{D_2}{2}\right]$。

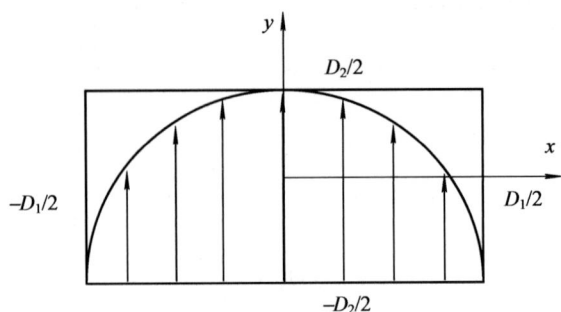

图 7.6 - 2 场为余弦分布的口径场

因此，可以得到

$$
\begin{cases}
N_x = 0 \\[2mm]
N_y = \displaystyle\int_{-\frac{D_1}{2}}^{\frac{D_1}{2}} \int_{-\frac{D_2}{2}}^{\frac{D_2}{2}} E_0 \cos\left(\frac{\pi}{D_1}x\right) \mathrm{e}^{\mathrm{j}k(x\sin\theta\cos\phi + y\sin\theta\sin\phi)}\,\mathrm{d}x\,\mathrm{d}y \\[4mm]
= E_0 \underbrace{\displaystyle\int_{-\frac{D_1}{2}}^{\frac{D_1}{2}} \cos\frac{\pi}{D_1}x\,\mathrm{e}^{\mathrm{j}kx\sin\theta\cos\phi}\,\mathrm{d}x}_{I_x} \underbrace{\displaystyle\int_{-\frac{D_2}{2}}^{\frac{D_2}{2}} \mathrm{e}^{\mathrm{j}ky\sin\theta\sin\phi}\,\mathrm{d}y}_{I_y}
\end{cases}
\tag{7-42}
$$

因此可以得到 x 和 y 方向的电流和场函数如下：

$$
\begin{aligned}
I_x &= \frac{1}{2}\int_{-\frac{D_1}{2}}^{\frac{D_1}{2}} \left(\mathrm{e}^{\mathrm{j}\frac{\pi}{D_1}x} + \mathrm{e}^{-\mathrm{j}\frac{\pi}{D_1}x}\right)\mathrm{e}^{\mathrm{j}kx\sin\theta\cos\phi}\,\mathrm{d}x \\[2mm]
&= \frac{1}{2}\int_{-\frac{D_1}{2}}^{\frac{D_1}{2}} \left[\mathrm{e}^{\mathrm{j}\left(\frac{\pi}{D_1}+k\sin\phi\right)x} + \mathrm{e}^{\mathrm{j}\left(k\sin\theta\cos\phi-\frac{\pi}{D_1}\right)x}\right]\mathrm{d}x \\[2mm]
&= \frac{1}{2}\left[\frac{2\sin\left(\frac{\pi}{2}+k\frac{D_1}{2}\sin\theta\cos\phi\right)}{k\sin\theta\cos\phi+\frac{\pi}{D_1}} + \frac{2\sin\left(k\frac{D_1}{2}\sin\theta\cos\phi-\frac{\pi}{2}\right)}{k\sin\theta\cos\phi-\frac{\pi}{D_1}}\right]
\end{aligned}
\tag{7-43}
$$

$$
I_y = D_2\,\frac{\sin\left(\dfrac{kD_2}{2}\sin\theta\sin\phi\right)}{\dfrac{kD_2}{2}\sin\theta\sin\phi}
\tag{7-44}
$$

$$
\begin{aligned}
I_x &= \frac{\cos\left(k\frac{D_1}{2}\sin\theta\cos\phi\right)}{k\sin\theta\cos\phi+\frac{\pi}{D_1}} - \frac{\cos\left(k\frac{D_1}{2}\sin\theta\cos\phi\right)}{k\sin\theta\cos\phi-\frac{\pi}{D_1}} \\[2mm]
&= \cos\left(k\frac{D_1}{2}\sin\theta\cos\phi\right)\cdot\left(\frac{1}{k\sin\theta\cos\phi+\frac{\pi}{D_1}} - \frac{1}{k\sin\theta\cos\phi-\frac{\pi}{D_1}}\right) \\[2mm]
&= \frac{2D_1}{\pi}\cdot\frac{\cos\left(k\frac{D_1}{2}\sin\theta\cos\phi\right)}{1-\left(\frac{kD_1}{\pi}\sin\theta\cos\phi\right)^2} = \frac{2D_1}{\pi}\cdot\frac{\cos\left(k\frac{D_1}{2}\sin\theta\cos\phi\right)}{1-\left(\frac{2}{\pi}\frac{kD_1}{2}\sin\theta\cos\phi\right)^2}
\end{aligned}
\tag{7-45}
$$

$$N_y = \frac{2E_0}{\pi} D_1 D_2 \frac{\cos\left(k\frac{D_1}{2}\sin\theta\cos\phi\right)}{1-\left(\frac{2}{\pi}\frac{kD_1}{2}\sin\theta\cos\phi\right)^2} \frac{\sin\left(k\frac{D_2}{2}\sin\theta\sin\phi\right)}{k\frac{D_2}{2}\sin\theta\sin\phi} \qquad (7-46)$$

$$\boldsymbol{E} = \frac{\mathrm{j}k\,\mathrm{e}^{-\mathrm{j}kr}}{4\pi r}(1+\cos\theta)N_y \cdot (\hat{\boldsymbol{\theta}}\sin\phi + \hat{\boldsymbol{\theta}}\cos\phi) \qquad (7-47)$$

E 面$\left(\text{即当}\ \phi = \frac{\pi}{2}\ \text{时}\right)$：

$$N_y = \frac{2E_0}{\pi} D_1 D_2 \cdot \frac{\sin\left(k\frac{D_2}{2}\sin\theta\right)}{k\frac{D_2}{2}\sin\theta} = \frac{2E_0}{\pi} D_1 D_2 \cdot \frac{\sin u_2}{u_2} \qquad (7-48)$$

$$\begin{cases} u_1 = k\frac{D_1}{2}\sin\theta\cos\phi = 0 \\ \\ u_2 = k\frac{D_2}{2}\sin\theta\cos\phi = k\frac{D_2}{2}\sin\theta \end{cases} \qquad (7-49)$$

E 面辐射场为

$$\boldsymbol{E}_\mathrm{E} = \hat{\boldsymbol{\theta}}\frac{\mathrm{j}\,\mathrm{e}^{-\mathrm{j}kr}}{2\lambda r}(1+\cos\theta)\frac{2E_0}{\pi}D_1 D_2 \cdot \frac{\sin\left(k\frac{D_2}{2}\sin\theta\right)}{k\frac{D_2}{2}\sin\theta} \qquad (7-50)$$

E 面方向图函数为

$$f_\mathrm{E}(\theta) = \frac{1+\cos\theta}{2}\frac{2E_0}{\pi}D_1 D_2 \cdot \frac{\sin\left(k\frac{D_2}{2}\sin\theta\right)}{k\frac{D_2}{2}\sin\theta} \qquad (7-51)$$

则 E 面归一化方向图函数为

$$F_\mathrm{E}(\theta) = \frac{1+\cos\theta}{2}\frac{\sin\left(k\frac{D_2}{2}\sin\theta\right)}{k\frac{D_2}{2}\sin\theta} \qquad (7-52)$$

H 面（即当 $\phi = 0$ 时）：

$$N_y = \frac{2E_0}{\pi}D_1 D_2 \cdot \frac{\cos\left(k\frac{D_1}{2}\sin\theta\right)}{1-\left(\frac{2}{\pi}\frac{kD_1}{2}\sin\theta\right)^2} = \frac{2E_0}{\pi}D_1 D_2 \cdot \frac{\cos u_1}{1-\left(\frac{2}{\pi}u_1\right)^2} \qquad (7-53)$$

$$\begin{cases} u_1 = k\frac{D_1}{2}\sin\theta\cos\phi = k\frac{D_1}{2}\sin\theta \\ \\ u_2 = k\frac{D_2}{2}\sin\theta\sin\phi = 0 \end{cases} \qquad (7-54)$$

H 面辐射场为

$$\boldsymbol{E}_H = \boldsymbol{\phi}\frac{jk\,\mathrm{e}^{-jkr}}{4\pi r}(1+\cos\theta)\frac{2E_0}{\pi}D_1 D_2 \cdot \frac{\cos u_1}{1-\left(\dfrac{2}{\pi}u_1\right)^2} \qquad (7-55)$$

H 面方向图函数为

$$f_H(\theta) = (1+\cos\theta)\frac{2E_0}{\pi}D_1 D_2 \cdot \frac{\cos u_1}{1-\left(\dfrac{2}{\pi}u_1\right)^2} \qquad (7-56)$$

则 H 面归一化方向图函数为

$$F_H(\theta) = \frac{1+\cos\theta}{2}\frac{\cos u_1}{1-\left(\dfrac{2}{\pi}u_1\right)^2} \qquad (7-57)$$

波瓣宽度为

$$2\theta_{0.5E} \approx 0.886\frac{\lambda}{D_2} = 51°\frac{\lambda}{D_2} \qquad (7-58)$$

$$2\theta_{0.5H} = 1.19\frac{\lambda}{D_1} = 68°\left(\frac{\lambda}{D_1}\right) \qquad (7-59)$$

E 面的副瓣电平为

$$FSLL_E = 20\lg 0.212 \approx -13.5 \text{ dB} \qquad (7-60)$$

H 面的副瓣电平为

$$FSLL_H = 20\lg 0.071 \approx -23.0 \text{ dB} \qquad (7-61)$$

口径效率如下:

$$\eta_e = \frac{\left|\displaystyle\int_{-\frac{D_1}{2}}^{\frac{D_1}{2}}\int_{-\frac{D_2}{2}}^{\frac{D_2}{2}}E_0\cos\left(\frac{\pi}{D_1}x\right)\mathrm{d}x\,\mathrm{d}y\right|^2}{A\displaystyle\int_{-\frac{D_1}{2}}^{\frac{D_1}{2}}\int_{-\frac{D_2}{2}}^{\frac{D_2}{2}}|E_0|^2\cos^2\left(\frac{\pi}{D_1}x\right)\mathrm{d}x\,\mathrm{d}y} = \frac{D_2^2 E_0^2\left|\displaystyle\int_{-\frac{D_1}{2}}^{\frac{D_1}{2}}\cos\left(\frac{\pi}{D_1}x\right)\mathrm{d}x\right|^2}{AE_0^2 D_2\left|\displaystyle\int_{-\frac{D_1}{2}}^{\frac{D_1}{2}}\cos^2\left(\frac{\pi}{D_1}x\right)\mathrm{d}x\right|} \qquad (7-62)$$

又因为

$$\int_{-\frac{D_1}{2}}^{\frac{D_1}{2}}\cos\left(\frac{\pi}{D_1}x\right)\mathrm{d}x = \frac{D_1}{\pi}\sin\left(\frac{\pi}{D_1}x\right)\Bigg|_{-\frac{D_1}{2}}^{\frac{D_1}{2}} = 2\frac{D_1}{\pi}\cdot\sin\left(\frac{\pi}{D_1}\cdot\frac{D_1}{2}\right) = \frac{2D_1}{\pi} \qquad (7-63)$$

$$\int_{-\frac{D_1}{2}}^{\frac{D_1}{2}}\cos^2\left(\frac{\pi}{D_1}x\right)\mathrm{d}x = \frac{1}{2}\int_{-\frac{D_1}{2}}^{\frac{D_1}{2}}\left[1+\cos\left(\frac{2\pi}{D_1}\right)x\right]\mathrm{d}x = \frac{D_1}{2} \qquad (7-64)$$

所以可以得出

$$\eta_e = \frac{D_2^2\cdot\left(\dfrac{2D_1}{\pi}\right)^2}{A\cdot D_2\cdot D_1/2} = \frac{(2D_1 D_2/\pi)^2}{(D_1 D_2)^2/2} = \frac{8}{\pi^2} \approx 0.81 \qquad (7-65)$$

方向系数:

$$D = \frac{4\pi}{\lambda^2}A\eta_e \qquad (7-66)$$

7.6.2　圆形同相口径的辐射场

如图 7.6 - 3 所示，圆形口面上各点的场为同相等幅分布，均匀分布的口面场可表示为

$$E_{sy} = E_0 \tag{7-67}$$

面元 dS 的坐标为 $x_s = \rho_s \cos\phi_s$，$y_s = \rho_s \sin\phi_s$，面元的面积 $dS = \rho_s d\phi_s d\rho_s$。

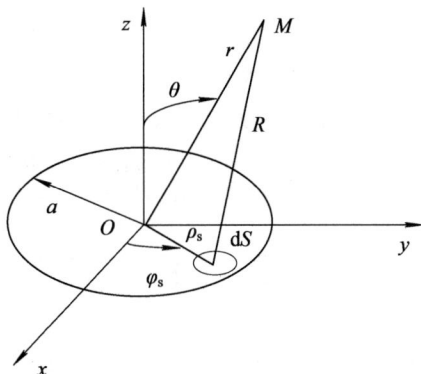

图 7.6 - 3　圆形口面辐射示意图

将上述关系式代入口面辐射场在 E 面、H 面的一般积分式，可得到 E 面、H 面内辐射公式

$$\begin{cases} \boldsymbol{E}_E = j\dfrac{e^{-jkr}}{\lambda r}\dfrac{1+\cos\theta}{2}E_0\displaystyle\int_0^a \rho_s d\rho_s \int_0^{2\pi} e^{jk\rho_s\sin\theta\sin\phi_s} d\phi_s \boldsymbol{e}_\theta \\[3mm] \boldsymbol{E}_H = j\dfrac{e^{-jkr}}{\lambda r}\dfrac{1+\cos\theta}{2}E_0\displaystyle\int_0^a \rho_s d\rho_s \int_0^{2\pi} e^{jk\rho_s\sin\theta\sin\phi_s} d\phi_s \boldsymbol{e}_\phi \end{cases} \tag{7-68}$$

式中，a 为圆形口面的半径。

积分结果如下：

$$\begin{cases} \boldsymbol{E}_E = AS\dfrac{1+\cos\theta}{2}\dfrac{2J_1(\phi_3)}{\phi_3} \\[3mm] \boldsymbol{E}_H = AS\dfrac{1+\cos\theta}{2}\dfrac{2J_1(\phi_3)}{\phi_3} \end{cases} \tag{7-69}$$

式中，$J_1(\psi)$ 是一阶贝塞尔函数，$S = \pi a^2$，$\phi_3 = ka\sin\theta$，A 为方向系数。

在 E 面和 H 面内具有相同形式的方向函数。当 $a \gg \lambda$ 时，圆形口面的方向函数近似为

$$F_E(\theta) = F_H(\theta) = \left|\frac{2J_1(\phi_3)}{\phi_3}\right| \tag{7-70}$$

由方向图可看出圆形口面的主瓣半功率张角，即当 $F(\theta) = 0.707$ 时 $\phi = 1.62$。所以，其半功率波瓣宽度为

$$2\theta_{3dB,E} = 2\theta_{3dB,H} = 1.04\frac{\lambda}{2a}(rad) = 61°\frac{\lambda}{2a} \tag{7-71}$$

旁瓣电平 $FSLL_E = FSLL_H = -17.6$ dB。

7.6.3 同相口面场的特性

前面介绍的口面场都是同相的。根据之前的分析，可得到同相口面场的如下特性：

（1）同相口面场在平面口面的法向方向上，辐射最大。

（2）口面的旁瓣电平与口面本身的利用系数取决于口面场的分布情况。口面场越均匀，口面利用系数越大，旁瓣电平越高，且与口面尺寸无关。

（3）在口面场分布一定的情况下，口面尺寸越大，或在口面尺寸一定的前提下，口面分布越均匀，主瓣越窄，口面方向系数越大。

在实际中完全均匀的口面场是很难达到的，只能通过改进天线使口面场尽量均匀。因此，口面天线方向性的提高可通过增大口面面积和提高口面场的均匀性来实现。

7.7 口径面天线的电参数

本节主要介绍口径面天线的方向系数、口径效率、增益，而其他电性能参数将结合具体天线介绍。

1. 方向系数

方向系数：

$$D(\theta,\phi)=\frac{特定方向辐射强度}{平均辐射强度}=\frac{U(\theta,\phi)}{P_\Sigma/(4\pi)} \tag{7-72}$$

其中，$U(\theta,\phi)=S(\theta,\phi)r^2$，$S(\theta,\phi)=\frac{1}{2\eta}|\boldsymbol{E}(\theta,\phi)|^2$。

通常口径面天线的法线方向（$\theta=0$）为最大辐射方向，此时

$$\begin{cases}E(\theta,\phi)=E_\mathrm{m}F(\theta,\phi)\\ E_\mathrm{m}=\frac{\mathrm{j}e^{-\mathrm{j}kr}}{2\lambda r}(1+\cos\theta)\iint\limits_S E_\mathrm{s}(x,y)\mathrm{d}x\mathrm{d}y=\frac{\mathrm{j}e^{-\mathrm{j}kr}}{\lambda r}\iint\limits_S E_\mathrm{s}(x,y)\mathrm{d}x\mathrm{d}y\\ S_\mathrm{m}=\frac{1}{2\eta}\cdot\left(\frac{k}{2\pi r}\right)^2\left|\iint E_\mathrm{s}(x,y)\mathrm{d}S\right|^2=\frac{1}{2\eta}\cdot\left(\frac{1}{\lambda r}\right)^2\left|\iint E_\mathrm{s}(x,y)\mathrm{d}S\right|^2\end{cases} \tag{7-73}$$

远场的最大辐射强度为

$$U_\mathrm{m}=r^2\cdot\frac{1}{2\eta}\cdot\left(\frac{k}{2\pi r}\right)^2\left|\iint E_\mathrm{s}(x,y)\mathrm{d}S\right|^2=\frac{1}{2\eta}\cdot\left(\frac{1}{\lambda}\right)^2\left|\iint E_\mathrm{s}(x,y)\mathrm{d}S\right|^2$$
$$=\frac{1}{2\eta\lambda^2}\left|\iint E_\mathrm{s}(x,y)\mathrm{d}S\right|^2 \tag{7-74}$$

口径面天线的辐射功率为

$$P_\Sigma=\oiint\limits_S S_\mathrm{av}(r)\mathrm{d}S=\mathrm{Re}\oiint\limits_S S(r)\mathrm{d}S=\iint\frac{1}{2\eta}|\boldsymbol{E}(x,y)|^2\mathrm{d}S \tag{7-75}$$

平均辐射功率为

$$P_\Sigma/(4\pi)=\frac{1}{4\pi}\iint\frac{1}{2\eta}|E(x,y)|^2\mathrm{d}S=\frac{1}{4\pi}\frac{1}{2\eta}\iint|E_\mathrm{s}(x,y)|^2\mathrm{d}S$$

则方向系数(通常所说的方向系数总是指最大方向系数)为

$$D = \frac{U(\theta,\phi)}{P_{\Sigma}/(4\pi)} = \frac{\dfrac{1}{2\eta\lambda^2}\left|\iint E_s(x,y)\mathrm{d}S\right|^2}{\dfrac{1}{4\pi\cdot 2\eta}\iint\left|E_s(x,y)\right|^2\mathrm{d}S} = \frac{4\pi}{\lambda^2}\frac{\left|\iint E_s(x,y)\mathrm{d}S\right|^2}{\iint\left|E_s(x,y)\right|^2\mathrm{d}S} \tag{7-76}$$

方向系数由口径面天线的场分布及口径面天线的面积决定。特别地,当口径场均匀分布时,$E_s(x,y)$ 为常数,方向系数可表示为

$$D = \frac{4\pi}{\lambda^2}A \tag{7-77}$$

其中,A 为天线口径的几何面积。

当口径场不均匀分布时,方向系数可表示为

$$D = \frac{4\pi}{\lambda^2}A_e = \frac{4\pi}{\lambda^2}A\eta_a \tag{7-78}$$

其中,A_e 为天线口径的有效面积,$\eta_a = A_e/A$ 为口径的利用效率。

当口径场均匀分布时 $\eta_a = 1$,当口径场不均匀分布时 $\eta_a < 1$,口径场分布越不均匀,则 η_a 越小。

2. 口径效率

η_a 是一种天线的物理面积被有效利用的度量,其计算式为

$$\eta_a = \frac{\left|\iint E_s(x,y)\mathrm{d}S\right|^2}{A\iint\left|E_s(x,y)\right|^2\mathrm{d}S} \tag{7-79}$$

该公式有如下假设:方向图顶点指向口径的边射方向,口径远大于波长,口径场近乎平面波。均匀幅度口径的方向性是均匀相位口径所能达到的最大方向性。

3. 增益

增益是计入了天线功率损失后的电性能参数。它与方向系数的关系为

$$G = D\eta \tag{7-80}$$

式中,η 为天线效率。面天线的效率 η 与引起天线功率损失的许多因素有关,如反射、介质损耗、导体损耗等。

第8章

喇叭天线

在微波波段，常采用各种波导如矩形和圆形截面波导传输电磁波能量，将波导终端开口便构成了波导辐射器。为了压窄方向图，改善方向性和获得较高的增益，将波导辐射器的终端逐渐张开，就形成了喇叭天线。喇叭天线是面天线，也是最广泛使用的微波天线之一。喇叭天线除了大量用作反射面天线的馈源以外，也是相控阵天线的常用单元天线，它还可以作为对其他高增益天线进行校准和增益测试的通用标准。喇叭天线的优点是结构简单，馈电简便，频带较宽，功率容量大，增益高。

8.1 喇叭天线的结构

喇叭天线由一段均匀波导和一段喇叭组成。如图 8.1-1 所示，喇叭截面逐渐张开，从喇叭与波导连接处(喇叭颈部)到开口处，喇叭内的电磁场分布在逐渐变形。喇叭颈部因为导体壁发生不连续，所以要产生高次模。喇叭横截面尺寸变化平缓(喇叭张角较小)时，喇叭开口面上场分布与波导内横截面上场分布差异不大，高次模弱，基本上只有主模沿着波导传播。喇叭天线由逐渐张开的波导构成，是一种最为简单的口径面天线。它可以作为单独的天线使用，也可作为反射面天线的馈源、阵列天线的阵源。

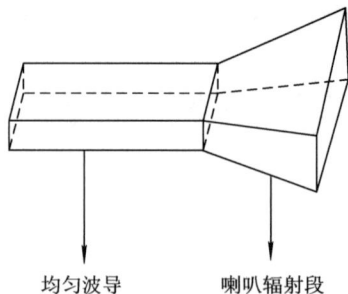

均匀波导   喇叭辐射段

图 8.1-1 喇叭天线的基本结构

喇叭天线按照波导的类型可以分为矩形喇叭天线和圆锥喇叭天线，即由矩形波导辐射器终端逐渐张开形成矩形喇叭天线，由圆形波导辐射器终端逐渐张开形成圆锥喇叭天线。其中矩形喇叭天线又分为 E 面扇形喇叭天线(两臂面在电磁场的 E 平面张开)、H 面扇形喇叭天线(两臂面在电磁场的 H 平面张开)和角锥喇叭天线(两对壁面同时张开)。而由圆形波导终端逐渐张开形成的圆锥喇叭天线由于其具有良好的对称性，故其应用较为广泛。根据模式又可以分为单模喇叭天线(光壁喇叭)，多模喇叭天线和平衡混合模喇叭天线，即波纹喇叭天线。图 8.1-2 为各种喇叭天线模型图。

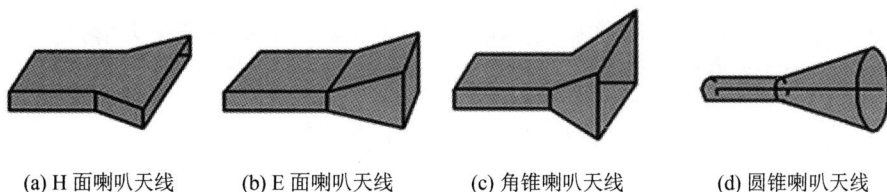

(a) H 面喇叭天线　　　(b) E 面喇叭天线　　　(c) 角锥喇叭天线　　　(d) 圆锥喇叭天线

图 8.1-2　各种喇叭天线模型图

8.2　H 面扇形喇叭天线

1. 口面场分布

为了确定喇叭天线的辐射特性，必须了解喇叭口面上场的分布，即求解喇叭的内场。求解喇叭天线内电磁场时常采用近似的办法：认为喇叭为无限长，忽略外场对内场的影响，把喇叭的内场结构近似看作与标准波导内的场结构相同，只是因为喇叭是逐渐张开的，会使波形略有变化。在扇形喇叭天线中，平面波变为柱面波，在角锥喇叭天线中则变成球面波。在平面状的喇叭口面上，场的振幅可以近似地认为与波导截面上的相似，但是口面上场相位偏移的影响则不能忽略。图 8.2-1 表示 H 面扇形喇叭天线的几何参数。下面我们来计算口面场上的相位偏移。

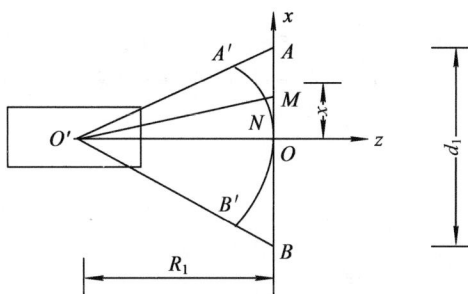

图 8.2-1　H 面扇形喇叭天线的几何参数图

如图 8.2-1 所示，到口面上 M 点的行程差比到口面中心点 O 的行程长 MN 的距离。设口面中心处 O 点的相位偏移为零，则口面上任一点 M 的相位偏移表示为

$$\phi_x = -kMN = -\frac{2\pi}{\lambda}MN = -\frac{2\pi}{\lambda}(\sqrt{R_1^2 + x^2} - R_1) \qquad (8-1)$$

一般 $d_1 \ll R_1$，所以 $x \ll R_1$，因此有

$$\sqrt{R_1^2 + x^2} = R_1\sqrt{1 + \left(\frac{x}{R_1}\right)^2} \approx R_1 + \frac{1}{2}\frac{x^2}{R_1} - \frac{1}{8}\frac{x^4}{R_1^3} + \cdots \qquad (8-2)$$

边缘上 A 点的相位偏移最大为

$$\phi_{x\max} \approx -\frac{\pi}{\lambda}\frac{d_1^2}{4R_1} \tag{8-3}$$

与喇叭相连的矩形波导内通常传输主模 H_{10} 模,场的振幅沿宽边为余弦分布。因而,喇叭口面的电场分布为

$$E_y = E_0 \cos\left(\frac{\pi x}{d_1}\right)\mathrm{e}^{-\mathrm{j}\frac{\pi}{\lambda}\frac{x^2}{R_1}} \tag{8-4}$$

2. 辐射场

H 平面($\phi = 0$):

$$E_\mathrm{H} = B_0 E_0 d_2 \int_{-\frac{d_1}{2}}^{\frac{d_1}{2}} \cos\left(\frac{\pi x}{d_1}\right)\mathrm{e}^{-\mathrm{j}\frac{\pi x^2}{\lambda R_1}+\mathrm{j}k\sin\theta x}\,\mathrm{d}x \tag{8-5}$$

式中:

$$B_0 = \frac{\mathrm{j}\mathrm{e}^{-\mathrm{j}kr}}{2\lambda r}(1+\cos\theta) \tag{8-6}$$

利用菲涅尔积分

$$\int_0^{x_1}\mathrm{e}^{\pm\mathrm{j}\frac{\pi}{2}t^2}\,\mathrm{d}t = C(x_1)\pm\mathrm{j}S(x_1) \tag{8-7}$$

其中:

$$\begin{cases} C(x_1) = \displaystyle\int_0^{x_1}\cos\left(\frac{\pi}{2}t^2\right)\mathrm{d}t \\[2mm] S(x_1) = \displaystyle\int_0^{x_1}\sin\left(\frac{\pi}{2}t^2\right)\mathrm{d}t \end{cases} \tag{8-8}$$

整理后得到

$$E_\mathrm{H} = B_0 E_0 d_2 \begin{Bmatrix} M\{[C(v_1)-C(v_2)]-\mathrm{j}[S(v_1)-S(v_2)]\}+ \\ N\{[C(v_3)-C(v_4)]-\mathrm{j}[S(v_3)-S(v_4)]\} \end{Bmatrix} \tag{8-9}$$

其中:

$$\begin{cases} M = \dfrac{1}{2}\sqrt{\dfrac{\lambda R_1}{2}}\,\mathrm{e}^{\mathrm{j}\frac{\pi}{4}\lambda R_1\left(\frac{1}{d_1}+\frac{2\sin\theta}{\lambda}\right)^2} \\[4mm] N = \dfrac{1}{2}\sqrt{\dfrac{\lambda R_1}{2}}\,\mathrm{e}^{\mathrm{j}\frac{\pi}{4}\lambda R_1\left(\frac{1}{d_1}+\frac{2\sin\theta}{\lambda}\right)^2} \end{cases} \tag{8-10}$$

$$\begin{cases} v_1 = \dfrac{1}{\sqrt{2}}\left[\sqrt{\lambda R_1}\left(\dfrac{1}{d_1}+\dfrac{2\sin\theta}{\lambda}\right)+\dfrac{d_1}{\sqrt{\lambda R_1}}\right] \\[4mm] v_2 = \dfrac{1}{\sqrt{2}}\left[\sqrt{\lambda R_1}\left(\dfrac{1}{d_1}+\dfrac{2\sin\theta}{\lambda}\right)-\dfrac{d_1}{\sqrt{\lambda R_1}}\right] \end{cases} \tag{8-11}$$

$$\begin{cases} v_3 = \dfrac{1}{\sqrt{2}}\left[\sqrt{\lambda R_1}\left(\dfrac{1}{d_1}-\dfrac{2\sin\theta}{\lambda}\right)+\dfrac{d_1}{\sqrt{\lambda R_1}}\right] \\[4mm] v_4 = \dfrac{1}{\sqrt{2}}\left[\sqrt{\lambda R_1}\left(\dfrac{1}{d_1}-\dfrac{2\sin\theta}{\lambda}\right)-\dfrac{d_1}{\sqrt{\lambda R_1}}\right] \end{cases} \tag{8-12}$$

E 平面(即 $\phi = \pi/2$ 时)

$$E_{\mathrm{E}} = B_0 E_0 \int_{\frac{-d_1}{2}}^{\frac{d_1}{2}} \cos\left(\frac{\pi x}{d_1}\right) \mathrm{e}^{-\mathrm{j}\frac{\pi x^2}{\lambda R_1}} \mathrm{d}x \int_{d_2/2}^{-d_2/2} \mathrm{e}^{\mathrm{j}k\sin\theta y} \mathrm{d}y \qquad (8-13)$$

式中：

$$B_0 = \frac{\mathrm{j}\mathrm{e}^{-\mathrm{j}kr}}{2\lambda r}(1 + \cos\theta) \qquad (8-14)$$

整理后得到

$$E_{\mathrm{E}} = B_0 E_0 d_2 \sqrt{\frac{\lambda R_1}{2}} \mathrm{e}^{\mathrm{j}\frac{\pi \lambda R_1}{4d_1^2}} \{ [C(v_5) - C(v_6)] - \mathrm{j}[S(v_5) - S(v_6)] \} \times \frac{\sin\left(\frac{kd^2}{2}\sin\theta\right)}{\frac{kd^2}{2}\sin\theta}$$

$$(8-15)$$

$$\begin{cases} v_5 = \dfrac{1}{\sqrt{2}}\left(\dfrac{\sqrt{\lambda R_1}}{d_1} + \dfrac{d_1}{\sqrt{\lambda R_1}}\right) \\ v_6 = \dfrac{1}{\sqrt{2}}\left(\dfrac{\sqrt{\lambda R_1}}{d_1} - \dfrac{d_1}{\sqrt{\lambda R_1}}\right) \end{cases} \qquad (8-16)$$

8.3 E 面扇形喇叭天线

1. 口面场分布

与计算 H 面扇形喇叭天线口面场分布的原理相同，参考图 8.3 - 1，对于 E 面扇形喇叭天线，口面沿 y 轴向上任点的相位偏移为

$$\phi_y \approx -\frac{\pi}{\lambda}\frac{y^2}{R_2} \qquad (8-17)$$

边缘上最大相位偏移点的相位偏移为

$$\phi_{y\max} \approx -\frac{\pi}{\lambda}\frac{d_2^2}{4R_2} \qquad (8-18)$$

喇叭口面的电场分布为

$$E_y \approx E_0 \cos\left(\frac{\pi x}{d_1}\right) \mathrm{e}^{-\mathrm{j}\frac{\pi}{\lambda}\frac{y^2}{R_2}} \qquad (8-19)$$

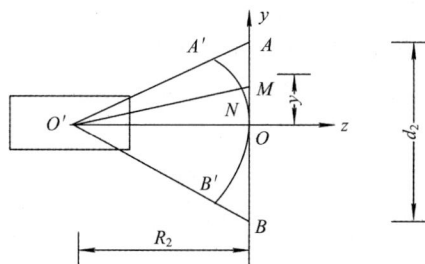

图 8.3 - 1　E 面扇形喇叭天线几何参数图

2. 辐射场

H 平面（$\phi = 0$）：

$$E_{\mathrm{H}} = \frac{\mathrm{j}e^{-\mathrm{j}kr}}{2\lambda r}E_0\left(\frac{\gamma}{k} + \cos\theta\right)\int_{-\frac{d_1}{2}}^{\frac{d_1}{2}}\cos\left(\frac{\pi x}{d_1}\right)e^{\mathrm{j}k\sin\theta x}\,\mathrm{d}x\int_{-\frac{d_2}{2}}^{\frac{d_2}{2}}e^{-\mathrm{j}\frac{\pi y^2}{\lambda_{\mathrm{g}}R_2}}\,\mathrm{d}y \tag{8-20}$$

计算式（8-20）与计算 H 面扇形喇叭辐射场类似，结果为

$$E_{\mathrm{H}} = \frac{\mathrm{j}e^{-\mathrm{j}kr}}{\lambda r}E_0\left(\frac{\gamma}{k} + \cos\theta\right)\frac{d_1}{\pi}\sqrt{2\lambda_{\mathrm{g}}R_2}\left[C(v_7) - \mathrm{j}S(v_7)\right]\frac{\cos\left(\frac{kd_1}{2}\sin\theta\right)}{1 - \left(\frac{2d_1}{\lambda}\sin\theta\right)} \tag{8-21}$$

$$v_7 = \frac{d_2}{\sqrt{2\lambda_{\mathrm{g}}R_2}} \tag{8-22}$$

E 平面（即 $\phi = \pi/2$ 时）：

$$\begin{aligned}
E_{\mathrm{E}} &= \frac{\mathrm{j}e^{-\mathrm{j}kr}}{2\lambda r}E_0\left(1 + \frac{\gamma}{k}\cos\theta\right)\int_{-\frac{d_1}{2}}^{\frac{d_1}{2}}\cos\left(\frac{\pi x}{d_1}\right)\mathrm{d}x\int_{-\frac{d_2}{2}}^{\frac{d_2}{2}}e^{\mathrm{j}k\sin\theta y - \mathrm{j}\frac{\pi y^2}{\lambda_{\mathrm{g}}R_2}}\,\mathrm{d}y \\
&= \frac{\mathrm{j}e^{-\mathrm{j}kr}}{\lambda r}E_0\left(1 + \frac{\gamma}{k}\cos\theta\right)\frac{d_1}{\pi}\sqrt{\frac{\lambda_{\mathrm{g}}R_2}{2}}\,e^{\mathrm{j}\frac{\pi\lambda_{\mathrm{g}}R_2}{\lambda^2}\sin^2\theta}\times \\
&\quad \left\{\left[C(v_8) - C(v_9)\right] - \mathrm{j}\left[S(v_8) - S(v_9)\right]\right\}
\end{aligned} \tag{8-23}$$

其中：

$$\begin{cases}
v_8 = \dfrac{1}{\sqrt{2}}\left(\sqrt{\lambda_{\mathrm{g}}R_2}\,\dfrac{2\sin\theta}{\lambda} + \dfrac{d_2}{\sqrt{\lambda_{\mathrm{g}}R_2}}\right) \\[3mm]
v_9 = \dfrac{1}{\sqrt{2}}\left(\sqrt{\lambda_{\mathrm{g}}R_2}\,\dfrac{2\sin\theta}{\lambda} - \dfrac{d_2}{\sqrt{\lambda_{\mathrm{g}}R_2}}\right)
\end{cases} \tag{8-24}$$

8.4 角锥喇叭天线

角锥喇叭天线如图 8.4-1 所示，由两对壁面同时张开而成，它的壁面不是正交坐标系中任何坐标为定值的面，所以难以从边界条件确定场的微分方程的积分常数。角锥喇叭由 H_{10} 模矩形波导馈电，其中的场结构通常采用 H 面和 E 面扇形喇叭内的场结构定性描述。口径场的相位分布引起扇形喇叭口径场的相位分布。

参考图 8.4-1 角锥喇叭口径场相位沿 x 轴和 y 轴都按平方律分布

$$\phi(x, y) = \frac{\pi}{\lambda}\left(\frac{x^2}{R_1} + \frac{y^2}{R_2}\right) \tag{8-25}$$

R_1 和 R_2 是从口径中心到喇叭相应两对壁面交叉线的距离。所谓尖顶角锥喇叭，$R_1 = R_2$。

(a) 几何图形

(b) H 面截面

(c) E 面截面

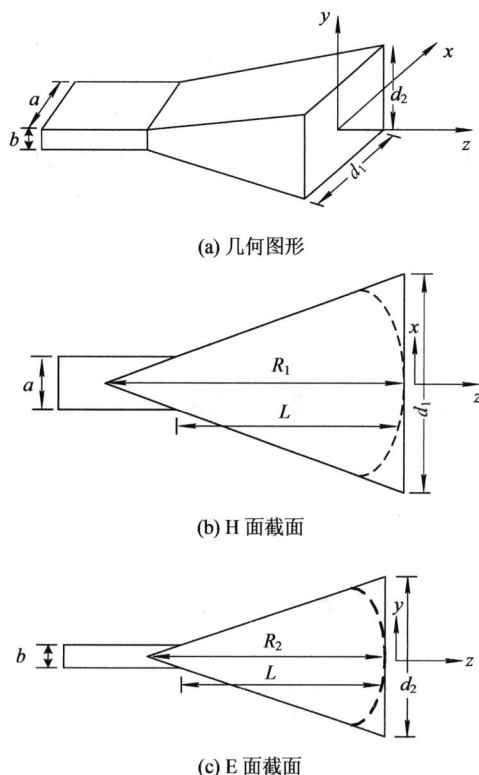

图 8.4 - 1 角锥喇叭天线

顶角处最大相位偏移点的相位偏移为

$$\phi_{\max} \approx -\frac{\pi}{4\lambda}\left(\frac{d_1^2}{R_1}+\frac{d_2^2}{R_2}\right) \tag{8-26}$$

角锥喇叭口面上的电场分布为

$$E_y \approx E_0 \cos\left(\frac{\pi x}{d_1}\right) \mathrm{e}^{-\mathrm{j}\frac{\pi}{\lambda}\left(\frac{x^2}{R_1}+\frac{y^2}{R_2}\right)} \tag{8-27}$$

角锥喇叭传输的波接近于球面波,尤其是尖顶角锥喇叭,球面波的中心为 $R_1 = R_2$ 的喇叭顶点。角锥喇叭的 E 平面方向图与 E 面扇形喇叭的 E 平面方向图相同,而 H 平面方向图与 H 面扇形喇叭的 H 平面方向图相同。

为了获得较好的方向图,工程上通常规定 E 面允许的最大相差为

$$\phi_{\mathrm{mE}} = \frac{\pi b_{\mathrm{h}}^2}{4\lambda L_{\mathrm{E}}} \leqslant \frac{\pi}{2}, \; b_{\mathrm{h}} \leqslant \sqrt{2\lambda L_{\mathrm{E}}} \tag{8-28}$$

H 面允许的最大相差为

$$\phi_{\mathrm{mH}} = \frac{\pi a_{\mathrm{h}}^2}{4\lambda L_{\mathrm{H}}} \leqslant \frac{3\pi}{4}, \; a_{\mathrm{h}} \leqslant \sqrt{3\lambda L_{\mathrm{H}}} \tag{8-29}$$

由于 H 面的口径场为余弦分布,边缘场幅接近于零,因此相位偏移对方向性影响较小。而 E 面由于场振幅均匀分布,口面边缘附近场振幅仍然较大,相位偏移只要超过 $\pi/2$,主瓣就明显变宽,甚至分裂。

8.5   喇叭天线的方向性系数和口面利用系数

由前面 7.6 节分析得知，均匀振幅的同相口面的方向性系数、口面利用系数分别为

$$D = \frac{4\pi}{\lambda^2}A \quad (v = 1) \tag{8-30}$$

余弦振幅的同相口面的方向性系数、口面利用系数分别为

$$D = 0.81\frac{4\pi}{\lambda^2}A \quad (v = 0.81) \tag{8-31}$$

当喇叭口面上场的相位偏移不能忽略时，角锥喇叭的方向性系数为

$$D = \frac{8\pi R_1 R_2}{d_1 d_2}[(C_u - C_v)^2 + (S_u - S_v)^2] \times (C_w^2 + S_w^2) \tag{8-32}$$

式中应用了菲涅尔积分

$$C_x = \int_0^x \cos\left(\frac{\pi x^2}{2}\right)\mathrm{d}x, \ S_x = \int_0^x \sin\left(\frac{\pi x^2}{2}\right)\mathrm{d}x \tag{8-33}$$

其中：

$$\begin{cases} u = \dfrac{1}{\sqrt{2}}\left(\dfrac{\sqrt{\lambda R_1}}{d_1} + \dfrac{d_1}{\sqrt{\lambda R_1}}\right) \\[3mm] v = \dfrac{1}{\sqrt{2}}\left(\dfrac{\sqrt{\lambda R_1}}{d_1} - \dfrac{d_1}{\sqrt{\lambda R_1}}\right) \\[3mm] w = \dfrac{1}{\sqrt{2}}\dfrac{d_2}{\sqrt{\lambda R_2}} \end{cases} \tag{8-34}$$

当为 H 面扇形或 E 面扇形喇叭时，方向性系数分别为

$$\begin{cases} D_H = \dfrac{4\pi d_2 R_1}{d_1 \lambda}[(C_u - C_v)^2 + (S_u - S_v)^2] \\[3mm] D_E = \dfrac{64 d_1 R_2}{\pi d_2 \lambda}(C_w^2 + S_w^2) \end{cases} \tag{8-35}$$

由式(8-32)和式(8-35)可以看出，振幅和相位分布都不均匀的喇叭天线的方向系数 D 和口面利用系数 v 的计算都比较复杂。因此，工程上常利用绘制好的曲线来求其方向性系数。

E 面扇形喇叭天线和 H 面扇形喇叭天线的方向性系数随尺寸的变化曲线如图 8.5-1(a)、(b)所示。由图 8.5-1 可以求出喇叭长度 R_1 或 R_2 为不同值时，H 面扇形或 E 面扇形喇叭天线的方向性系数 D_H、D_E 与口径波长比 d_1/λ、d_2/λ 的关系。分析如图 8.5-1(a)、(b)所示的曲线，可以得到下列结论：

(1) 在给定 R/λ 时，方向性系数 D 随着 d/λ 的增大而增大，当达到最大值后又逐渐减小。这是因为随着口面尺寸的增大，口面上按平方律变化的相位差也增大了。口面尺寸的增大使方向性系数增大，而相位差的增大使方向性系数减小，故出现方向性系数的最大值。

（2）在给定 d/λ 时，方向性系数 D 随着 R/λ 的增大而增大，最后仅能达到某一定值。这是因为随着 R/λ 的增大，口面上场的相位差减小，最后至多达到同相场的极限值。

（3）将图 8.5-1 中不同 R/λ 曲线的最大值连接在一起，可得到一曲线（如图 8.5-1 中虚线所示），此曲线表示喇叭天线的最佳尺寸关系，其数量关系为

$$d_1 = \sqrt{3\lambda R_1} ，d_2 = \sqrt{2\lambda R_2} \tag{8-36}$$

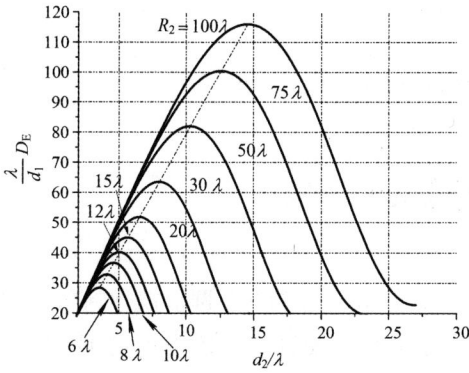

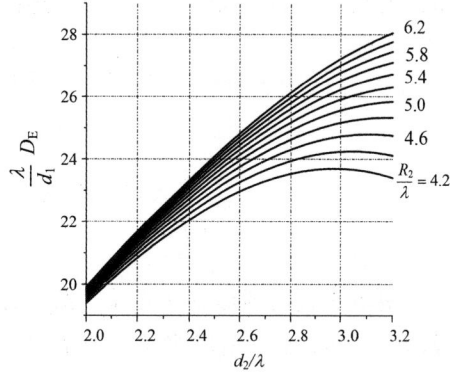

(a) E 面扇形喇叭天线

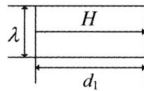

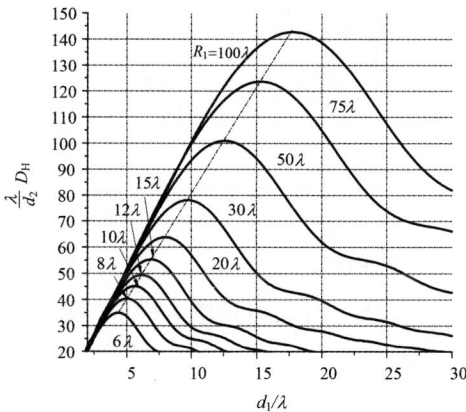

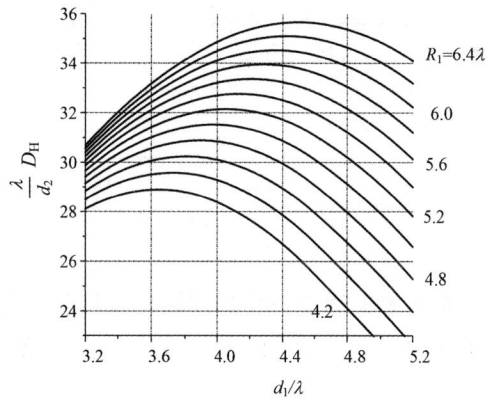

(b) H 面扇形喇叭天线

图 8.5-1 E 面扇形喇叭和 H 面扇形喇叭天线的方向性系数随尺寸的变化曲线

在最佳尺寸关系条件下，E 面和 H 面扇形喇叭天线的方向性系数及口面利用系数分别为

$$D = 0.64 \frac{4\pi A}{\lambda^2} \quad (v = 0.64) \tag{8-37}$$

此时，口面场的最大相位差为

$$\phi_{\max} = \left(\frac{1}{2} \sim \frac{3}{4}\right)\pi \tag{8-38}$$

在最佳尺寸关系条件下，角锥喇叭天线的方向性系数及口面利用系数分别为

$$D = 0.51 \frac{4\pi A}{\lambda^2} \quad (v = 0.51) \tag{8-39}$$

角锥喇叭天线的效率很高，$\eta \approx 1$。由 $G = \eta D$，可近似地认为它的增益系数和方向性系数相等。

角锥喇叭天线的方向性系数可由上述曲线求得

$$D = \frac{\pi}{32}\left(\frac{\lambda}{d_2}D_H\right)\left(\frac{\lambda}{d_1}D_E\right) \tag{8-40}$$

8.6 圆锥喇叭天线

圆锥喇叭天线由圆形波导终端逐渐张开形成，如图 8.6-1 所示。圆形波导通常是由矩形波导渐变过渡来的。矩形波导段传输 H_{10} 模，圆形波导和圆锥波导段则传输 H_{11} 模。圆锥喇叭天线的理论分析与矩形喇叭天线相似，但数学表示式复杂，本节不予讨论。

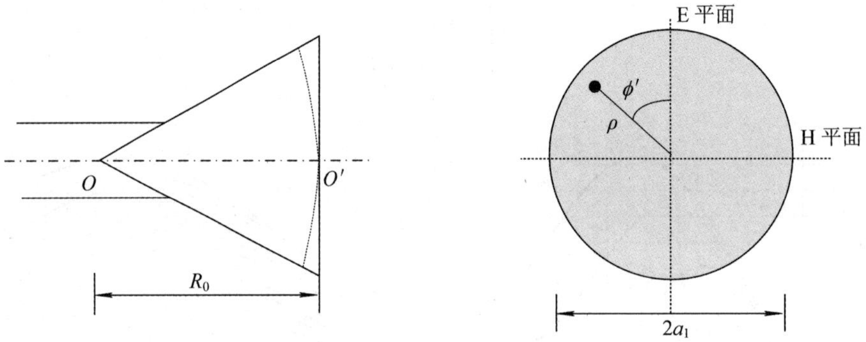

图 8.6-1　圆锥喇叭正视图和侧视图

圆锥喇叭天线口径场的近似相位分布与角锥喇叭相似。分析时设喇叭内的等相位面是以 O 点为中心的球面，则圆锥喇叭口径场的相位分布为

$$\phi(\rho) = \frac{\pi\rho^2}{\lambda R_0} \tag{8-41}$$

式中，R_0 是圆锥喇叭天线的长度。

圆锥喇叭天线口径场的幅度分布和圆形波导开口面的相同。圆锥喇叭口面与自由空间的匹配比圆形波导辐射器要好。

圆锥喇叭天线的辐射场为

$$E = B_0 E_0 \int_0^a \int_0^{2\pi} \varepsilon(\rho, \phi') e^{-j\frac{\pi\rho^2}{\lambda R_0} + jk\sin\theta\cos(\phi - \phi')} \, \mathrm{d}\phi' \rho \mathrm{d}\rho \tag{8-42}$$

式中，$\varepsilon(\rho,\phi')$ 是圆锥喇叭天线口径场幅度分布函数。

最优圆锥喇叭的半功率波瓣宽度为

$$\begin{cases} 2\theta_{0.5H} \approx 70\,\dfrac{\lambda}{2a_1} \\[2mm] 2\theta_{0.5E} \approx 60\,\dfrac{\lambda}{2a_1} \end{cases} \qquad (8-43)$$

式中，$2a_1$ 为圆锥喇叭天线的口径直径。

最优圆锥喇叭天线口径利用效率 $\eta_a \approx 0.5$，增益 $G \approx 0.5\left(\dfrac{2\pi a_1}{\lambda}\right)^2$。

喇叭天线口径上的相位偏差可以采用某种特性结构校正。这时，可能增大喇叭张角以得到较窄的方向图。

对于不同的相差参数 $s = \dfrac{d_c^2}{8\lambda R_0} = \dfrac{a_1^2}{2\lambda R_0}$，当 s 较大时，波瓣将发生分裂且波瓣将展宽。

对不同的 R_0 值，改变口径尺寸 a_1/λ，都可以有一个最大值。由此看出圆锥喇叭和矩形喇叭一样也有最佳尺寸，最佳喇叭天线的长度和口径直径以及波长之间的关系为

$$R_{\text{cop}} = \frac{d_c^2}{2.4\lambda} - 0.15\lambda \qquad (8-44)$$

可以看出，最佳圆锥喇叭天线的尺寸是介于 H 面和 E 面扇形喇叭天线的尺寸之间的某个中间值。当增益给定时，最佳圆锥喇叭天线和最佳角锥喇叭天线的尺寸差别不大。因此，在选择喇叭天线的形式时主要应从结构上来考虑。此外，还必须考虑到圆锥喇叭天线也和圆波导一样容易产生场结构绕波导轴旋转的现象。

8.7　波纹喇叭天线

8.7.1　波纹喇叭天线的基本理论

波纹喇叭天线是喇叭内壁开有深约 $\lambda/4$ 槽的喇叭，这种喇叭天线加工稍难，径向尺寸大，但是其性能优异，副瓣极低，效率很高，辐射方向图理论上可以做到圆对称和无交叉极化。但是，由于喇叭尺寸有限，其口径均不可能与抛物面的焦面场完全匹配，加上其他各种实际因素的影响，实用的天线效率可达 0.7～0.8。

以普通的圆锥喇叭天线为例，由于其在终端开口处同外空间不连续，喇叭内 E 面的传导电流绕过喇叭口径流到喇叭外壁上，因而导致较大的副瓣，使方向图很粗糙等。但是 H 面因为边缘场强较小，传导电流是横向的，不会沿纵向绕到喇叭外壁上，因此 H 面边缘的绕射现象不严重，如图 8.7-1 所示。为了阻止电流向外壁流出，人们在喇叭内部加入传统的 $\lambda/4$ 扼流槽，通过抑制喇叭内的这种有害的纵向电流来降低 E 面的边缘场强，结果使 E 面的方向图特性几乎和 H 面完全一样，且降低了副瓣。

圆口波纹喇叭天线由于其性能优异，辐射方向图理论上可以做到轴对称和无交叉极化，因此，用它作圆口抛物面天线的馈源时，效率几乎可以达到 100%。

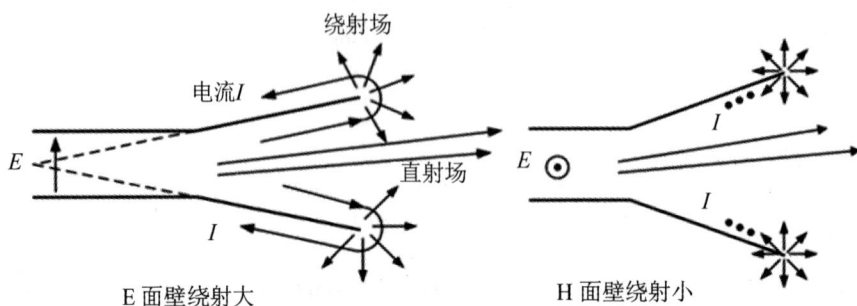

图 8.7 - 1　光壁喇叭天线的边缘绕射

图 8.7 - 2 给出了各种形式的波纹圆锥喇叭天线的纵截面图。图 8.7 - 2(a) 为光壁圆锥喇叭的结构示意图，它具有喇叭口径边缘（主要是 E 面）绕射大，无法得到圆对称方向图，−10 dB 电平以外的场下降慢等缺点。

当波纹喇叭天线的张角在 20°之内时，通常称为小张角波纹喇叭天线，其槽可制成与喇叭轴线垂直，这样可以方便机械加工。小张角喇叭天线的波瓣宽度与喇叭的口径大小有直接关系，由于喇叭张角较小，口径面上的相位相差不大，所以小张角喇叭天线的相位中心一般靠近喇叭的口面，如图 8.7 - 2(b) 所示。

图 8.7 - 2(c) 为大张角波纹圆锥喇叭天线的结构示意图，它的张角一般为 20°到 50°之间，波纹槽通常加工成与喇叭内壁面垂直。对于给定的张角，由于口径面上相位差较大，所以存在最佳直径。

图 8.7 - 2(d) 所示的轴向开槽喇叭相比其他三种而言加工较容易。

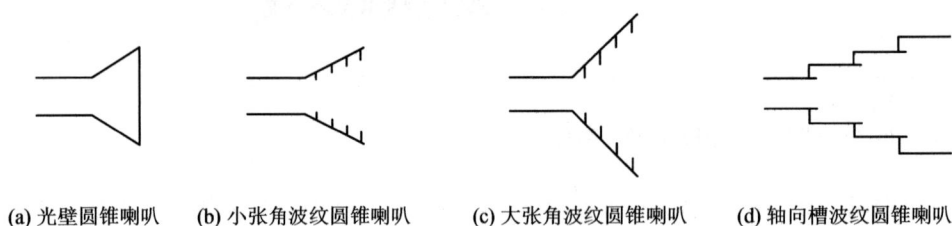

(a) 光壁圆锥喇叭　(b) 小张角波纹圆锥喇叭　(c) 大张角波纹圆锥喇叭　(d) 轴向槽波纹圆锥喇叭

图 8.7 - 2　各种馈源喇叭天线的形式

波纹圆锥喇叭天线有如下一些优点：

（1）喇叭口径边缘（主要是 E 面边缘）的绕射由于波纹槽的应用而得到良好的控制和消除，使得其副瓣和后瓣较小，且重合性比较好，即具有旋转对称的辐射方向图。

（2）各辐射面的相位中心重合，使得整个喇叭有确定的相位中心。

（3）能够得到具有圆对称性的方向图。

（4）交叉极化电平低且波束效率较高。

（5）工作频带较宽。

8.7.2　波纹喇叭天线的一般设计步骤

波纹喇叭天线的主要结构，一般包括 2 种：四段结构和两段结构。两段结构的波纹喇叭天线实际上是四段结构的各种融合，主要包括模转换匹配段和喇叭辐射段，采用这种方案的最高和最低频率比小于 1.75。下面主要介绍宽带波纹喇叭四段结构中的每段功能。

图 8.7-3 所示的波纹圆锥喇叭天线的四段结构一般由输入锥削段、模变换段、过渡段（包括变频段和变角段）、辐射段所组成。

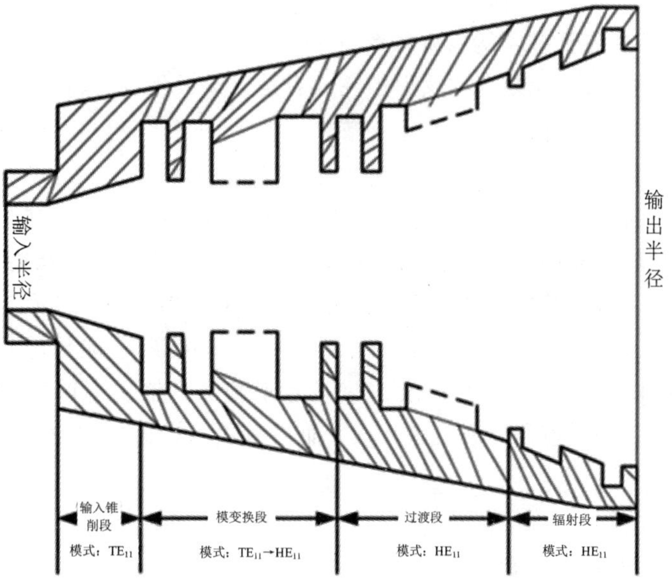

图 8.7-3　波纹圆锥喇叭天线四段结构图

· 输入锥削段：主要目的是将光壁圆波导的输出半径渐变到模变换器所需的半径，以此来实现模变换器与光壁波导之间的匹配。

· 模变换段：主要功能是把光壁圆波导中的 TE_{11} 模转换为波纹圆波导中的 HE_{11} 模，此段是波纹喇叭设计的关键段。它使模式在转换的过程中不会引起显著的失配，同时也不会造成非必要模的显著激励，尤其是对于高频端不要激励起 EH_{12} 模，低频端不要激励起慢波 EH_{11} 模。通过合理选择槽深、槽宽和张角来得到 EH_{12} 和 HE_{11} 的合适模比，这样可以使 EH_{12} 产生的交叉极化与主模非平衡混合后产生的交叉极化相抵消，提高喇叭的性能。

· 过渡段：主要用来实现模变换器与辐射段之间的张角变换、槽深变换以及槽距变换等。

· 辐射段：用来确定波纹圆锥喇叭天线的主模 HE_{11} 模的主极化特性，实现馈源对反射面的边沿照射电平。

由以上波纹喇叭的结构可知，宽带波纹喇叭天线的设计原则主要包括以下几个方面：输入锥削段的设计原则，波纹模转换器的设计原则，过渡段的设计原则，波纹喇叭输出张开段的设计原则等。在讨论上述设计原则和后面将要研究的波纹喇叭设计方法中要涉及一些特殊频率点，现介绍如下：

1. 整个喇叭中的四个重要频率参数

$f_{\min}$ 是最低工作频率，$f_{\max}$ 是最高工作频率（其中 $f_{\min} \leqslant f_{\max}$），$f_c$ 是中心频率，f_o 是输出频率。

这些频率的选择主要取决于是宽带还是窄带应用。

当 $f_{\min} \leqslant f_{\max} \leqslant 1.4 f_{\min}$ 时，为窄带应用，中心频率 f_c 通常选为 $f_c = \sqrt{f_{\max} f_{\min}}$，输出频率 f_o 通常被选为 $f_c \leqslant f_o \leqslant 1.05 f_c$。

当 $1.4 f_{\min} \leqslant f_{\max} \leqslant 2.4 f_{\min}$ 时，为宽带应用，中心频率应被选为 $f_c = 1.2 f_{\min}$ 且 $f_c \leqslant f_o \leqslant 1.05 f_c$。

2. 模式转换器中需要参考的特殊频率点

f_L 为低频限频率点。此频点由反射损耗或者是交叉极化电平确定。一般认为，模转换器的半张角 $\theta > 15°$ 时，f_L 由交叉极化电平确定，反之，f_L 由反射损耗确定。这是因为，对于低频端而言，EH_{11} 模影响模转换器的有害模。当 $\theta < 15°$ 时，EH_{11} 模在其低频截止点被激励起，然后在模转换器中传播，且随着模转换器直径的变大，会在某一截面处由快波转为慢波。随后在模转换器的更大直径的某一截面处，达到高频截止状态，EH_{11} 模就会消亡。因此该模式不会对交叉极化造成影响，因为它并未传播到喇叭口面。然而会对反射损耗带来影响，因为在 EH_{11} 模的高频截止点附近，由于能量不能传输，必然被反射。当 $\theta > 15°$ 时，由于模转换器直径的迅速变大，直至模转换器的输出端口处，EH_{11} 模也不会达到高频截止状态。它经过渡段，输出张开段，而后由喇叭口面辐射出去，导致交叉极化电平提高。

f_M 为高频限频率点。在该频率点处呈现的是光壁波导的条件，其模式为 TM_{11} 模，所以交叉极化电平很高。

f_U 为仅由反射损耗确定的高频限频率点，$f_U > f_M$。在 f_U 附近，反射损耗急剧增加。原因是 HE_{11} 模转化成为 EH_{11} 模，EH_{11} 模由快波转变为慢波，该慢波高频截止从而产生反射。

f_i 为第 $L+1$ 个槽的平衡混合频率。一般认为第 $L+1$ 个槽的槽深为

$$d_{L+1} = \frac{\lambda_i}{4} \exp\left(\frac{1}{2.5 k_i a_{l+1}}\right) \tag{8-45}$$

式中，$k_i = \dfrac{2\pi}{c} f_i$，$c$ 为光速；$\lambda_i = \dfrac{c}{f_i}$ 为波长；d_{L+1} 为第 $L+1$ 个槽的波纹的内半径。

f_{co} 为第 $L+1$ 槽处 HE_{11} 模的低频截止频率。

f_Q 为第 $L+1$ 个槽的深度为半波长的频率，通常可表示为

$$f_Q = \frac{c}{\lambda} = \frac{c}{2 d_{L+1}} = \frac{300}{2 d_{L+1}} = \frac{150}{d_{L+1}} \tag{8-46}$$

式中，d_{L+1} 的单位是 mm，f_Q 的单位是 GHz。

f_H 为模转换器输入端处 TM_{11} 模的截止频率。因为 TM_{11} 模的截止波长 λ_c 可表示为

$$\lambda_c = \frac{2\pi a_1}{\upsilon_{11}} \tag{8-47}$$

式中，a_1 为模转换器输入端口半径，$\upsilon_{11} = 3.832$，所以

$$f_H = \frac{c}{\lambda_c} = \frac{c}{2\pi a_1} \upsilon_{11} = \frac{c\upsilon_{11}}{\frac{2\pi}{\lambda_i}a_i\lambda_i} = \frac{c\upsilon_{11}}{k_i a_i \lambda_i} = \frac{\upsilon_{11}}{k_i a_i}\frac{c}{\lambda_i} = 3.832\frac{f_i}{k_i a_i} \quad (8-48)$$

3. 喇叭输出张开段的特殊频率点

f_o 为 HE_{11} 模平衡混合频率。如果喇叭输出张开段的波纹槽深在整段上保持不变，则取槽深为该频率所对应波长的四分之一，即

$$d_o = \frac{\lambda_o}{4} = \frac{75}{f_o} \quad (8-49)$$

式中，f_o 的单位是 MHz。

下面主要介绍波纹喇叭结构中各部分的设计原则：

（1）输入锥削段。对于此段的设计，有过各种各样的数学模型。最后，人们利用散射矩阵参数方法来优化计算，以反射损耗最小为核心进行优选，得到下面最佳模型：

$$a(z) = a_i + (a_1 - a_i)\sin^2\left[\frac{\pi z}{2z_i}\right] \quad (8-50)$$

式中，z_i 为输入锥削段的轴向长度，$a(z)$ 为距光壁波导为 z 的点所对应的锥削过渡段的波导半径。

（2）模转换器。此段的设计是波纹喇叭的关键部分，因为反射损耗大小主要是由此段来决定的。一般情况下，输入波导段激励主模 TE_{11} 模，模转换段主要是用来将 TE_{11} 模转换到 HE_{11} 模，这就需要一些数目的槽数来完成。通常，有三类模式转换器可供设计时选择。这三类一般根据频率来选择，分别如下：

① 可变槽深模式转换器：$f_{max} \leqslant 1.8 f_{min}$（最常用的模式转换器）。

② 环行加载槽模式转换器：$f_{max} \leqslant 2.4 f_{min}$。

③ 可变槽距槽宽比模式转换器：$f_{max} \leqslant 2.05 f_{min}$。

实际上对前两类模式转换器而言，5~7 个槽就可以实现。对最后一类 c 类模式转换器而言，槽的个数稍微多于前两类，通常为 7~12 个。

（3）过渡段。此段的主要功能是完成模转换段与喇叭辐射段的良好匹配。通常设计时，过渡段的最小长度选为 $3\lambda_i$，λ_i 为模变换器平衡混合频率时的波长。

研究中发现，如果在模式转换器之后直接进行张角变化，且在整个过渡段上实现波纹槽深的变化，并且这种变化一直延续到喇叭的输出张开段，由此可以减小辐射方向图随频率的变化，但是这样又造成交叉极化电平的上升。

（4）喇叭辐射段。此段设计主要包括输出半径，理想槽深和槽距以及槽距槽宽比的确定。

① 输出半径的确定。一般的，波纹喇叭作为馈源，照射反射面，在一个与照射的反射面边缘相一致的角度上，这个角度的边缘下降电平在 -12 dB 到 -18 dB 之间。故其输出半径可以以此来确定。

② 理想槽深的计算。为了产生良好的性能，波纹喇叭中波纹的设计是非常重要的。其中，沿着喇叭长度的槽深的设计极为关键。

若 X_j 是位于半径为 a_j、槽深为 d_j 的喇叭上的一点，可用式(8-51)给出波纹喇叭的波纹表面电抗 X_j：

$$X_j = -\delta \frac{J_1(k_c a_j) Y_1[k_c(a_j + d_j)] - Y_1(k_c a_j) J_1[k_c(a_j + d_j)]}{J_1'(k_c a_j) Y_1[k_c(a_j + d_j)] - Y_1'(k_c a_j) J_1[k_c(a_j + d_j)]} \qquad (8-51)$$

式中，$k_c = 2\pi/\lambda_c$；J_1 是一阶第一类贝塞尔函数；J_1' 是 J_1 的导数；Y_1 是一阶第二类贝塞尔函数；Y_1' 是 Y_1 的导数。当 $\|X_j\| \to \infty$ 时，认为 EH_{1n} 模和 HE_{1n} 模处于平衡混合状态。为了达到这种状态，那么式（8-47）的分母必须为 0 或者无穷小。因此，有

$$J_1'(k_c a_j) Y_1[k_c(a_j + d_j)] - Y_1'(k_c a_j) J_1[k_c(a_j + d_j)] = 0 \qquad (8-52)$$

此方程的解通常被认为是 $d_j = \lambda_c/4$，但可以得到更好的解。由式（8-52）的解，可以用一个修正因子 k 来相乘 $\lambda_c/4$：

$$d_j = k \frac{\lambda_c}{4} \qquad (8-53)$$

我们可以通过下式来估算 k 的值：

$$k = \exp\left[\frac{1}{3.114(k_c a_j)^{1.134}}\right] \qquad (8-54)$$

式（8-54）的应用给出了所要求修正因子的精确估计。此外，喇叭在这些高端的特性通常要比低端的稍微差一些，需要进一步的优化来得到可用的结果。

③ 槽距及槽距槽宽比的确定。槽距 p 通常范围被认为是 $\lambda_c/10 \leqslant p \leqslant \lambda_c/5$，对于窄带情况而言，槽距一般接近 $\lambda_c/5$，而对于喇叭天线的宽带应用，一般选用接近 $\lambda_c/10$ 的槽距。槽距槽宽比 δ 通常为 $0.7 \leqslant \delta \leqslant 0.9$，可以利用这个参数来调节交叉极化电平。

以上给出了波纹喇叭的结构中各部分的设计原则。由于本文所设计的喇叭是作为反射面天线的馈源，为了使反射面天线的性能达到最好，一般要求馈源的相位中心位于反射面天线的焦点上，所以下面简单给出馈源喇叭相位中心的确定。

馈源喇叭相位中心的位置是由喇叭口径上相位的变化来确定的。由于相位中心受到许多因素的影响，相位中心的位置还是需要通过实验来确定的，或者通过进一步的数字分析来确定。一般将喇叭的口径作起点，从口径算起到喇叭顶点，相心的位置通过式（8-55）给出，其中 $0 \leqslant a \leqslant 1$，近似为

$$a = 1 - \exp\left[-4.8\left(\frac{k_c a_o^2}{4\pi L}\right)^2\right] \qquad (8-55)$$

作为一般规则，窄带喇叭的相心接近口径，宽带喇叭接近喇叭顶点。在一个性能较好的宽带喇叭中，相心一般相对静止，且接近顶点处。

8.8 喇叭天线设计

喇叭天线的设计是根据给定的电气指标要求来确定喇叭天线的几何尺寸，包括口面尺寸 d_1、d_2 和喇叭的长度 R_1、R_2 以及馈电波导。喇叭天线可以独立地使用，特别是因为它的增益系数可以通过理论方法准确地计算得出，所以常常被作为天线的增益标准。此时，喇叭天线就根据给定的增益要求来设计；喇叭天线更多地被用作组合天线中的辐射器，如抛物面天

线中的初级辐射器。此时，就需要使喇叭天线具有要求的方向图和易于确定的相位中心。

第一种情况为给定增益系数，则应该将喇叭天线设计于最佳情况，步骤如下：

(1) 根据工作波长确定馈电波导的尺寸。

(2) 根据要求的增益系数，确定喇叭天线的最佳尺寸。

已知最佳角锥喇叭天线的增益系数为

$$G \approx D = 0.51 \frac{4\pi}{\lambda^2} d_1 d_2 \tag{8-56}$$

由 E 面扇形喇叭天线和 H 面扇形喇叭天线的方向性系数与尺寸的关系可知，D_H 及 D_E 的最大值对应的最佳尺寸关系如下：

$$\begin{cases} d_1 = \sqrt{3\lambda R_1} \\ d_2 = \sqrt{2\lambda R_2} \end{cases} \tag{8-57}$$

考虑到喇叭天线与馈电波导的配合，如图 8.8-1 所示，喇叭的几何形状应满足如下条件：

$$\frac{R_1}{R_2} = \frac{1 - \dfrac{b}{d_2}}{1 - \dfrac{a}{d_1}} \tag{8-58}$$

式中，a、b 是波导的截面尺寸。

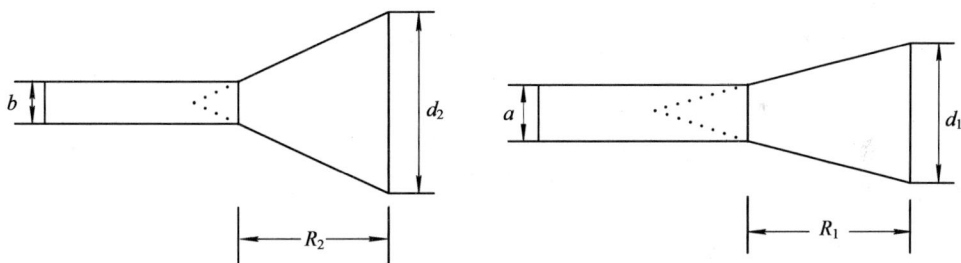

图 8.8-1　喇叭天线的几何尺寸

由式(8-56)～式(8-58)，可联立解得 d_1、d_2 和 R_1、R_2 四个未知量。在求解方程组时，常采用尝试法，即首先取 $R_1 = R_2$，由此求得 d_1、d_2，然后再进行修正，直至完全符合上述四个方程的要求。

第二种情况是根据方向图的要求来设计喇叭。

前面已求得在不考虑口面场具有相位差的情况下，口面尺寸与主瓣半功率张角间的关系式。实际上，喇叭天线口面的相位分布具有不均匀性，此时可采用如下经验公式：

$$\begin{cases} 2\theta_{E0.5} = 53 \dfrac{\lambda}{d_2} \\ 2\theta_{H0.5} = 80 \dfrac{\lambda}{d_1} \end{cases} \tag{8-59}$$

在确定喇叭口面尺寸 d_1、d_2 后，可根据最佳关系条件式(8-57)确定喇叭的长度 R_1、

R_2。与此同时，必须应用集合配合条件式(8-58)检验所设计喇叭与波导之间的配合。当由这两个条件计算所得到的比值 R_1/R_2 互不一致，且相差较大时，应根据对方向图要求的情况决定取舍。如果要求准确保证给定的主瓣半功率宽度 $2\theta_{E0.5}$、$2\theta_{H0.5}$，则应优先满足几何配合条件。此时，喇叭的各个尺寸可能不是最佳配合，其增益系数不能按最佳角锥喇叭的增益计算式(8-55)来计算。在使用图 8.5-1(a)和图 8.5-1(b)时应注意，此时工作点不在对应于最佳情况的虚线位置上；反之，如果对方向图主瓣半功率宽度的要求并不严格，则可以应用最佳条件计算来确定喇叭的长度。当计算结果与几何配合条件式(8-58)有矛盾时，用修正口面尺寸的方法解决。

【例1】 设计一个工作于 $\lambda = 3.2$ cm 的角锥喇叭天线，要求它的方向性系数为 25 dB，与之相连的波导采用 BJ-100 标准波导，其尺寸为 $a = 22.86$ mm，$b = 10.16$ mm。

解 (1)按最佳角锥喇叭设计，根据要求的方向性系数，将 $D = 25$ dB，即 $D = 316$ 代入式(8-56)可得

$$d_1 d_2 = \frac{\lambda^2 G}{0.51 \times 4\pi} = \frac{3.2^2 \times 316}{0.51 \times 4\pi} \approx 505 \text{ cm}^2$$

(2)由最佳关系条件确定各尺寸。

第一次尝试，设 $R_1 = R_2 = R$，由式(8-57)可得 $\dfrac{d_1}{d_2} = \sqrt{1.5}$。与 $d_1 d_2$ 乘积式联立解得

$$d_2 = \sqrt{\frac{505}{\sqrt{1.5}}} = 20.3 \text{ cm}$$

$$d_1 = \sqrt{1.5}\, d_2 = 20.86 \text{ cm}$$

将第一次尝试结果代入式(8-58)检验：

$$\frac{R_1}{R_2} = \frac{1 - \dfrac{1.0}{20.3}}{1 - \dfrac{2.3}{24.86}} = 1.048$$

可见，初始比值 R_1/R_2 取得过小。将新的比值代入式(8-57)得 $\dfrac{d_1}{d_2} = \sqrt{\dfrac{3 \times 1.048}{2}} = 1.2538$。与 $d_1 d_2$ 乘积式联立解得

$$d_1 = 25.16 \text{ cm}, \quad d_2 = 20.07 \text{ cm}$$

由式(8-57)可得

$$R_1 = \frac{d_1^2}{3\lambda} = 65.94 \text{ cm}$$

$$R_2 = \frac{d_2^2}{3\lambda} = 62.94 \text{ cm}$$

再次代入各式检验，可见均满足要求。

8.9　轴向槽波纹圆锥喇叭天线的设计

根据 8.7 节波纹圆锥喇叭天线的设计原则，本节设计了一种工作在 Ku 频段的波纹圆

锥喇叭天线。

（1）选择圆波导作为馈源的传输段。为了保证圆波导主模 TE_{11} 模的传输，要合理选择圆波导的半径。图 8.9-1 给出了圆波导中各模式截止波长的分布图。根据各模式截止波长的分布图可知，在圆波导中，截止波长最长的是主模 TE_{11} 模，其截止波长 $\lambda_{cTE_{11}}=3.41R$。其次为 TM_{01} 模，截止波长 $\lambda_{cTM_{11}}=2.62R$。

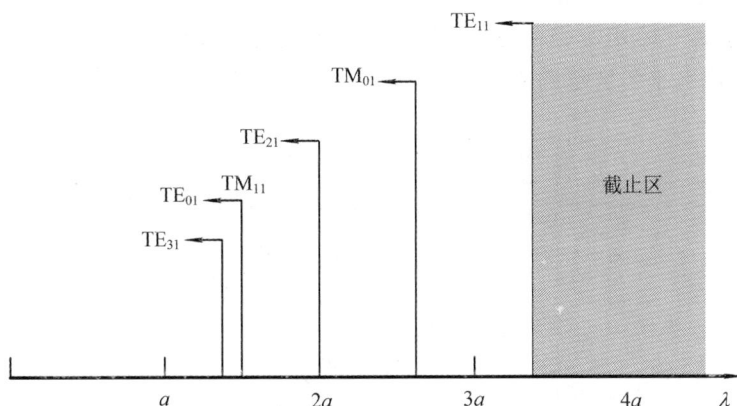

图 8.9-1 圆波导中各模式截止波长的分布图

通过上述分析可知输入圆波导的半径取值范围为

$$\frac{\lambda}{3.41} < R < \frac{\lambda}{2.62} \tag{8-60}$$

（2）由于最高与最低频率比小于 1.75，则采用简单的两段结构方案。将输入锥削段与模变换段融为一段，采用阶梯逐变来完成模式的匹配。输出半径由喇叭到抛物面的边缘照射电平下降 -10 dB 而定。本节中圆锥喇叭天线采用轴向开槽的方式，开槽数为 4，槽深约为 $\lambda/4$。喇叭结构如图 8.9-2 所示。

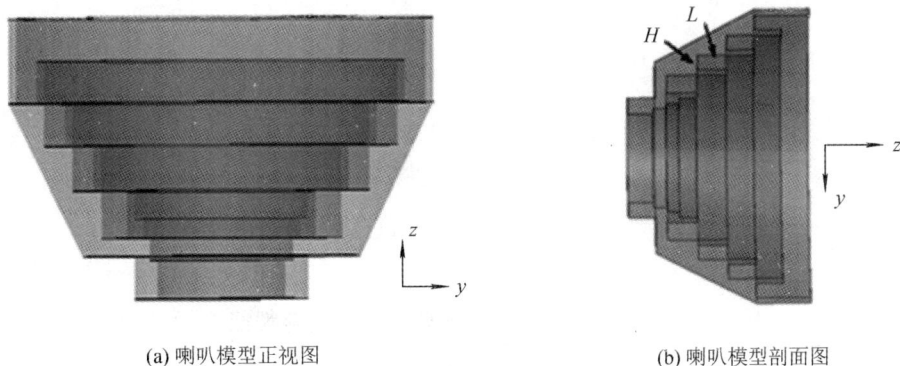

(a) 喇叭模型正视图   (b) 喇叭模型剖面图

图 8.9-2 轴向槽波纹圆锥喇叭天线的结构图

在本节所设计的喇叭中，槽的深度对 E 面及 H 面方向图的等化影响较大，这是由于开槽对 E 面电流起到扼流的作用，槽深用来调节方向图的圆对称性。此外，H/L 对交叉极化的影响较大，而对主极化及对调节方向图的等化性影响较小。图 8.9-3 为 H/L 对交叉极化影响的变化曲线，H 相当于喇叭槽的宽度，在此取 $H = 0.16\lambda$。

　　最终天线设计结果如下(注：以下图表中，f_L 代表低频端，f_0 代表中频，f_H 代表高频端)。

　　图 8.9 - 4 为轴向槽波纹喇叭天线的驻波比，在所要求的频段内，驻波比小于 1.1。图 8.9 - 5 给出了轴向槽波纹喇叭辐射方向图，可以看出在 Ku 频段内喇叭的辐射特性和旋转对称性都很好。表 8.9 - 1 列出了馈源喇叭具体的辐射性能，在整个频段内，锥削角度 31° 的锥削电平均达到 -10 dB，45° 平面内(波纹圆锥喇叭交叉极化最大的平面)交叉极化隔离度在 -10 dB 锥削电平角度范围内均大于 31.5 dB。基本满足设计的要求。

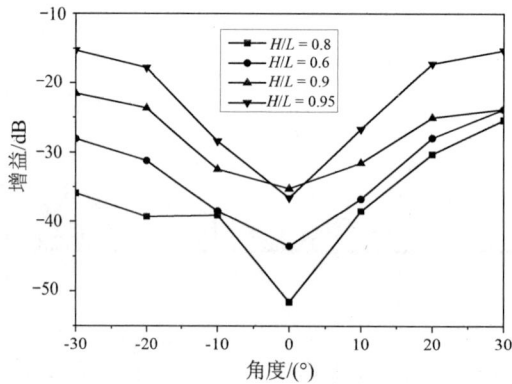

图 8.9 - 3　喇叭天线交叉极化大小随 H/L 的变化

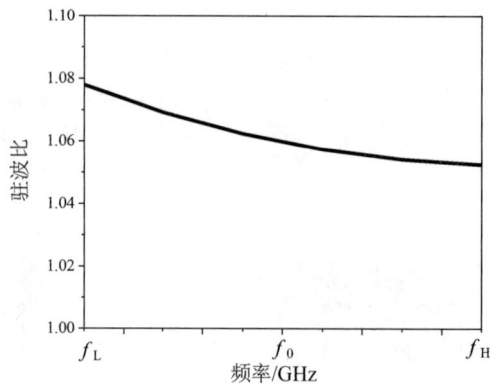

图 8.9 - 4　轴向槽波纹喇叭天线的驻波比

表 8.9 - 1　轴向槽波纹喇叭辐射性能

频率/ GHz	f_L	f_0	f_H
±31°下降电平/dB	-10.1	-10.3	-10.5
轴向交叉极化电平/dB	-53.03	-53.57	-52.09
增益/dBi	15.19	15.31	15.47

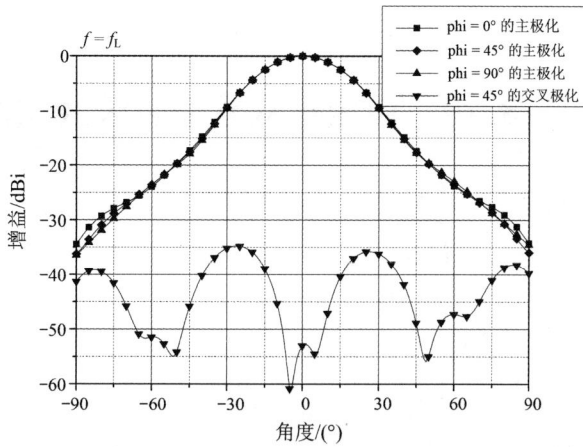

(a) $f = f_L$ 增益方向图

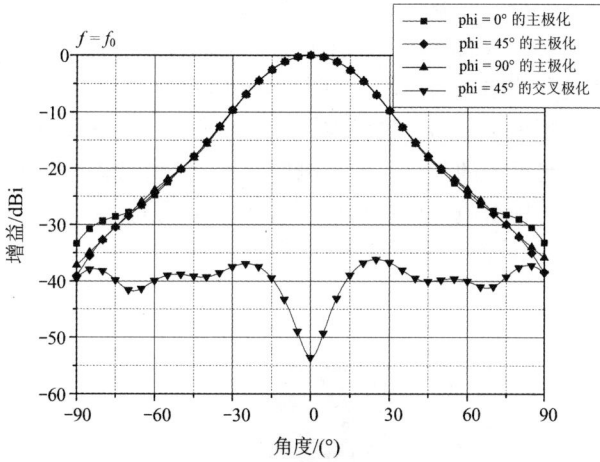

(b) $f = f_0$ 增益方向图

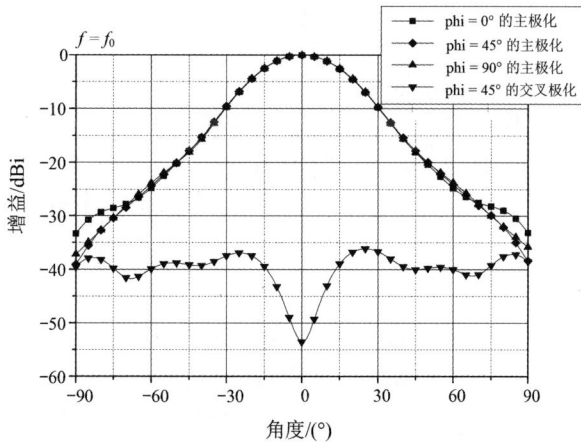

(c) $f = f_H$ 增益方向图

图 8.9 - 5　轴向槽波纹喇叭辐射方向图

8.10   单极化双脊喇叭天线实例

本节给出单极化双脊喇叭天线的一个天线实例。天线电性能指标如下：

(1) 工作频率：2000～6000 MHz。

(2) 极化方式：线极化。

(3) 电压驻波比：≤2.5∶1。

(4) 天线增益：≥8 dBi。

8.10.1   单极化双脊喇叭天线实例介绍

加脊喇叭天线由激励段、脊波导段、加脊喇叭段组成。普通波导的阻抗远大于同轴线的阻抗，所以内导体必须深入波导内，以防止失配；而脊波导的阻抗与同轴线的阻抗一致，要求同轴线的外导体连接在脊波导（宽）边上，内导体延伸至相对的脊内达到匹配，形成单极辐射器。设计时应加厚短路板，形成后腔。调节激励端与后短路板的距离和短路段的脊高，这对展宽变换带宽起很大的作用。双脊喇叭天线主要由波导段（包括短路板）、喇叭侧壁、双脊结构以及馈电结构组成，其基本结构如图 8.10 - 1 所示。

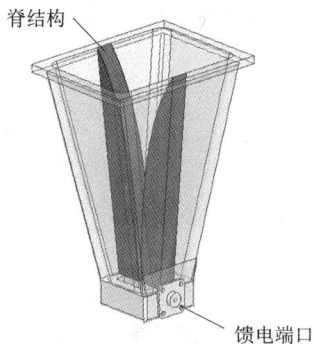

脊结构

馈电端口

图 8.10 - 1   双脊喇叭天线整体结构示意图

波导的频带并不宽，不到倍频程。为了能实现宽频带工作，采用脊波导，由于脊棱边缘电容的作用，主模的截止频率比不加脊的波导还要低，但次主模的截止频率却比不加脊的波导高，由此使得脊波导的单一模工作带宽可以达几个倍频程。脊的高度越低，主模的截止频率越低，等效阻抗也越低。

在波导部分和喇叭张开部分中间加入脊结构即是双脊喇叭天线。波导段部分分为后腔和脊波导，后腔可以将波导内被激励起的高次模滤除，脊波导降低了主模传输的截止频率，从而展宽频带宽度。喇叭辐射段部分长度一般大于最低工作频率波长的一半，可以保证高次模不被激起。脊波导具有低阻抗特性，该特性能使波导在与其他类型的传输线连接时，阻抗匹配也更好。双脊喇叭天线要比同频带的一般的喇叭天线体积要小，增益比同频带的一般的喇叭天线要高。

8.10.2　单极化双脊喇叭天线实例结果分析

分别对 2 GHz、4 GHz、6 GHz 共 3 个频点的 E 面和 H 面的增益方向图进行仿真。仿真结果如图 8.10 - 2 所示。从图 8.10 - 2 中可以得出，天线的最小增益仿真结果为 8.5 dBi，最小波束宽度 E 面为 30.65 °，H 面为 32.53°，详见表 8.10 - 1。考虑到射频接头损耗约 0.2 dBi，所以实际增益值比仿真增益值要低 0.2 dBi 左右，所以最小增益效果为 8.30 dBi。

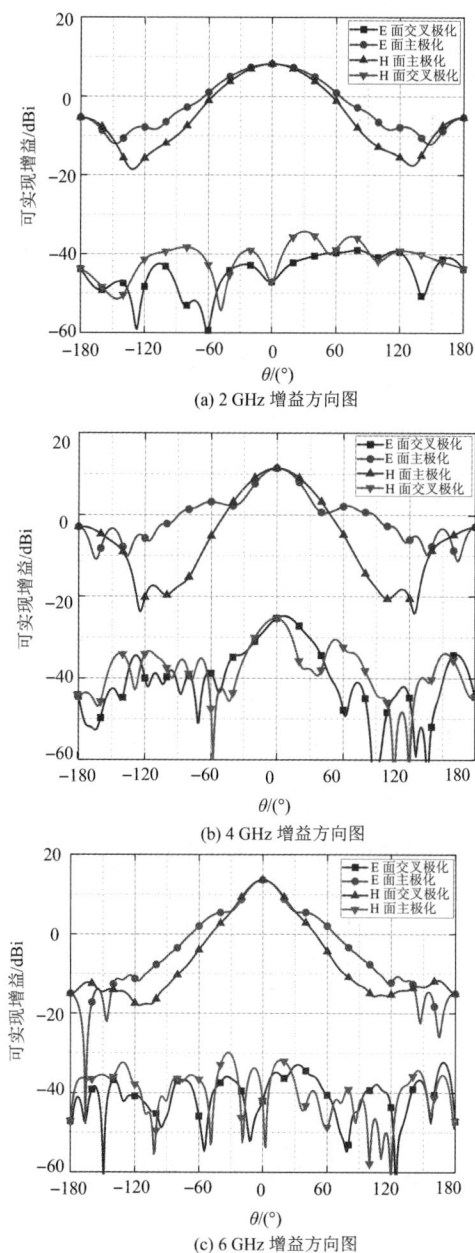

(a) 2 GHz 增益方向图

(b) 4 GHz 增益方向图

(c) 6 GHz 增益方向图

图 8.10 - 2　各频点增益方向图

表 8.10 - 1　双脊喇叭天线增益及波束宽度表

频率/GHz	增益/dBi	E 面波束宽度/(°)	H 面波束宽度/(°)
2	8.50	76.81	64.64
4	11.41	36.29	45.55
6	13.64	30.65	32.53

普通角锥喇叭天线结构简单，具有较高的口径效率和增益，方向性好，具备很强的峰值功率承受力，是最常用的微波天线之一。但其频带较窄，相对带宽一般≤50%。脊喇叭天线具有结构稳定、体积较小、馈电简单、频带宽等优点，而且具备一定的增益和无后向辐射。上述实例加脊喇叭天线，实现了100%的相对带宽。在雷达工程领域，脊喇叭天线可用作超宽带收发天线和宽带馈源等。

8.11　双极化脊喇叭天线实例

本节给出双极化脊喇叭天线的一个实例，天线指标如下：

（1）工作频率：2~18 GHz。

（2）驻波系数：≤2.5。

（3）3 dB 波束宽度：3°~45°。

（4）6 dB 波束宽度：≥70°。

（5）增益：≥15 dBi(2~6 GHz)，≥23 dB(6~12 GHz)，≥27 dBi(12~18 GHz)。

（6）极化形式：双线极化。

（7）交叉极化隔离度：≥20 dB。

8.11.1　双极化脊喇叭天线实例介绍

图 8.11 - 1 为脊喇叭天线分解示意图，图 8.11 - 2 为天线的侧视图，图 8.11 - 3 为天线的馈电结构图。相较于传统的喇叭天线，双极化脊喇叭天线是在馈电波导及张角内部平行于电场方向上插入脊结构从而降低低频截止频率，提高了天线工作带宽。脊结构的引入也可以提高高次模的截止频率，使得波导的工作带宽覆盖超过普通矩形波导频带或更宽的频率范围。

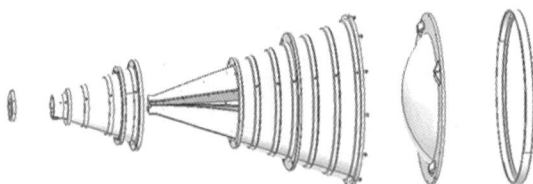

图 8.11 - 1　脊喇叭天线分解示意图

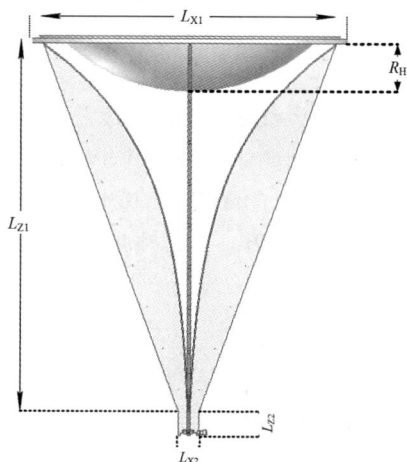

图 8.11-2　脊喇叭天线侧视图

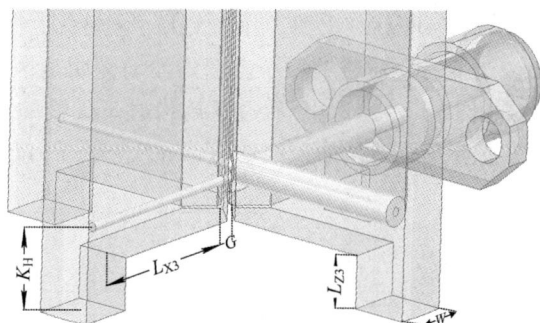

图 8.11-3　脊喇叭天线馈电结构

　　加脊喇叭天线的结构可分为波导段、喇叭段、脊片、背腔及介质透镜。波导段长度为 L_{Z2}，直径为 L_{X2}，喇叭段长度为 L_{Z1}，直径为 L_{X1}，背腔的高度为 L_{Z2}，背腔的长度为 L_{X2}。介质透镜的半径为 R，所切割的高度为 R_H，脊片的厚度为 W，对侧脊之间的间距为 G。

　　如图 8.11-3 脊喇叭天线馈电结构所示，天线采用同轴连接器进行馈电，同轴介质及内芯穿过一侧脊片，内芯穿过脊之间的间隙插入对侧脊片中，使得对侧两脊片的阻抗为 50 Ω，同轴内芯相对于底板的高度为 K_H，内芯的直径为 R_{in}，介质的直径为 R_{out}。为了保证馈电端口的阻抗（50 Ω）平稳过渡到喇叭口面的自由空间（120π Ω），从波导口到喇叭口面，加载脊采用渐变结构设计，脊结构的边界形状一般为式（8-61）确定的指数形式曲线

$$y = C_1 e^{kz} + C_2 \quad (0 < z < L_{X1}) \tag{8-61}$$

式中，L_{X1} 为喇叭段的长度，k 为指数曲线的变化率。天线的具体参数如表 8.11-1 所示。

表 8.11-1　天线各参数

参　　数	数　值/mm	参　　数	数　值/mm
L_{X1}	400	R	250
L_{Z1}	500	R_H	65.8
L_{X2}	19	C_1	6.177
L_{Z2}	100	C_2	-5.577
L_{X3}	13.1	k	7
L_{Z3}	5	G	1.2
K_H	8.8	W	3.8
R_{in}	0.35	R_{out}	1.05

8.11.2 双极化脊喇叭天线实例结果分析

图 8.11-4 为拥有介质透镜的喇叭天线与未拥有介质透镜天线的 VSWR 对比图，图 8.11-5 为增益对比图。由图 8.11-4 可知，在未拥有介质透镜的喇叭天线的 VSWR 曲线相较于拥有介质透镜除小范围内波动无明显区别，介质透镜对天线的 VSWR 基本无影响。由图 8.11-5 可知，介质透镜结构对于天线的增益有一定程度的提升，在高频频段尤为显著。拥有介质透镜的天线增益都在 15.9 dBi 以上，最高的增益可达 29.3 dBi。

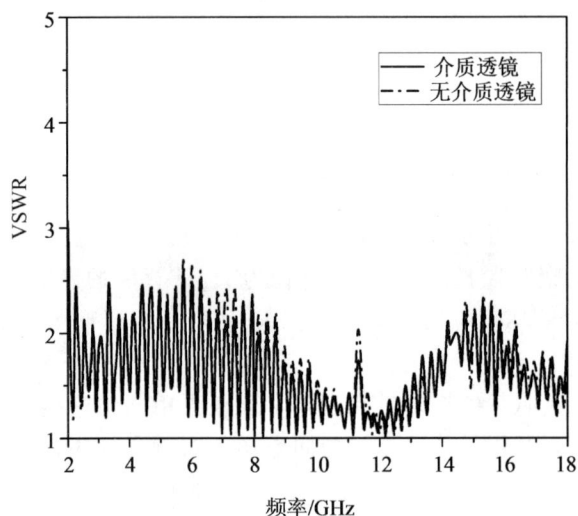

图 8.11-4 VSWR 对比图

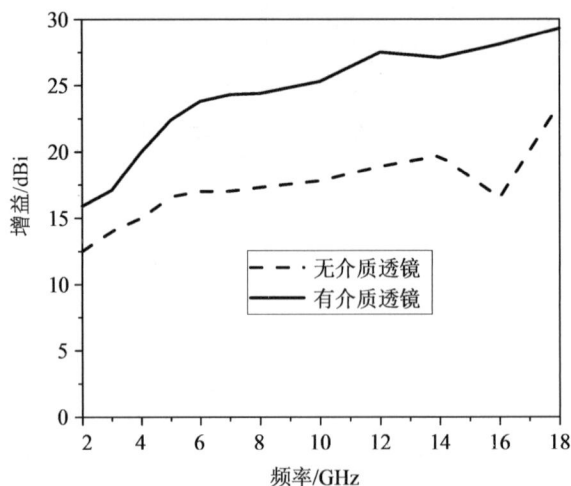

图 8.11-5 增益对比图

图 8.11-6 给出 2 GHz、6 GHz、12 GHz 和 18 GHz 频率下的 E 面 H 面的仿真方向图，从图中可以看出，在整个工作频段内定向辐射特性良好而稳定，交叉极化隔离度在 20 dB 以上，且 E 面 H 面上的方向图基本对称。在 2～6 GHz 工作频带内，天线增益大于 15.9 dBi，半功率

波束宽度在 9.3°～38.4°范围内；在 6～12 GHz 工作频带内，天线增益大于 23.8 dBi，半功率波束宽度为 4.9°～12.9°；在 12～18 GHz 工作频带内，天线增益大于 27.1 dBi，半功率波束宽度为 3.1°～8.4°。其中在 18 GHz 时，天线具有最大增益为 29.3 dBi，E 面半功率波束宽度为 3.4°。

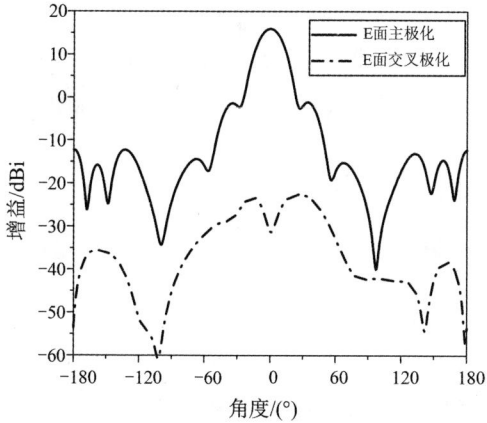

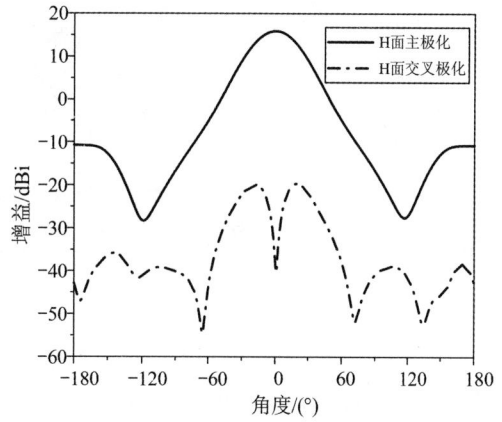

(a) 2 GHz 辐射方向图

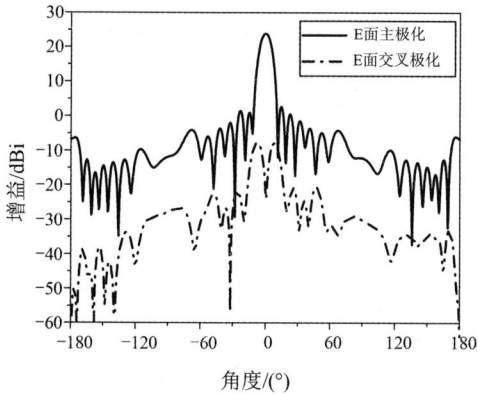

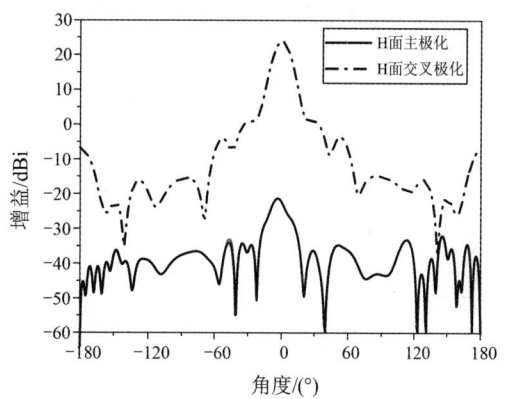

(b) 6 GHz 辐射方向图

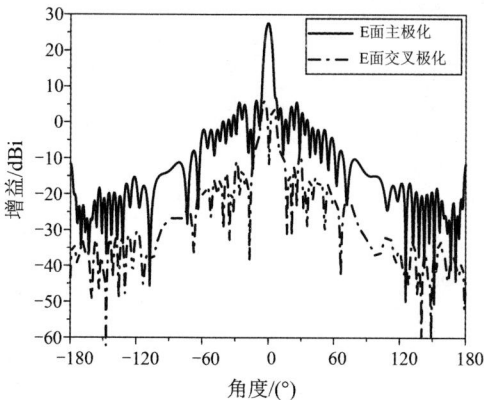

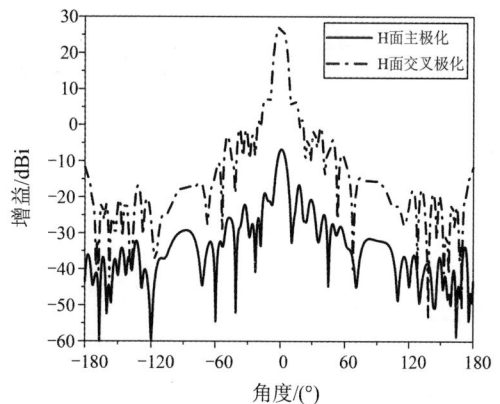

(c) 12 GHz 辐射方向图

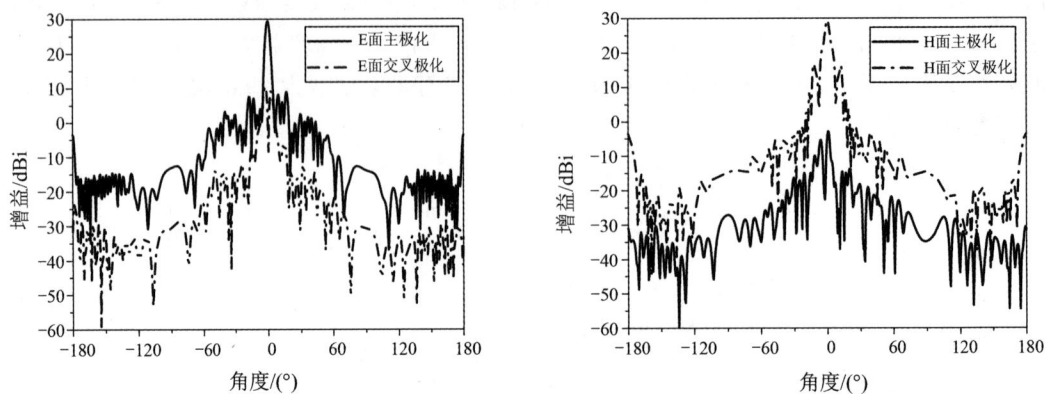

(d) 18 GHz 辐射方向图

图 8.11 - 6 天线辐射方向图

随着微波射频技术的飞速发展，无线电频率逐步往高端扩展，波长变小，使得喇叭天线的发展得以实用化。喇叭天线具有结构简单，增益高，功率容量大等优点，同时加脊喇叭又可满足超宽带特性，在整个频带内辐射方向图和波束稳定，具有良好的定向辐射特性。其在标准天线测试、电磁兼容测试、探地雷达等方面有广阔的应用前景。

第9章

反射面天线

反射面天线又称面天线。利用金属反射面形成预定波束的天线。其馈源可以是振子或振子阵列,也可以是喇叭或喇叭阵列。反射面可以是一个,也可以是两个。前者称为单反射面天线,后者称为双反射面天线。常用的有旋转抛物面天线、柱形抛物面天线、切割抛物面天线、球形反射面天线、喇叭抛物面天线、角形反射面天线、卡塞格伦天线、变形卡塞格伦天线等。增益一般均高于线天线,且随着工作频率愈高、反射面口径尺寸越大,天线的增益就越高。常用于微波和毫米波波段,在卫星通信、微波通信、雷达、遥感、生物电子技术中均获得广泛应用。本章主要研究反射面天线的基础理论。

9.1 反射面天线的几何特性

反射面天线由馈源和抛物反射面构成。馈源位于反射面的焦点处,为弱方向性,其辐射的电磁波经反射面反射后向空间的一个方向传播,并在此方向形成很强的方向性。抛物反射面具有很多形式,常用的有柱面反射面、旋转反射面和部分抛物面,如图 9.1-1 所示。

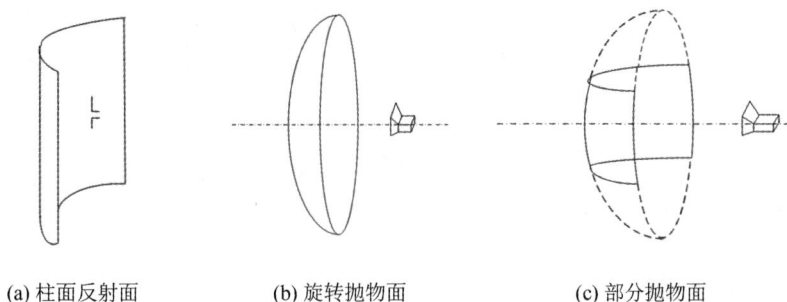

| (a) 柱面反射面 | (b) 旋转抛物面 | (c) 部分抛物面 |

图 9.1-1 常见抛物反射面天线示意图

图 9.1-2 为抛物面天线的结构参数图,焦距 f 为顶点 O 到焦点 F 的距离;口径张角 $2\phi_0$ 为抛物线上任一点 M 到焦点的连线与焦轴 Oz 之间夹角的 2 倍;反射面的口径半径为 R_0;反射面的口径直径为 D;抛物面的深度为 L。

在 yOz 面内建立坐标系 $\rho-\phi$,极坐标的原点取在焦点 F 处,F 到抛物面上任意点 P 的距离为 ρ,FP 与负 z 轴的夹角为 ϕ。

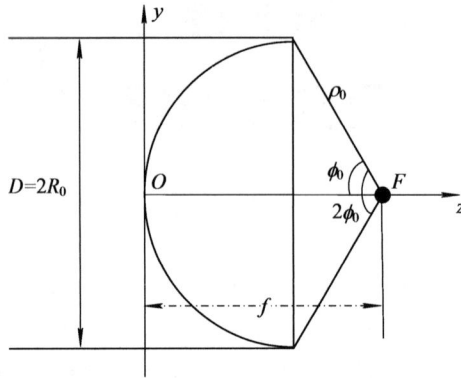

图 9.1-2　抛物面天线结构参数图

由图 9.1-3 可得极坐标系中变量 (ρ,ϕ) 与直角坐标系中的变量 (x,y) 的关系为

$$\begin{cases} y = \rho\,\sin\phi \\ z = f - \cos\phi \end{cases} \tag{9-1}$$

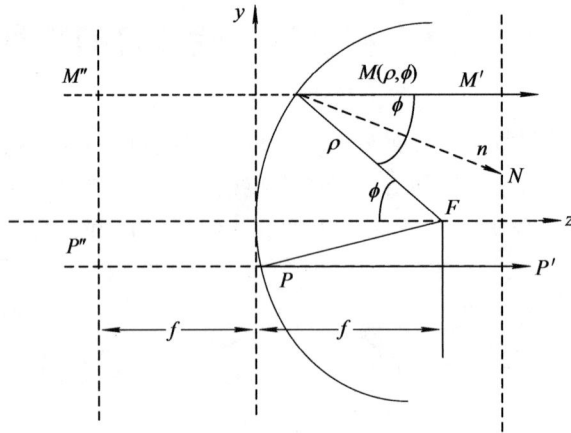

图 9.1-3　抛物面天线的几何关系图

抛物线上任一点 M 满足的直角坐标方程为

$$y^2 = 4fz \tag{9-2}$$

满足的极坐标方程为

$$\rho = \frac{2f}{1+\cos\phi} = f\sec^2\frac{\phi}{2} \tag{9-3}$$

抛物线绕焦轴旋转所得到的旋转抛物面的直角坐标系方程为

$$x^2 + y^2 = 4fz \tag{9-4}$$

焦点到抛物面边缘处的最大矢径为

$$\rho_m = \frac{2f}{1+\cos\phi_0} \tag{9-5}$$

由图 9.1-3 中的几何关系

$$\sin\phi_0 = \frac{R_0}{\rho_0} = \frac{R_0(1+\cos\phi_0)}{2f} \qquad (9-6)$$

可得

$$\frac{R_0}{2f} = \frac{\sin\phi_0}{(1+\cos\phi_0)} = \tan\frac{\phi_0}{2} \qquad (9-7)$$

由此得到抛物面天线的焦径比为

$$\frac{f}{D} = \frac{1}{4}\cot\frac{\phi_0}{2} \qquad (9-8)$$

在抛物面的边缘 $z=L$ 处有

$$x^2 + y^2 = \left(\frac{D^2}{2}\right) \qquad (9-9)$$

抛物面深度表达式为

$$L = \frac{D^2}{16f} \qquad (9-10)$$

对于抛物面而言，口径 D 和焦径比 f/D 确定以后，抛物面的形状也就确定了。

根据焦径比 f/D 不同，抛物面天线可分为以下三类，如图 9.1-4 所示。

(1) $f/D < 1/4$ 时，$f < L$，$\phi_0 > 90°$，短焦距抛物面天线；

(2) $f/D = 1/4$ 时，$f = L$，$\phi_0 = 90°$，中焦距抛物面天线；

(3) $f/D > 1/4$ 时，$f > L$，$\phi_0 < 90°$，长焦距抛物面天线。

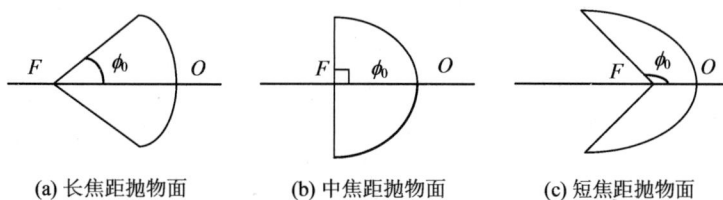

(a) 长焦距抛物面 (b) 中焦距抛物面 (c) 短焦距抛物面

图 9.1-4 抛物面天线分类

抛物面天线的特性如下：

(1) 由焦点发出的射线经抛物面反射后到达过焦平面的总长度相等。

(2) 由焦点发出的射线及其反射线与反射点的法线之间的夹角相等。

(3) 由抛物面焦点 F 发出的射线经抛物面反射后，所有的反射线都与抛物面的对称轴平行。在焦点处的馈源辐射的球面波经抛物面反射后变成平行的电磁波束。相反，当平行的电磁波沿抛物面的对称轴入射到抛物面上时，被抛物面会聚于焦点。

(4) 由焦点处发出的球面波经抛物面反射后，在口径上形成平面波前，口径上的场处处同相。相反，当平面电磁波沿抛物面对称轴入射时，经抛物面反射后不仅会聚于焦点，而且相位相同。

总之，如下两个重要性质使旋转抛物面天线很有用。

(1) 从馈源发出的球面电磁场，经抛物面反射后变成平面波，形成平行波束，可应用在紧凑测试场。

(2) 反射面上任意一点到焦点的距离与这点到准线的距离相等。抛物面的形状一般可用焦距与口径直径比 f/D_0 或口径张角 ξ_0 来表征。

9.2　抛物反射面天线的分析

抛物面天线的分析设计有一套成熟的方法，基本上采用几何光学和物理光学导出口径面上的场分布，然后依据口径场分布，求出辐射场。利用几何光学法计算口径面上场分布时作如下假定：

（1）馈源的相位中心置于抛物面的焦点上，且辐射球面波。

（2）抛物面的焦距远大于一个波长，因此反射面处于馈源远区，且对馈源的影响可以忽略。

（3）服从几何光学的反射定律（$f \gg \lambda$ 时满足）。

根据抛物面的几何特性，口径场是一同相口径面。如图 9.2-1 所示，设馈源的总辐射功率为 P_r，方向系数为 $D_f(\psi, \xi)$，则抛物面上 M 点的场强为

$$E_i(\psi, \xi) = \frac{\sqrt{60 P_r D_f(\psi, \xi)}}{\rho} \tag{9-11}$$

因而由 M 点反射至口径上 M' 的场强为（通过射束管任一截面的功率相等）

$$E_S(R, \xi) = E_i(\psi, \xi) = \frac{\sqrt{60 P_r D_{f\max}(0, \xi)}}{\rho} F(\psi, \xi) \tag{9-12}$$

式中，$F(\psi, \xi)$ 是馈源的归一化方向函数。因为 $\rho = 2f/(1 + \cos\psi)$，得

$$E_S(R, \xi) = \frac{\sqrt{60 P_r D_{f\max}}}{2f}(1 + \cos\psi) F(\psi, \xi) \tag{9-13}$$

式（9-13）即为抛物面天线口径场振幅分布的表示式，可以看出：口径场的振幅分布是关于 ψ 的函数。

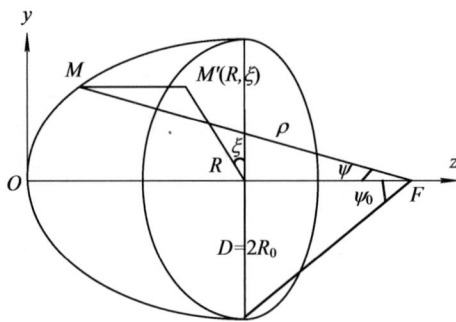

图 9.2-1　抛物面天线原理图

口面场等效为反射面上的场，用馈源在反射面上辐射场获得

$$E_P = \frac{\sqrt{60 D_1 P_t}}{\rho} F_1(\psi) \tag{9-14}$$

$$\rho = \frac{2f}{1 + \cos\psi} \tag{9-15}$$

$$E_{\mathrm{p}} = \frac{\sqrt{60 D_1 P_{\mathrm{t}}}}{2f}(1+\cos\psi)F_1(\psi) \qquad\qquad (9-16)$$

口面场分布的不均匀性由馈源方向函数和球面波随传播距离的衰减两方面决定的。

馈源的方向函数可近似表示为

$$\begin{cases} F_1(\psi) = \cos^i\psi & (0 \leqslant \psi \leqslant 90) \\ F_1(\psi) = 0 & (\psi > 90) \end{cases} \qquad\qquad (9-17)$$

式中，i 表示辐射器方向图的尖锐程度。

它的方向性系数求出为 $D=2(2i+1)$，则反射面天线的口面电场表示为

$$E_{\mathrm{P}} = \frac{\sqrt{30(2i+1)P_{\mathrm{r}}}}{f}(1+\cos\psi)\cos^i\psi \qquad\qquad (9-18)$$

口径边缘与中心的相对场强为

$$\frac{E_{\mathrm{S}}(R_0,\psi_0)}{E_0} = F(\psi_0,\xi)\frac{1+\cos\psi_0}{2} \quad (\text{口径中心 } F(0,\xi)=1,\ \psi_0=0) \qquad (9-19)$$

其衰减的分贝数为

$$20\lg\frac{E_{\mathrm{S}}(R_0,\psi_0)}{E_0} = 20\lg F(\psi_0,\xi) + 20\lg\frac{1+\cos\psi_0}{2} \qquad (9-20)$$

由于馈源方向图 $F(\psi,\xi)$ 一般随 ψ 增大而下降，而式(9-20)中第二项又表示仅仅由于入射到抛物面边缘的射线长于入射到中心的射线（即 $\rho>f$），也会导致边缘场扩散，使得边缘场较中心场强下降，因此抛物面口径场沿径向的减弱程度超过馈源的方向图，即下降得更快。

口径场的极化情况决定于馈源类型与抛物面的形状、尺寸。如果馈源的极化可为 y 方向极化，口径场的极化可为 x 和 y 两个极化方向。图 9.2-2 为长短焦距抛物面的电流分布图。通常在长焦距情况下，口径场 E_y 分量远大于 E_x 分量，E_y 为主极化分量，而 E_x 为交叉极化分量。

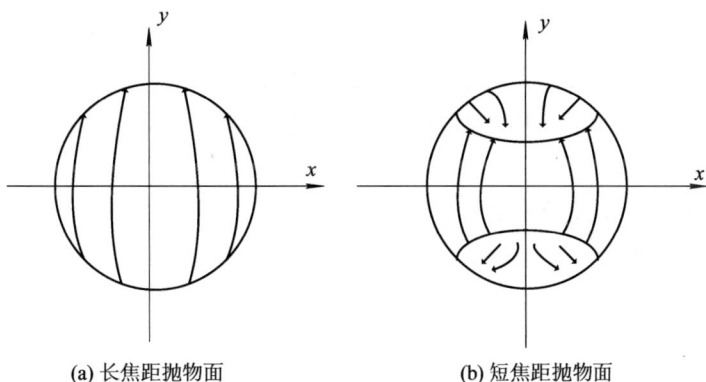

(a) 长焦距抛物面　　　　　(b) 短焦距抛物面

图 9.2-2　长短焦距抛物面电流分布图

如果是短焦距抛物面天线，口径上还会出现反向场区域，它们将在最大辐射方向起抵消主场的作用，这些区域称为有害区。若因某种特殊原因必须采用短焦距抛物面天线，则应切去有害区。

求出了抛物面天线的口径场分布以后，就可以利用圆形同相口径辐射场积分表达式来计算抛物面天线 E、H 面的辐射场和方向图。

口径上的坐标关系为

$$\begin{cases} R = \rho\sin\psi = \dfrac{2f}{1+\cos\psi}\sin\psi = 2f\tan\dfrac{\psi}{2} \\[2mm] \mathrm{d}R = f\sec^2\dfrac{\psi}{2}\mathrm{d}\psi = \rho\,\mathrm{d}\psi \\[2mm] x_\mathrm{S} = R\sin\xi \\[1mm] y_\mathrm{S} = R\cos\xi \\[1mm] \mathrm{d}S = R\,\mathrm{d}R\,\mathrm{d}\xi = \rho^2\sin\psi\,\mathrm{d}\psi\,\mathrm{d}\xi \end{cases} \tag{9-21}$$

E 面、H 面的方向函数为

$$\begin{cases} F_\mathrm{E} = \displaystyle\int_0^{2\pi}\int_0^{\psi_0} F(\psi,\xi)\tan\left(\dfrac{\psi}{2}\right)\mathrm{e}^{\mathrm{j}2kf\tan\left(\frac{\psi}{2}\right)\sin\theta\cos\xi}\mathrm{d}\psi\,\mathrm{d}\xi \\[3mm] F_\mathrm{H} = \displaystyle\int_0^{2\pi}\int_0^{\psi_0} F(\psi,\xi)\tan\left(\dfrac{\psi}{2}\right)\mathrm{e}^{\mathrm{j}2kf\tan\psi}\dfrac{\psi}{2}\sin\theta\sin\xi \end{cases} \tag{9-22}$$

9.3　反射面天线的电参数

反射面天线的性能要由许多电参数来描述，最重要的电参数包括效率、方向系数、增益、轴比、半功率波瓣宽度、第一副瓣电平等。半功率波瓣宽度和第一副瓣电平可以根据方向图计算。下面主要介绍一下其他几个电参数。

1. 效率

天线效率，对发射天线来说，是来衡量天线将导波能量或高频电流转换为无线电波的有效程度。反射面天线的效率就是一个表示电磁波从馈源进入反射面系统，再辐射到空间中去这一过程中的损耗程度。损耗越少，天线效率越高，其性能也越好。反射面的效率主要包含截获效率、口径效率、透明效率、交叉极化效率、主面公差效率。这五个因子的乘积就是反射面总效率的近似值。由于其他的效率因子不易于分析计算，而且不是决定性因素，在此暂时忽略不计。

（1）截获效率 η_1：即馈源照射效率，指馈源辐射出的所有能量中，有多少被反射面所截获。这是由于馈源照射抛物面时，有一部分能量会越过抛物面边缘而直接辐射到空间中去。若是单反射面，则为主面截获效率，若是双反射面，则为副面截获效率。设馈源方向图为 $f(\theta,\phi)$，记反射面的立体张角为 Ω_S，则

$$\eta_1 = \frac{\displaystyle\int_{\Omega_\mathrm{S}} f^2(\theta,\phi)\sin\theta\,\mathrm{d}\theta\,\mathrm{d}\phi}{\displaystyle\int_{4\pi} f^2(\theta,\phi)\sin\theta\,\mathrm{d}\theta\,\mathrm{d}\phi} \tag{9-23}$$

（2）透明效率 η_2：是指反射面所截获并反射的所有能量中，有多少没有遇到遮挡，到达口径面。一般情况，单反射面天线只存在喇叭的遮挡。设口径场分布函数为 $g(p,\phi)$，

设完整的口径面为 Σ（不一定是圆形，也可是环形），其中被遮挡的面积为 Σ_S，则

$$\eta_2 = \left[1 - \frac{\displaystyle\int_{\Sigma_S} g(p,\phi)\, p\,\mathrm{d}p\,\mathrm{d}\phi}{\displaystyle\int_{\Sigma} g(p,\phi)\, p\,\mathrm{d}p\,\mathrm{d}\phi} \right]^2 \tag{9-24}$$

（3）口径效率 η_3：是指不均匀分布的口径面积可以等效为多大的均匀分布的口径。设口径面上的复振幅分布函数为 $h(\rho,\phi)$，记口径面外部轮廓所包围的面积为 S，则

$$\eta_3 = \frac{\left| \displaystyle\int_S h(\rho,\phi)\,\rho\,\mathrm{d}\rho\,\mathrm{d}\phi \right|^2}{S \displaystyle\int_S \left| h(\rho,\phi) \right|^2 \rho\,\mathrm{d}\rho\,\mathrm{d}\phi} \tag{9-25}$$

（4）交叉极化效率 η_4：是指口径面所辐射的所有能量中，有多少是由主极化分量辐射的。因为口径场的交叉极化分量辐射会造成一部分能量损失。设口径面上主极化分量的复振幅分布函数为 $h_c(\rho,\phi)$，则

$$\eta_4 = \frac{\displaystyle\int_{\Sigma} \left| h_c(\rho,\phi) \right|^2 \rho\,\mathrm{d}\rho\,\mathrm{d}\phi}{\displaystyle\int_{\Sigma} \left| h(\rho,\phi) \right|^2 \rho\,\mathrm{d}\rho\,\mathrm{d}\phi} \tag{9-26}$$

（5）主面公差效率 η_5：是指因主反射面制造偏差引起的效率损失。对双反射面天线来说，副反射面较小且加工精度较高，所以副面的制造偏差很小，引起的效率损失也很小。所以制造公差引起的效率损失主要是由主反射面产生的。设主反射面制造公差为 σ，可按照经验公式来估算主面公差效率：

$$\eta_5 = \mathrm{e}^{-\left(4\pi\frac{\sigma}{\lambda} \right)^2} \tag{9-27}$$

总效率 η 就近似为以上五个效率因子的乘积。

2. 方向系数

天线的方向系数是表示辐射电磁能量集束程度以描述方向特性的一个参数。某一方向的方向系数定义为该方向的辐射强度与平均辐射强度之比。抛物面天线的方向系数由口径面积 A 和口径利用效率 η_a 确定，即

$$D = \frac{4\pi}{\lambda^2} A \eta_a \tag{9-28}$$

在反射面天线理论中，一般所说的方向系数，就是指均匀口径的最大方向系数。

$$D = \frac{4\pi}{\lambda^2} A \tag{9-29}$$

设口径为半径 R 的圆形，则方向系数可以表示为

$$D^{\mathrm{dB}} = 20\lg \frac{2\pi R}{\lambda} \tag{9-30}$$

3. 增益

增益是用来表征天线辐射能量集束程度和能量转换效率的总效益，以分贝表示为

$$G^{\mathrm{dB}} = 20\lg \frac{2\pi R}{\lambda} + 10\lg \eta \tag{9-31}$$

9.4　抛物反射面天线的馈源

　　天线的几何参数中，反射面口径 D 和焦距口径比 f/D 是两个重要的参数。D 决定着天线的增益及单个波束的宽度，与焦点波束相比，波束偏离焦点时会使增益下降、波束展宽、副瓣电平增大、波束形状畸变。f/D 值影响着天线的扫描性能，f/D 值越大，天线的扫描性能越好，但同时整个天线的体积增大，口面张角变小，即意味着天线的方向图变窄，馈源尺寸变大，也增加了天线的体积以及质量。馈源是抛物面天线的基本组成部分，它的电性能和机械结构对整个反射面天线性能有很大影响，所以本节主要研究反射面天线的馈源。

9.4.1　理想馈源的形式

　　如图 9.4-1 所示为前馈对称抛物面天线。假设馈源置于抛物面焦点处，其辐射方向图为 $e_{\mathrm{f}}^2(\theta)$。

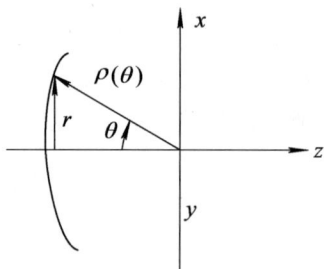

图 9.4-1　前馈对称抛物面天线

图 9.4-1 中：

$$\rho = \frac{2F}{1+\cos\theta} \tag{9-32}$$

$$r = \frac{2F\sin\theta}{1+\cos\theta} \tag{9-33}$$

$$\mathrm{d}r = F\sec^2\frac{\theta}{2}\mathrm{d}\theta \tag{9-34}$$

所以

$$r\,\mathrm{d}r\,\mathrm{d}\phi = F^2\sec^4\frac{\theta}{2}\sin\theta\,\mathrm{d}\theta\,\mathrm{d}\phi \tag{9-35}$$

　　式(9-35)可写为

$$\mathrm{d}a = F^2\sec^4\frac{\theta}{2}\sin\theta\,\mathrm{d}\Omega \tag{9-36}$$

式中，$\mathrm{d}a$ 为口径面积分单元，$\mathrm{d}\Omega$ 为立体角增量，F 为焦距。

　　由能量守恒定律可知

$$e_{\mathrm{f}}^2(\theta)\mathrm{d}\Omega = e_{\mathrm{f}}^2(r)\mathrm{d}a \tag{9-37}$$

一般我们期望 $e_{\rm f}^2(r)=1$，因此在不计入常数项的情况下

$$e_{\rm f}^2(\theta)=\frac{{\rm d}a}{{\rm d}\Omega}=\sec^4\frac{\theta}{2} \qquad (9-38)$$

即

$$e_{\rm f}(\theta)=\sec^2\left(\frac{\theta}{2}\right) \qquad (9-39)$$

我们把这种函数方向图称为理想馈源方向图，如图 9.4-2 所示。这种理想的馈源方向图可均匀照射抛物面口径，没有能量溢出损失。卡塞格伦天线中，双曲线副反射面产生的方向图可近似看成这种理想馈源。

一般馈源如喇叭天线、螺旋天线方向图如图 9.4-3 所示，很显然这种结构与理想馈源方向图不太相似。但是如果使抛物面边缘照射角对应的锥削电平为 $-10\sim-15$ dB 时，其也能较好地平衡照射效率与溢出损失，抛物面天线亦可产生较好的次级方向图。

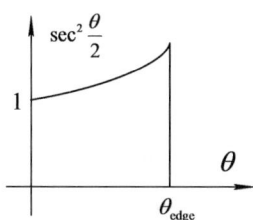

图 9.4-2 理想馈源方向图

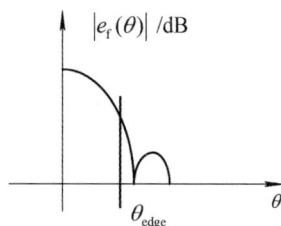

图 9.4-3 典型馈源方向图

9.4.2 对馈源的要求

为保证天线的性能，天线的馈源应满足如下的一些基本要求：

（1）抛物面截获馈源辐射的电磁能量应该尽可能地多，在此前提下，应保证馈源对反射面有均匀的照射。在馈源的初级波瓣图中，它的旁瓣及后瓣应尽可能小，这是因为这些杂散的辐射不但降低了天线的增益，而且提高了抛物面天线的旁瓣电平。

（2）馈源必须具有理想的辐射场相位，即馈源所辐射的场的等相位面必须是一个以相位中心为球心的球面。相位中心应与焦点重合，以使抛物面的口面上获得等相位的场分布。

球面波的相位中心为球面等相位面的球心。对一些结构简单的馈源，它的辐射波可以看成是球面波。例如，理想的对称振子的辐射场，它的等相位面是一个球面，球面的中心就是振子的中心。而像喇叭辐射场的球面波中心不是在喇叭的口径面上，而是在喇叭口径面的后部。

（3）馈源的结构不应该对反射口径面上的场向自由空间辐射有较大的影响，只允许它有较小的遮挡效应。

（4）由于交叉极化场分量会使天线的增益降低，因此，馈源在抛物面天线的口径面上所产生的交叉极化场的分量必须很小。

（5）在给定的工作频带内，要求馈源应与馈线有良好的匹配，一般低于 -30 dB，以保证能在给定的发射功率下高效地工作。

(6) 馈源和天线的其他部分组合在一起，应该有足够的机械强度，以保证整个天线结构的坚固性。

馈源的形式很多，所有弱方向性的天线都可作为抛物面天线的馈源。例如，振子型馈源、喇叭型馈源、波导口型馈源、对数周期性馈源、螺旋天线馈源等。在实际的应用中，馈源的选取取决于天线的工作频段和其他特殊要求。在 UHF 频段，大量使用偶极子作为馈源；在微波波段，多采用波导辐射器和小喇叭天线，也可采用半波偶极子、缝隙天线、螺旋天线等。

9.4.3 消除反射面场对馈源匹配影响的方法

馈源位于抛物面反射能量的传播路径上，有一部分能量被馈源所截获。截获的能量在馈源的传输线上形成反射波，从而影响馈源的匹配问题。以下为一些消除反射面场对馈源匹配影响的方法。

1. 补偿法

补偿法是为了减小抛物面对馈源的影响，可在抛物面顶点与焦点之间安装一个辅助反射面，使辅助反射面在馈源处产生的场与抛物面在那里产生的场相位差为 π。这个辅助反射面通常选金属圆盘，如图 9.4-4 所示。改变圆盘的直径大小 d 和它到抛物面顶点的距离 t，可以改变圆盘上感应电流在馈源处产生的场的幅度和相位。通过对 d 和 t 的适当选择，可以使圆盘的再辐射场与抛物面反射到馈源处的场幅度相等，相位差为 π，从而达到抵偿抛物面反射的影响。研究表明，为使圆盘与抛物面在馈源处的相位差为 π，应在距离抛物面顶点 $\lambda/4$ 奇数倍处安装金属圆盘。为调节金属圆盘至最优位置，应使它能沿抛物面轴线移动，且若在抛物面顶点附近放置圆柱体、圆锥体或角锥体，也可以大大减小反射面对馈源的影响。

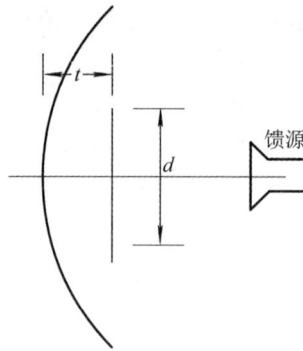

图 9.4-4 用金属圆盘补偿抛物面反射的影响

但是这种装置有其固有的缺点：由于抛物面中心部分变形，使口径场相位分布畸变，从而对天线方向特性产生有害影响，使副瓣电平升高，增益稍有下降。

2. 极化扭转法

极化扭转法的原理是：电磁波经抛物面反射后，电场极化方向旋转 $90°$，则反射波便不能进入馈源。可以在抛物面上安装宽度为 $\lambda/4$ 的一组平行金属薄片，这些薄片与 E 平面成 $45°$夹角，金属薄片间距为 $\lambda/10\sim\lambda/8$。入射在抛物面上的电场矢量 E_i 可以分解为平行于

金属薄片的分量 $E_{//}$ 和垂直于金属薄片的分量 $E_\perp$。对于 $E_{//}$ 分量而言，工作波长远大于薄片间距所决定的临界波长，因此 $E_{//}$ 不能进入金属薄片间隙之内，将被金属薄片反射。$E_\perp$ 分量则可以进入薄片间隙而达到抛物面上，由抛物面表面反射。这样，反射波中的 $E_\perp$ 分量相比 $E_{//}$ 分量多走了 $\lambda/2$ 路程，即 $E_\perp$ 经反射后，方向变成了 $180°$。反射波的 $E_\perp$ 与 $E_{//}$ 合成，使整个反射场矢量 E_r 与入射场 E_i 在空间成 $90°$ 角，即反射波极化方向扭转了 $90°$，不被馈源接收从而不影响其匹配。图 9.4 - 5 给出了反射波极化扭转法。

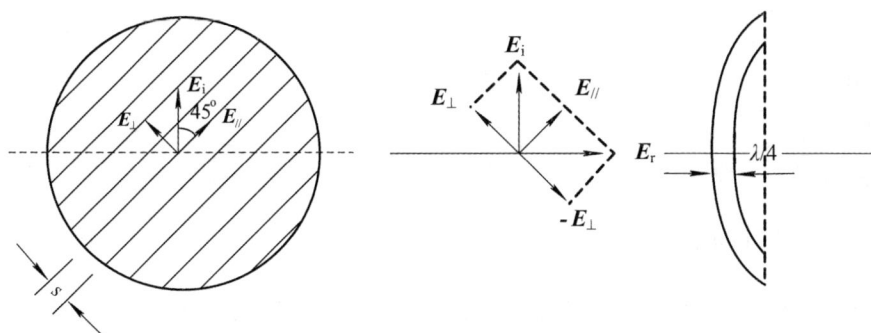

图 9.4 - 5　反射波极化扭转法

　　上述方法是假设了入射波的传播方向与反射面垂直。实际上，从抛物面中心到边缘，入射波传播方向越来越偏离抛物面法线方向，因此 $E_\perp$ 与 $E_{//}$ 相位发生变化，产生相位和极化畸变。

3. 偏置馈源法

　　可以采用偏置馈源的方法来消除抛物面与馈源之间的影响，如图 9.4 - 6 所示。反射面为旋转抛物面的一部分，使馈源位于抛物面反射波作用区域之外，从而消除反射波对馈源匹配的影响，这样也可以避免馈源对抛物面天线口径的遮挡。馈源仍放置于抛物面焦点上，但是它将旋转一个角度，使最大辐射方向对准反射面中心。适当选择反射面高度以保证在不对称平面内获得所需的方向图波瓣宽度。由于反射面在一个平面内结构不对称，故此平面内的方向图也是不对称的。这种方法的反射面天线称为偏置反射面天线，偏置馈源法是实际应用中经常采用的方法。

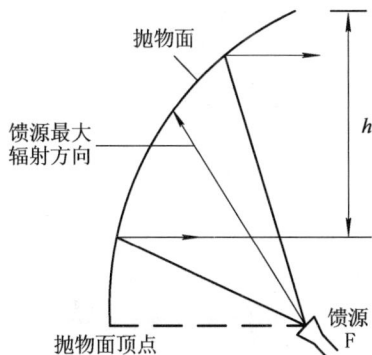

图 9.4 - 6　偏置馈源

9.5　正馈反射面天线实例

本节给出正馈反射面天线的一个实例。天线指标如下：

（1）工作频率：16.2～17.2 GHz。

（2）天线极化方式：左右旋圆极化。

（3）波束宽度：＞4°。

（4）增益：＞31.0 dBi。

（5）驻波比：＜1.5。

（6）副瓣：＜－14 dB。

9.5.1　正馈反射面天线实例介绍

图 9.5-1 为正馈反射面天线示意图，图 9.5-2(a)为天线的侧视图，(b)为天线的俯视图，(c)为天线的馈源结构图。表 9.5-1 给出了天线具体参数。该天线由馈源和抛物面两个部分组成，其中馈源包括辐射单元(轴向槽波纹喇叭)和线极化到圆极化的转换单元(隔板圆极化器)。采用波纹喇叭的目的是通过波纹槽激励出除 TE_{11} 主模之外的 TM_{11} 模、TE_{21} 模，改善喇叭口径面上的电场分布，从而使得馈源辐射方向图具有旁瓣低、交叉极化低、圆对称性好的优良性能。隔板圆极化器与金属膜片圆极化器、四脊波导圆极化器相比，在设计上避免了正交模耦合器的使用，其结构紧凑，重量轻，非常适合作为前馈式抛物面天线在圆极化网络中使用。

同时，为了进一步减小馈源的复杂程度和馈电网络尺寸，将侧馈形式的波导同轴转换器与隔板圆极化器整合为一体化结构。完整的馈电网络纵向尺寸为 41.3 mm，横向尺寸为 32 mm。馈源结构中，轴向槽波纹喇叭与隔板圆极化器通过法兰安装固定，馈源与抛物面通过可拆卸式的三角支架支撑，馈源与支架间设有调节装置，以防止加工误差和装配误差导致馈源产生纵向偏焦。

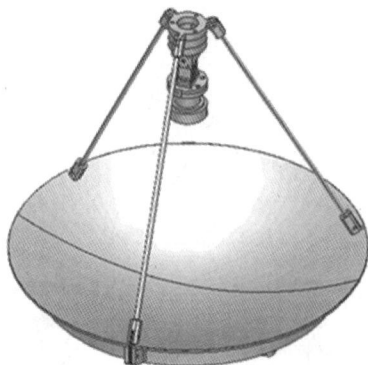

图 9.5-1　Ku 波段正馈抛物面天线

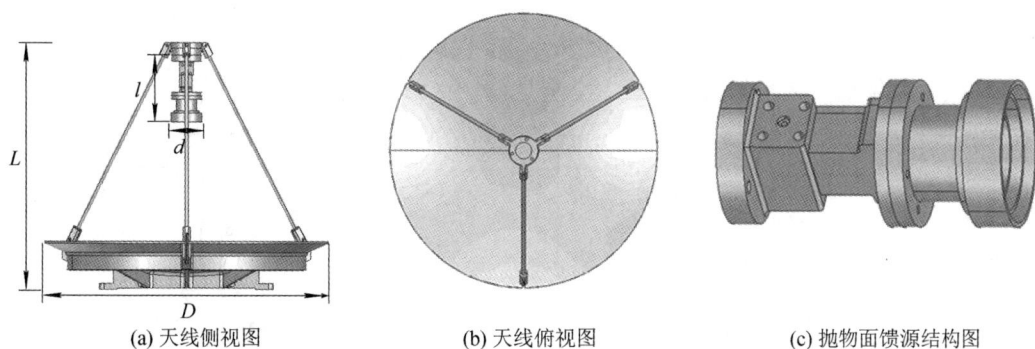

(a) 天线侧视图　　　　　　　(b) 天线俯视图　　　　　　　(c) 抛物面馈源结构图

图 9.5 - 2　天线结构

表 9.5 - 1　天　线　参　数

参　　数	数　　值
焦径比	0.5
D/m	0.3
d/m	0.031
L/m	0.251
l/m	0.068

9.5.2　正馈反射面天线实例结果分析

图 9.5 - 3 是馈源代入抛物面前后端口电压驻波比的对比图，可以看出，馈源代入抛物面后，在回波的影响下，端口匹配特性产生恶化，但 16.2～17.2 GHz 频率范围内的电压驻波比仍然保持在 1.5 以内。图 9.5 - 4 中 LHCP、RHCP 端口隔离度也因此恶化了约 6 dB。

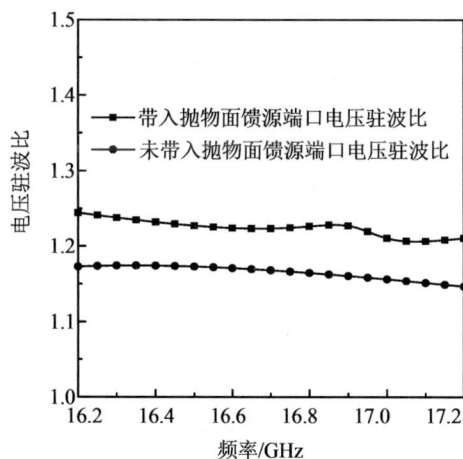

图 9.5 - 3　端口电压驻波比

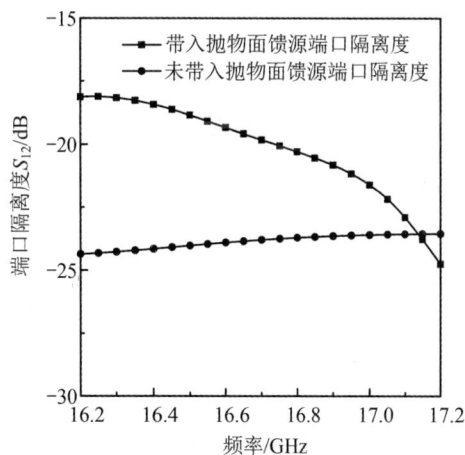

图 9.5 - 4　LHCP、RHCP 端口隔离度

图 9.5 - 5 是天线在 16.2 GHz、16.7 GHz、17.2 GHz 的 LHCP 辐射远场方向图。可以

看出，在主瓣范围内，E 面和 H 面高度重合，各频点增益分别是 31.9 dB、32.0 dB、31.8 dB，对应口径效率为 59.8%、57.6%、58.2%，且第一副瓣电平均小于 −20 dB。由此可知，设计的前馈式抛物面天线电性能优异，完全满足设计指标，如表 9.5 − 2 所示。

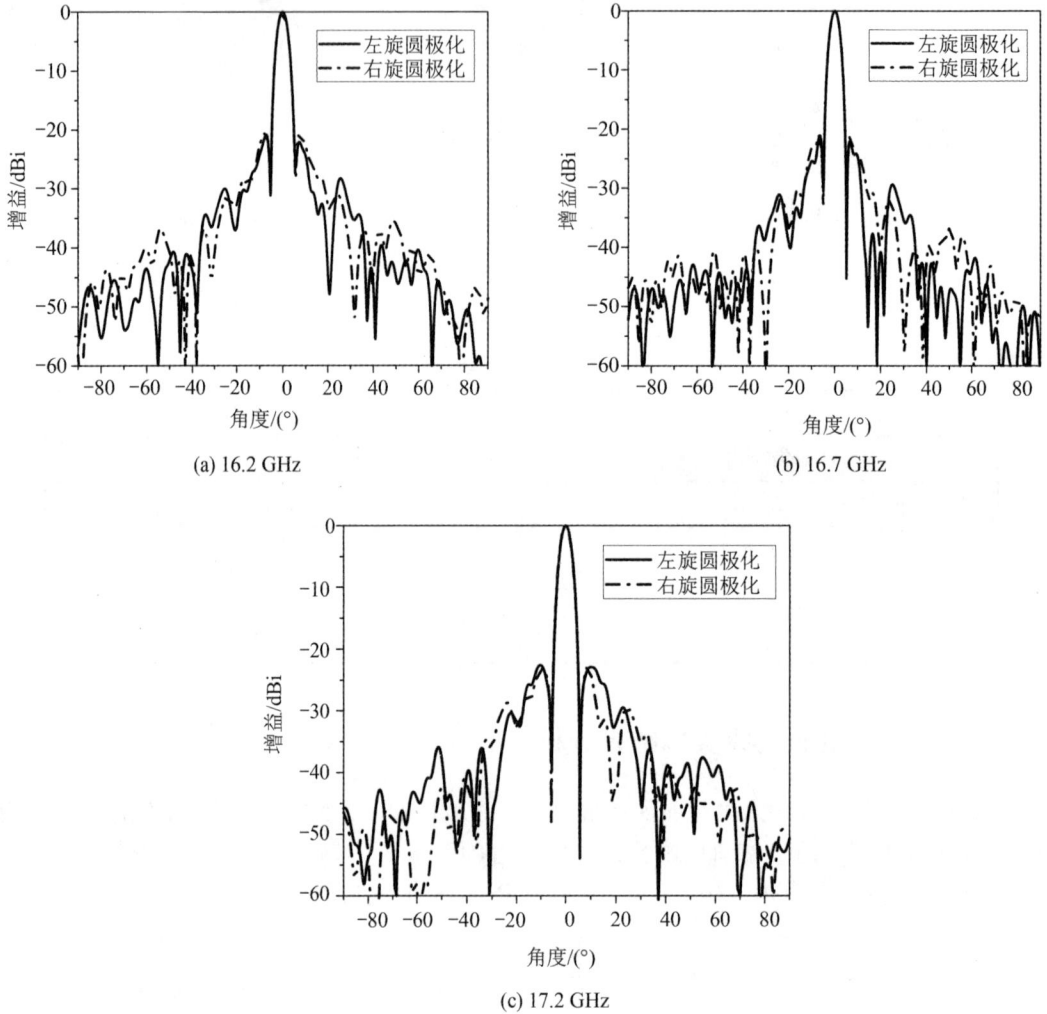

(a) 16.2 GHz

(b) 16.7 GHz

(c) 17.2 GHz

图 9.5 − 5　LCHP 方向图

表 9.5 − 2　各频点天线性能参数值

频率/GHz	16.2	16.7	17.2
增益/dBi	31.9	32.0	32.3
电压驻波比	1.25	1.26	1.22
副瓣/dB	−20.86	−21.0	−23.0
波束宽度/(°)	4.3	4.1	4.0
轴比/dB	0.33	0.74	0.7

天线实物图如图 9.5 - 6 所示。

图 9.5 - 6　天线实物图

　　在早期的前馈抛物面应用中，馈源技术相对落后，E 面和 H 面波束等化效果差、副瓣高等，使得前馈式抛物面天线效率只有 50％～55％。不仅如此，由于馈电单元和接收单元的存在，会额外引入新的馈线传输损耗，因而前馈抛物面被认为是一种低效率反射面。随着馈源技术的进步，出现了波纹喇叭、多模喇叭等能够提供旋转对称方向图的新馈源结构，从而大幅提高了馈源的照射效率，选择合适的焦径比可以使前馈式抛物面天线获得 65％的口径效率。对于小口径反射面，其支撑结构简单、稳定度高，且面型精度容易保证、不易变形，因此在很多应用场景中选择前馈式抛物面作为高增益波束的辐射器。

第 10 章
偏置反射面天线

出现最早并且应用最广泛的反射面天线是前馈式旋转对称抛物面天线，它在面天线发展史上起了奠基作用。但是它本身固有的缺陷使它不能满足现代通信性能的指标要求，如高增益、低副瓣、低交叉极化等。而偏置结构的反射面天线消除了由于馈源及其支杆的遮挡而造成的副瓣电平上升的问题，同时又改善了馈源的输入电压驻波比，因而可以获得较好的电性能。本章主要介绍偏置反射面天线。

10.1 单偏置反射面天线

在抛物面反射天线上截取一块作为天线的反射面，而馈源的相位中心仍处于原正置型抛物面的焦点上，但馈源的最大接收指向必须指向偏置反射面的中心，使馈源平面向上有个仰角，这样就形成了单偏置反射面天线。这样可使馈源移出抛物面天线的开口面，从而避免了馈源及支撑物遮挡，提高了天线的接收效率。

对于单偏置反射面天线，从馈源发出的各条电磁波射线经抛物面反射后到达抛物面口径上的路程相等，等相位面仍为垂直于抛物面主轴的平面，抛物面的口径场为同相场，反射波仍为平行于抛物面主轴的平面波。

图 10.1-1 给出了单偏置反射面天线的剖面及正面几何结构示意图。其中，H 为截取高度，即单偏置抛物面的下边缘偏置高度；D 为单偏置抛物面在 xOy 平面的投影直径；F 为单偏置反射面的焦距。

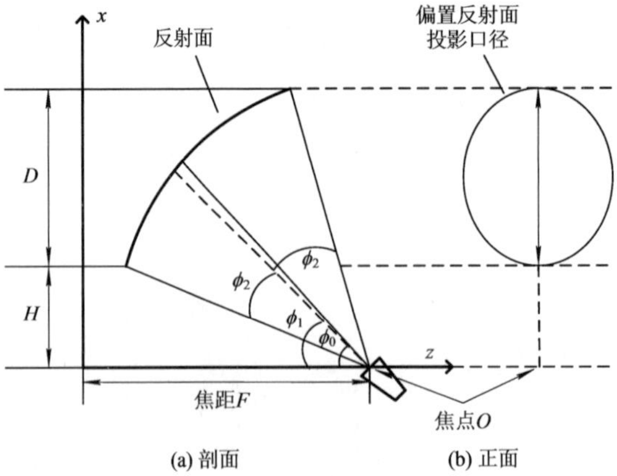

图 10.1-1 单偏置反射面天线的几何结构示意图

各参数的关系如下：

$$\phi_0 = 2\arctan\left[\frac{H + D/2}{2F}\right] \tag{10-1}$$

$$\phi_1 = \arctan\left[\frac{2F(D + 2H)}{4F^2 - H(D + H)}\right] \tag{10-2}$$

$$\phi_2 = \arctan\left[\frac{2FD}{4F^2 + H(D + H)}\right] \tag{10-3}$$

式(10-1)~(10-3)中，ϕ_0 为馈源轴指向反射面的中心与 z 轴的夹角；ϕ_1 为抛物面上下边缘夹角的平分线与 z 轴的夹角；ϕ_2 为半张角，即上线边缘分别与角平分线的夹角。

若用 F、ϕ_1 和 ϕ_2 表示 D 和 H，可得

$$D = \frac{4F\sin\phi_2}{\cos\phi_1 + \cos\phi_2} \tag{10-4}$$

$$h = 2F\tan\left[\frac{\phi_1 - \phi_2}{2}\right] \tag{10-5}$$

如果馈源的波束轴与上下边缘角平分线重合，则势必会使偏置抛物面的上边缘照射锥削与下边缘照射锥削相差很大，这样会造成反射面投影口面内照射的严重不均匀，影响天线的增益。根据反射面天线的方程，可得抛物面焦点到抛物面上边缘点和下边缘点的光程比为

$$\tau = \frac{1 + \cos(\phi_1 - \phi_2)}{1 + \cos(\phi_1 + \phi_2)} \tag{10-6}$$

可通过适当地选择馈源的照射角度来补偿这种差值。在实际的仿真分析中发现，使馈源轴线对准反射面的中心放置可以减少溢漏，从而得到最大增益。馈源的相位中心仍需放在原反射面的焦点上。

10.2　格里高利型双偏置反射面天线

单偏置反射面天线虽然避免了初级馈源对反射面天线的遮挡，改善了近轴旁瓣特性，但是同时也降低了初级馈源的电压输入驻波比，在线极化工作时会造成交叉极化电平过高。为了克服单偏置反射面天线的缺点，研究人员开始对双偏置反射面天线展开研究。

双偏置反射面天线是副反射面对馈源偏置、主反射面对副反射面偏置而形成的双偏置结构的天线。双偏置反射面天线通过合理配置两反射面的偏置状态或修正主副面的形状，克服和缓解了单偏置反射面天线的固有缺点，同时避免了副面对主面的遮挡和馈源及其支杆对副面的遮挡，从而改善了次级辐射图的近轴旁瓣特性和馈源的输入电压驻波比特性。

双偏置反射面天线最典型的代表是卡塞格伦型双偏置反射面天线和格里高利型双偏置反射面天线。两者的主反射面都是抛物面的一部分，卡塞格伦型双偏置反射面天线的副反射面是双曲面的一部分，格里高利型双偏置反射面天线的副反射面是切割旋转椭球面的一部分。本节主要介绍格里高利型双偏置反射面天线。

10.2.1　格里高利型双偏置反射面天线的工作原理

格里高利型双偏置反射面天线的工作原理和一般的抛物面天线的相似。抛物面天线利用了抛物面的反射特性，因此，由主焦馈源发射的球面波前经抛物面反射后转变为抛物面口径上的平面波前，从而使抛物面天线具有锐波束、高增益的性能。图 10.2 - 1 为格里高利型双偏置反射面天线的示意图。

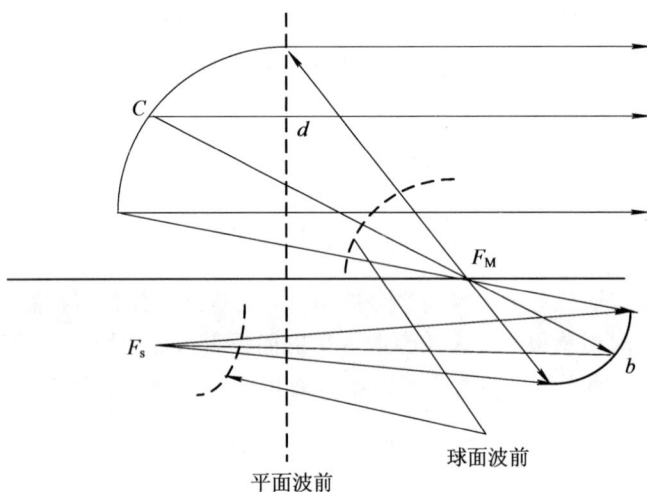

图 10.2 - 1　格里高利型双偏置反射面天线

格里高利型双偏置反射面天线在结构上多了一个椭球副面。它的一个焦点 F_M 和抛物面共焦，另外一个焦点 F_s 一般在抛物面顶点附近，馈源的相位中心放在这个焦点上。自馈源 F_s 发出的球面电磁波，经副面反射后又重新变为实相位中心在 F_M 点的球面波。因此，以后的射线路径就和一般的单反射面天线一样了。

根据椭球面的几何特性可知，从椭球面的两个焦点到椭球面上任意一点的距离之和是一个常数，并且等于椭球的两个顶点间的距离 $2a$，即

$$F_s b + F_M b = 2a \tag{10-7}$$

由抛物面几何特性可知

$$cd + F_M c = c_1 \tag{10-8}$$

将两式相加得

$$F_s b + cd + bc = 2a + c_1 = c_2 \tag{10-9}$$

式(10 - 8)和式(10 - 9)中，c_1、c_2 都是常数。上面是对任意选取的一条射线进行分析的，对其他所有射线的分析也相同。这说明从 F_S 点发出的入射线经椭球面和抛物面依次反射后，到达抛物面口径上各点的波程都相等。因而相位中心在 F_S 点的馈源所辐射的球面波前必将在主面口径上变为平面波前，两者呈现同相场，使格里高利型双偏置反射面天线同样具有锐波束、高增益的性能。

10.2.2　格里高利型双偏置反射面天线的几何特性

格里高利型双偏置反射面天线的几何参数如图 10.2 - 2 所示。图中，D 为主反射面在

波束方向上的投影直径，简称主面直径；V_s 为副反射面的投影直径，简称副面直径；F 为主面母抛物面的焦距；$2c$ 为副面母椭球面的焦距；F_M 为主面的焦点，也是副面的一个焦点；馈源的相位中心放在副面的另一个焦点 F_s 上；θ_e 为副面边缘对公共焦点的半张角；α 为馈源轴对副面轴的倾斜角；β 为副面母椭球面的对称轴与主面母抛物面的对称轴的夹角；d_0 为主面的偏置高度，即主面下边缘对主面母抛物面对称轴的距离。这八个参数可以完整地描述一个典型的双偏置反射面系统。在后面的设计中还要涉及的三个参数是椭球面的离心率 e、主面的下边缘和副面的上边缘之间的间距 d_c 和天线系统的纵向长度 L。

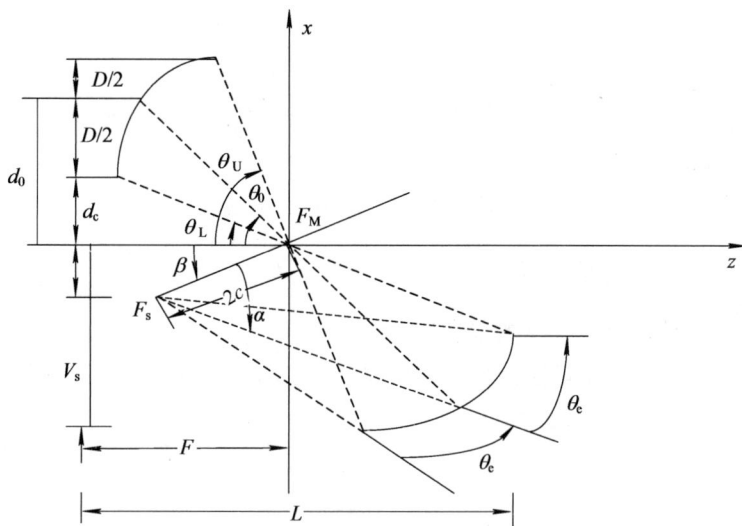

图 10.2 - 2　格里高利型双偏置反射面天线的几何结构示意图

现在从几何光学的角度利用等效抛物面法对格里高利型双偏置反射面天线的参数之间的关系进行推导。首先，建立如图 10.2 - 3 所示的四个坐标系，一个原点位于公共焦点的主面坐标系 xyz 和副面坐标系 $x_s y_s z_s$，另一个原点位于副面另一个焦点的馈源坐标系 $x_f y_f z_f$ 和参照坐标系 $x_\beta y_\beta z_\beta$。图 10.2 - 3 中逆时针方向的角为正，顺时针方向的角为负。

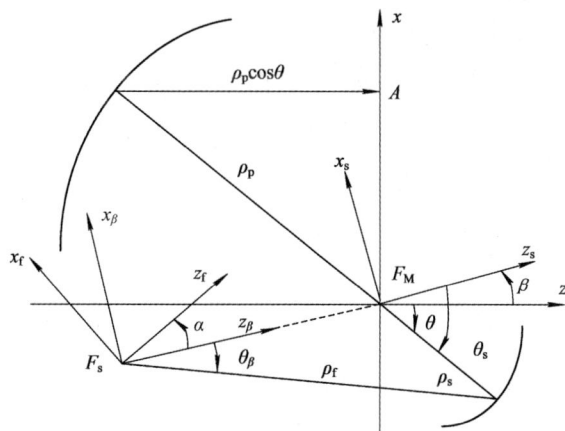

图 10.2 - 3　双偏置反射面天线的坐标系

主抛物面的方程为

$$\rho_p = \frac{2F}{1+\cos\theta} \tag{10-10}$$

副面椭球面的方程为

$$\rho_f + \rho_s = \frac{2c}{e} \tag{10-11}$$

其中：

$$\rho_f = \frac{c}{e} \times \frac{e^2-1}{e\cos\theta_\beta - 1} \tag{10-12}$$

$$\tan\frac{\theta_\beta}{2} = \frac{1-e}{1+e}\left(\tan\frac{\theta_s}{2}\right) \tag{10-13}$$

式中：e 为椭球面的离心率。

根据几何光学理论，到达投影口径面上一点 A 的电场为

$$E_A = E(\theta_f, \phi_f)\frac{\rho_s}{\rho_f\rho_p}e^{-j[k(\rho_f+\rho_p+\rho_s+\rho_p\cos\theta)-\pi]} \tag{10-14}$$

其中，$E(\theta_f, \phi_f)$ 是馈源电场强度的方向图。

由图 10.2-3 中的坐标间的相互关系和式(10-10)、式(10-12)可得

$$\cos\theta = \cos\theta_s\cos\beta - \sin\theta_s\cos\phi_s\sin\beta \tag{10-15}$$

$$\sin\theta_s = \frac{\rho_f}{\rho_s}\sin\theta_\beta \tag{10-16}$$

$$\cos\theta_s = \frac{\rho_f\cos\theta_\beta - 2c}{\rho_s} \tag{10-17}$$

$$\phi_s = \phi_\beta \tag{10-18}$$

则式(10-14)中的幅度项 $\frac{\rho_s}{\rho_f\rho_p}$ 的精确表达式为

$$\frac{\rho_s}{\rho_f\rho_p} = \frac{1}{2F}\left[\frac{\rho_s}{\rho_f} - \sin\theta_\beta\cos\phi_\beta\sin\beta + \left(\cos\theta_\beta - \frac{2c}{\rho_f}\right)\cos\beta\right] \tag{10-19}$$

由坐标系 $x_\beta y_\beta z_\beta$ 和 $x_f y_f z_f$ 的相互关系知

$$\sin\theta_\beta\cos\phi_\beta = \sin\theta_f\cos\phi_f\cos\alpha + \cos\theta_f\sin\alpha \tag{10-20}$$

$$\cos\theta_\beta = -\sin\theta_f\cos\phi_f\sin\alpha + \cos\theta_f\cos\alpha \tag{10-21}$$

把式(10-20)和式(10-21)代入式(10-19)得

$$\frac{\rho_s}{\rho_f\rho_p} = \frac{-1}{2F}\left[1 - \frac{2c(1-e\cos\beta)}{e\rho_f} + \sin\theta_f\cos\phi_f\sin(\alpha+\beta) - \cos\theta_f\cos(\alpha+\beta)\right] \tag{10-22}$$

从而

$$E_A(\theta_f, \phi_f) = E(\theta_f, \phi_f)\frac{1}{2F\frac{1-e^2}{(1+e^2)-2e\cos\beta}} \cdot [1 + C_1\sin\theta_f\cos\phi_f + C_2\cos\theta_f] \tag{10-23}$$

其中：

$$C_1 = \frac{(e^2 - 1)\cos\alpha\sin\beta + [2e - (e^2 + 1)\cos\beta]\sin\alpha}{(e^2 + 1) - 2e\cos\beta} \qquad (10 - 24)$$

$$C_2 = \frac{(e^2 - 1)\sin\alpha\sin\beta + [2e - (e^2 + 1)\cos\beta]\cos\alpha}{(e^2 + 1) - 2e\cos\beta} \qquad (10 - 25)$$

由于式(10-14)中的指数项在推导过程中是无关项，因此式(10-23)中略去了指数项。

假设双偏置反射面天线有一个如图 10.2-4 所示的等效抛物面，由于角 α 是任意选取的，现在选择一个角 α 使 z_f 轴与等效抛物面的轴重合，那么就有

$$E_A(\theta_f, \phi_f) = \frac{E(\theta_f, \phi_f)}{\rho_{eq}} \qquad (10 - 26)$$

其中：

$$\rho_{eq} = \frac{2F_{eq}}{1 + \cos\theta_f} \qquad (10 - 27)$$

可得

$$F_{eq} = F \times \frac{1 - e^2}{(1 + e^2) - 2e\cos\beta} \qquad (10 - 28)$$

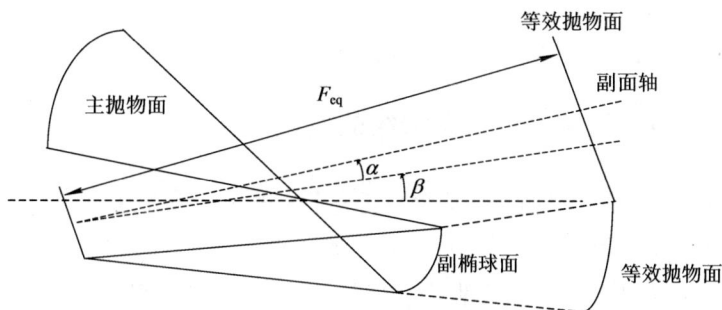

图 10.2-4 双偏置反射面天线的等效抛物面

将式(10-26)和式(10-23)进行对比，可得 $C_1 = 0$，$C_2 = 1$，即

$$\frac{(e^2 - 1)\sin\alpha\sin\beta - [2e - (e^2 + 1)\cos\beta]\cos\alpha}{(e^2 + 1) - 2e\cos\beta} = 0 \qquad (10 - 29)$$

$$\frac{(e^2 - 1)\sin\alpha\sin\beta - [2e - (e^2 + 1)\cos\beta]\cos\alpha}{(e^2 + 1) - 2e\cos\beta} = 1 \qquad (10 - 30)$$

解式(10-29)和式(10-30)可得

$$\sin\alpha = \frac{(e^2 - 1)\sin\beta}{(e^2 + 1) - 2e\cos\beta} \qquad (10 - 31)$$

$$\cos\alpha = \frac{(e^2 + 1)\cos\beta - 2e}{(e^2 + 1) - 2e\cos\beta} \qquad (10 - 32)$$

式(10-31)和式(10-32)可以等效表示为

$$\tan\alpha = \frac{(e^2-1)\sin\beta}{(e^2+1)\cos\beta-2e} \tag{10-33}$$

$$\tan\frac{\alpha}{2} = \frac{e+1}{e-1}\tan\frac{\beta}{2} \tag{10-34}$$

在双偏置反射面天线的设计参数按上述关系确定后，如果一个交叉极化为零的馈源沿着等效抛物面的轴照射副反射面，则由几何光学知，不会有交叉极化被激励，反射面天线的交叉极化为零。

因此，对于图 10.2 - 4 中的双偏置反射面天线结构，其零交叉极化条件为

$$\tan\alpha = \frac{|e^2-1|\sin\beta}{(e^2+1)\cos\beta-2e} \tag{10-35}$$

当角 α 的选取使得 z_f 轴与副面的角平分线重合时，式(10 - 13)可以写为

$$\tan\frac{\alpha}{2} = \frac{e+1}{e-1}\left(\tan\frac{\beta-\theta_0}{2}\right) \tag{10-36}$$

代入式(10 - 34)中，得

$$\tan\frac{\beta}{2} = \left(\frac{e-1}{e+1}\right)^2 \tan\left(\frac{\beta-\theta_0}{2}\right) \tag{10-37}$$

此时，等效抛物面的轴与 z_f 轴重合，等效抛物面关于 z_f 轴对称，从而使得溢漏最小。

式(10 - 35)和式(10 - 37)给出了满足零交叉极化和最小溢漏条件的天线参数之间的关系。当反射面的设计参数满足这两个条件时，天线可以获得较好的电性能。10.2.3 节从这两个公式出发，对反射面的其他设计参数进行推导。

10.2.3　格里高利型双偏置反射面天线的设计

在格里高利型双偏置反射面天线的设计中，由于涉及的参数比较多，所以设计比较复杂。在 10.3.2 节所述的参数中，只要选取五个独立变量就可以设计出整个天线系统了，这里选取 D、V_s、d_0、F 和 β 作为初始的独立变量，推导出其他参数。

1. 副反射面的离心率 e

由最小溢漏公式(10 - 37)推导得出副反射面的离心率 e：

$$e = \frac{1 - \sqrt{\dfrac{\tan(\beta/2)}{\tan\left[(\beta-\theta_0)/2\right]}}}{1 + \sqrt{\dfrac{\tan(\beta/2)}{\tan\left[(\beta-\theta_0)/2\right]}}} \tag{10-38}$$

2. 馈源轴与副面轴的夹角 α

由零交叉极化方程(10 - 35)可得

$$\alpha = 2\arctan\left[\frac{e+1}{e-1}\tan\frac{\beta}{2}\right] \tag{10-39}$$

3. 副面的半焦距 c

副面的半焦距 c 与副面在 xOy 面的投影高度 V_s 有关。V_s 等于副面上下边界的 x 坐标

值(分别为 x_{sU} 和 x_{sL})之差。在 xOz 平面，副面的 x 坐标可以由下式求得

$$x_s = \rho_s \sin\theta = -\left(\frac{c}{e}\right)\frac{(e^2-1)\sin\theta}{e\cos(\theta-\beta)+1} \tag{10-40}$$

则 V_s 为

$$V_s = x_s U - x_s L = \left(\frac{c}{e}\right)\frac{(e^2-1)\sin\theta_U}{e\cos(\theta_U-\beta)+1} - \left(\frac{c}{e}\right)\frac{(e^2-1)\sin\theta_L}{e\cos(\theta_L-\beta)+1} \tag{10-41}$$

对式(10-41)进行整理就可以得到 c 的表达式：

$$c = \frac{-eV_s}{(e^2-1)\left[\dfrac{\sin\theta_L}{e\cos(\theta_L-\beta)+1} - \dfrac{\sin\theta_U}{e\cos(\theta_U-\beta)+1}\right]} \tag{10-42}$$

e 和 c 确定后，就可以计算出副反射面的最小曲率半径 R_{min}：

$$R_{min} = \frac{c\,|e^2-1|}{e} \tag{10-43}$$

为了确保天线远场分析的准确性，一般选取 R_{min} 与副反射面的高度和宽度都大于 5λ。

4. 下边缘和副面上边缘之间的间距 d_c

$$d_c = x_m L - x_s U = d_0 - \frac{D}{2} + \left(\frac{c}{e}\right)\frac{(e^2-1)\sin\theta_L}{e\cos(\theta_L-\beta)+1} \tag{10-44}$$

5. 天线系统的纵向长度 L

在 xOz 平面，主反射面和副反射面的 z 坐标分别为

$$z_m = \rho_m \cos\theta = \frac{2F\cos\theta}{1+\cos\theta} \tag{10-45}$$

$$z_s = -\rho_s \cos\theta = \left(\frac{c}{e}\right)\frac{(e^2-1)\cos\theta}{e\cos(\theta-\beta)+1} \tag{10-46}$$

则天线的纵向长度为主反射面下边缘点的 z 坐标和副反射面上边缘点的 z 坐标之差：

$$L = \frac{2F\cos\theta_L}{1+\cos\theta_L} - \frac{c}{e}\frac{(e^2-1)\cos\theta_L}{e\cos(\theta_L-\beta)+1} \tag{10-47}$$

当主面的上边缘点和副面的下边缘点没有越过副面的上边缘点及公共焦点位于主面的前面时，式(10-47)才成立，即

$$z_{mU}, z_{sL} < z_{sU}, \ z_{mU} < -2c\cos\beta \tag{10-48}$$

其中，z_{mU} 是主面上边缘点的 z 坐标，而 z_{sU} 和 z_{sL} 分别是副面上、下边缘点的 z 坐标。

6. 副面的边缘与公共焦点夹角的半张角 θ_e

当 $\theta_\beta = \alpha + \theta_e$ 时，有 $\theta_s = \beta + \theta_U$，则

$$\tan\frac{\alpha+\theta_e}{2} = \frac{1-e}{1+e}\tan\frac{\theta_U-\beta}{2} \tag{10-49}$$

整理可得

$$\theta_e = -\left[2\arctan\left(\frac{1-e}{1+e}\tan\frac{\theta_U-\beta}{2}\right) - \alpha\right] \tag{10-50}$$

整个双偏置反射面天线可通过上述参数确定下来，之后才能分析天线的远场方向图及各项电性能指标。

10.3   反射面偏焦特性的应用

在实际应用中，有时需要使波瓣偏离抛物面轴向方向做上下或左右摆动，以达到搜索、跟踪目标的目的。

图 10.3 - 1 为馈源上下移动的示意图。图 10.3 - 2 为馈源上下移动时 E、H 面主极化和交叉极化方向图。当馈源上下移动时，E 面主极化方向图的最大方向会偏离轴向，交叉极化方向图的最大方向也会偏离轴向；H 面方向图的主极化和交叉极化辐射方向都不会发生偏离，但主极化的增益稍微有所下降，交叉极化分量相应会稍微有所上升，这主要是因为上下移动馈源时属于纵向偏焦，对 E 面的影响大于对 H 面的影响。

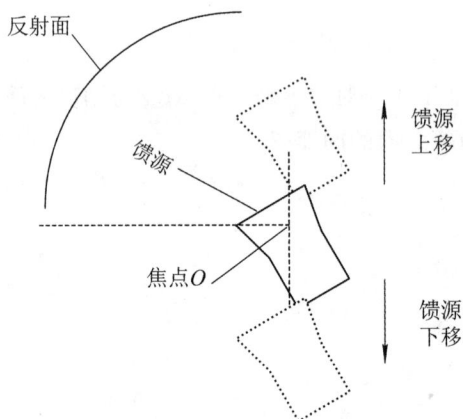

图 10.3 - 1   馈源上下移动示意图(剖面)

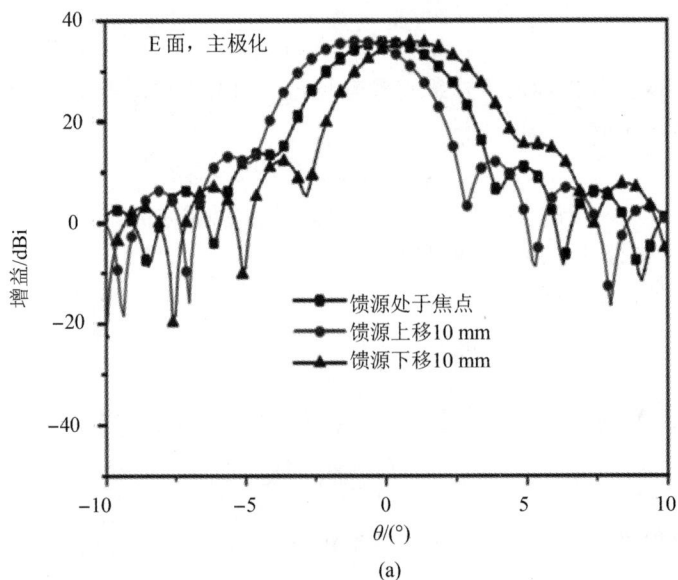

(a)

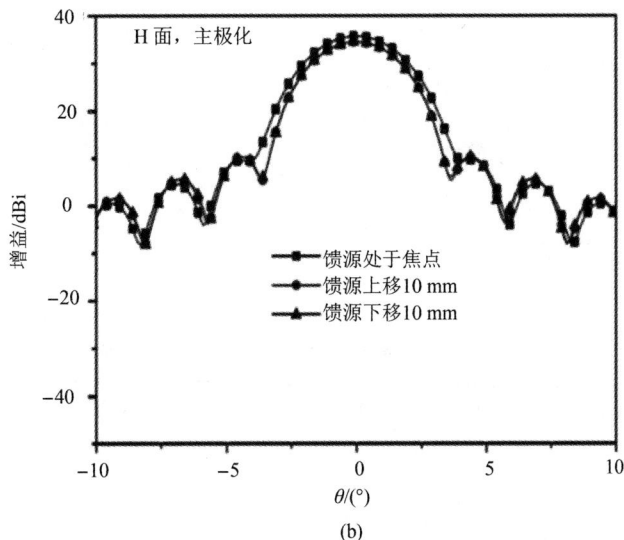

(b)

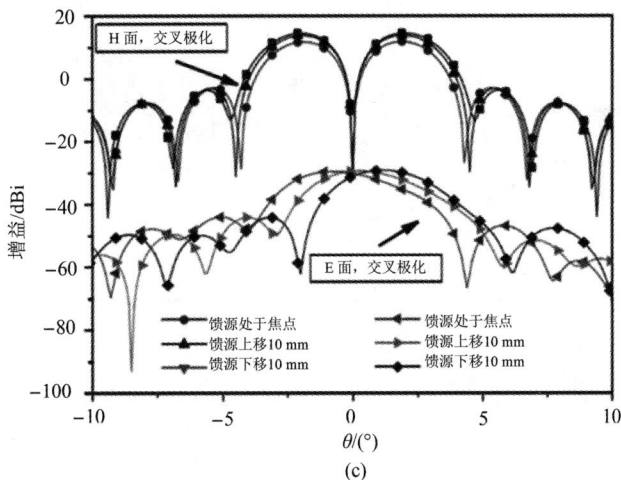

(c)

图 10.3 - 2 E、H 面主极化和交叉极化方向图

图 10.3 - 3 为馈源左右移动示意图。图 10.3 - 4 为馈源左右移动(即横向偏焦)时 2 个主平面的方向图。由图 10.3 - 4 可以看出,当馈源左右移动时,H 面的主极化方向图和交叉极化方向图会相应地有所偏离,最大方向的增益值及交叉极化最大值基本不发生变化;而 E 面的主极化方向图和交叉极化方向图不会发生偏离,但主极化最大增益下降较明显,同时交叉极化分量上升较大。这是因为相比上下移动馈源,左右移动馈源破坏了 E 面结构上交叉极化电流的对称性,所以造成 E 面交叉极化电流分量上升,但对 H 面只是影响其方向性。

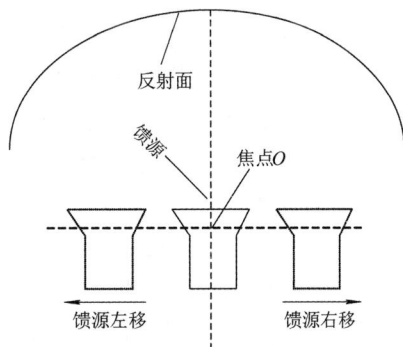

图 10.3 - 3 馈源左右移动示意图

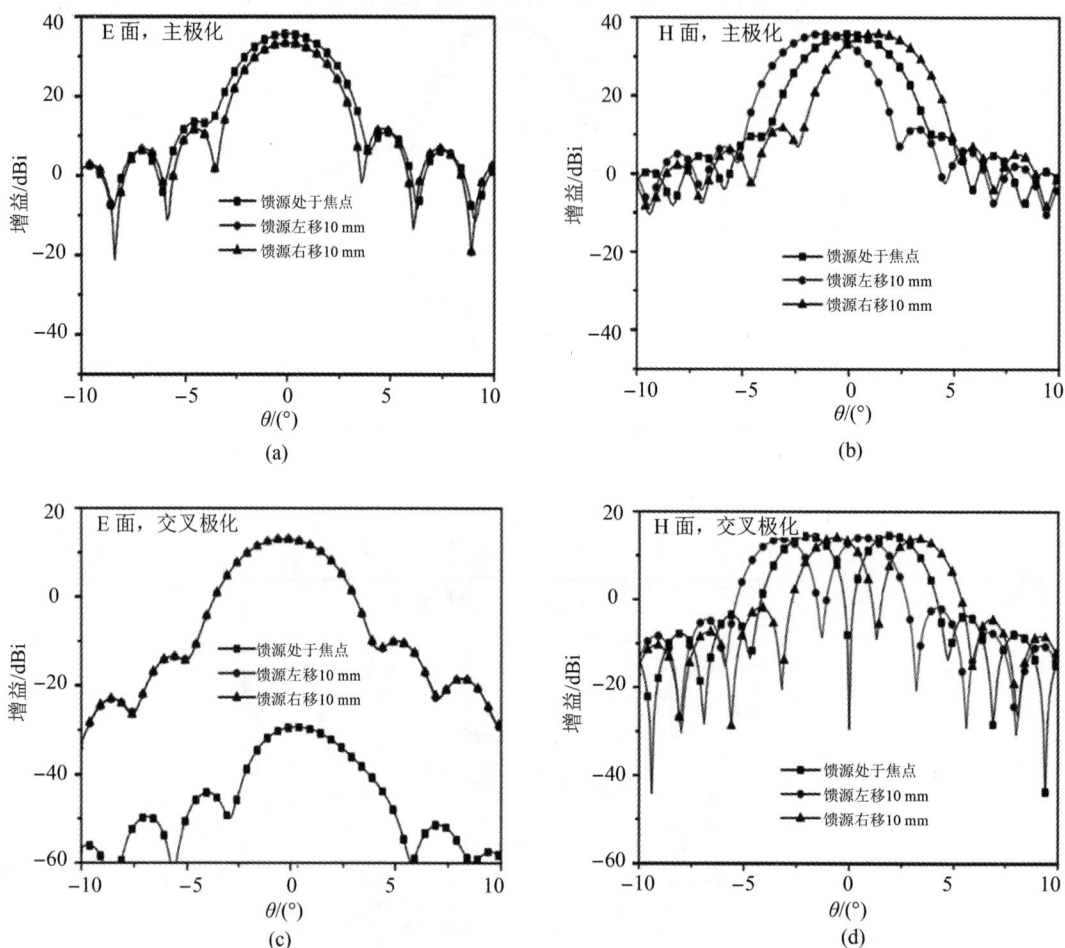

图 10.3-4 E、H 面主极化和交叉极化方向图

10.4 偏置反射面天线实例

本节给出应用于散射通信的偏置反射面天线的一个实例，天线指标如下：

(1) 工作频段：发射为 29~30 GHz；接收为 18.2~20.2 GHz。

(2) 天线增益：发射为 49.3 dBi(29.5 GHz)；接收为 45.46 dBi(18.95 GHz)。

(3) 电压驻波比：发射时≤1.5；接收时≤1.5。

(4) 旁瓣抑制：≥17 dB。

(5) 极化形式：发射时为左旋圆极化；接收时为右旋圆极化。

(6) 隔离度：交叉极化隔离度≥30 dB；收发端口隔离度≥85 dB。

(7) 天线轴比：≤2 dB。

10.4.1　偏置反射面天线实例介绍

图 10.4 - 1 为偏置反射面天线的加工实物图。该天线由双频馈源、抛物面及旋转支撑结构组成。标准抛物面用圆柱垂直切割，就可以获得所需要的偏置抛物面。抛物面偏置可以解决馈源遮挡的问题，从而保证天线的整体性能。圆极化双频馈源(见图 10.4 - 2)接口为标准波导法兰口，实现了地面站的一站多用。轻质便携式旋转支撑结构可以带动偏置反射面完成方位面 360°机械扫描，实现对目标的定向跟踪。

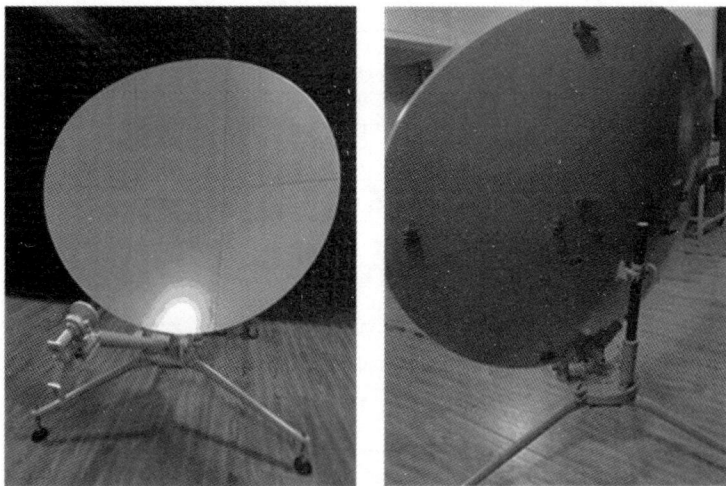

图 10.4 - 1　偏置反射面天线的实物图

图 10.4 - 2　双频馈源实物图

10.4.2　偏置反射面天线实例的结果分析

图 10.4 - 3 给出了偏置反射面天线低频段和高频段的电压驻波比。从图 10.4 - 3 中可以看出，在频带内，天线的电压驻波比均小于 1.5，阻抗匹配性能良好。

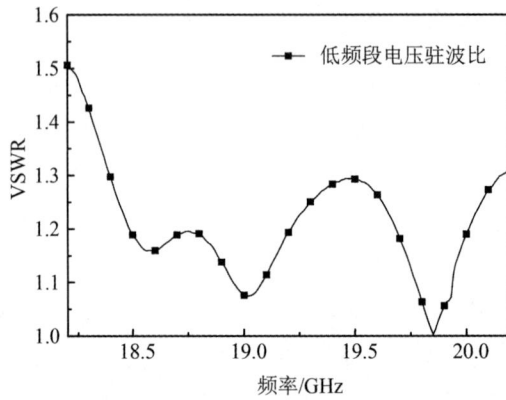

(a) 低频段电压驻波比

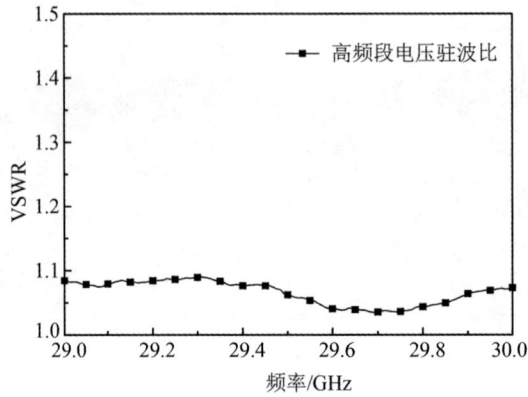

(b) 高频段电压驻波比

图 10.4-3   偏置反射面天线低频段和高频段的电压驻波比

图 10.4-4 给出了偏置反射面天线的收发端口隔离度。从图 10.4-4 中可以看出，在工作频带内，收发端口隔离度均大于 90 dB，天线收发通道的隔离性能良好。

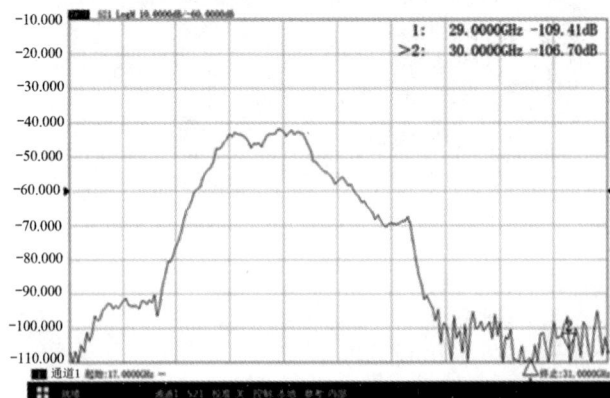

图 10.4-4   收发端口隔离度

　　图 10.4-5 给出了偏置反射面天线典型频点的实测方向图。从图 10.4-5 中可以看出，该天线的主瓣波束很窄，是典型的高增益天线，同时其副瓣满足包络曲线 $(29\sim25)\log\theta$（dBi）。分析可知，该天线在频段内定向辐射特性稳定，实测性能良好。

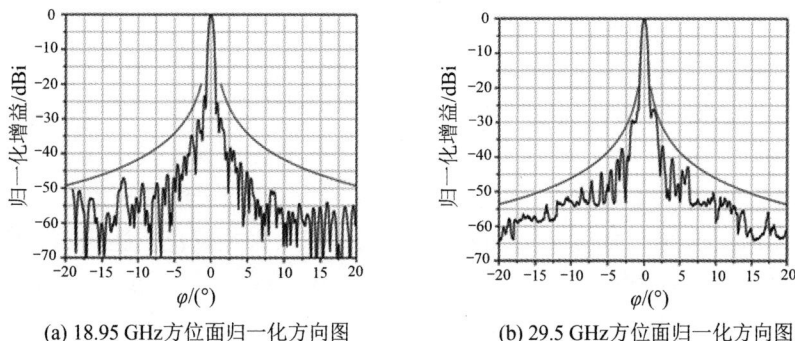

(a) 18.95 GHz 方位面归一化方向图　　　　(b) 29.5 GHz 方位面归一化方向图

图 10.4-5　偏置反射面天线典型频点的实测方向图

　　表 10.4-1 为偏置反射面天线增益实测结果统计表。

表 10.4-1　偏置反射面天线增益实测结果

频率/GHz	18.2	19.2	20.2	29	29.5	30
标准天线接收电平/dBm	-40	-41.4	-44.2	-55.4	-55.7	-57.7
反射面天线接收电平/dBm	-46	-47.3	-49.9	-62.4	-62.7	-64.6
标准增益/dBi	39.5	39.8	40.4	42.1	42.3	42.2
反射面天线增益/dBic	45.5	45.7	46.1	49.1	49.3	49.1
第一副瓣电平/dBm	-23	-23	-23	-26	-26	-27

　　表 10.4-2 为偏置反射面天线轴比实测结果。

表 10.4-2　偏置反射面天线轴比实测结果

频率/GHz	轴比/dB
18.2	1
19.2	0.8
20.2	1.1
29	1.05
29.5	1.1
30	0.9

　　偏置反射面天线是面天线中能够实现高效率、低副瓣的一种主要形式。偏置反射面天线选取了对称反射面的一部分，从而避开了馈源及其支杆的遮挡，这样可以消除由于遮挡造成的副瓣电平上升。同时又可以改善馈源的输入电压驻波比，具有很大的优越性，因而被广泛应用于散射通信领域。

第 11 章
卡塞格伦反射面天线

在射电天文、空间通信以及精密跟踪等领域，抛物面天线由于尺寸大、造价高、增益因子受限以及馈线损耗大等缺点，应用受到了限制。在抛物面天线和卡塞格伦光学望远镜的基础上，利用两个反射镜面构成的双反射面天线可以很好地解决上述问题。双反射面天线设计灵活，具有比普通抛物面更为优越的性能。在众多双反射面天线中，卡塞格伦天线是最常用、最典型的一种。本章主要介绍卡塞格伦反射面天线的几何结构、几何参数、工作原理、分析方法与赋形卡塞格伦反射面天线等方面。

11.1　卡塞格伦天线的几何结构

卡塞格伦天线由三部分组成，即主反射器、副反射器和馈源，如图 11.1-1 所示。其中，主反射器为旋转抛物面，副反射面为旋转双曲面，馈源一般为各种形式的喇叭以及介质棒天线。在结构上，双曲面的一个焦点与抛物面的焦点重合，双曲面的焦轴与抛物面的焦轴重合，而馈源位于双曲面的另一焦点上。工作时，副反射器对辐射源发出的电磁波进行一次反射，将电磁波反射到主反射器上，然后经主反射器反射后获得相应方向的平面波波束，从而实现定向发射。

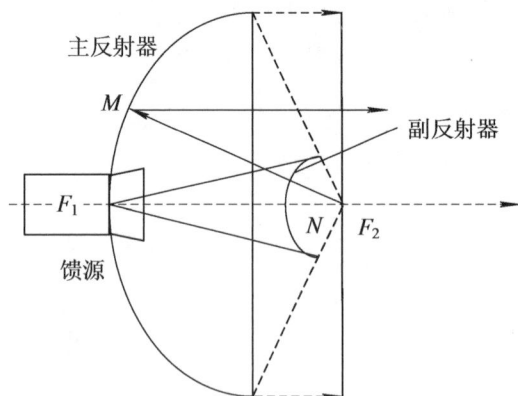

图 11.1-1　卡塞格伦天线的结构

图 11.1-2 为两种常见的反射面天线。

与抛物面天线相比，卡塞格伦天线具有以下优点：

(1) 以较短的纵向尺寸实现了长焦距抛物面天线的口径场分布，因而具有高增益、锐波束。

(a) 抛物面天线　　　　　　　　　　　　**(b) 卡塞格伦天线**

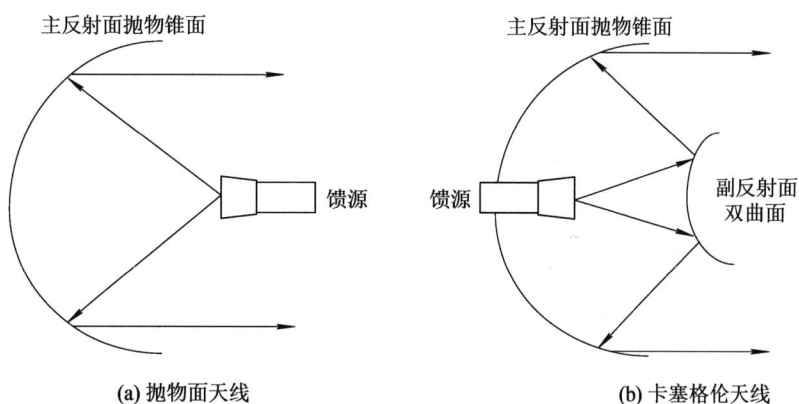

图 11.1 - 2　两种常见的反射面天线

（2）由于馈源后馈，因此缩短了馈线长度，减少了由传输线带来的噪声。

（3）设计时自由度多，可以灵活地选取主反射面、反射面形状，对波束赋形。

卡塞格伦天线存在如下缺点：副反射面的边缘绕射效应较大，容易引起主面口径场分布的畸变，副面的遮挡也会使方向图变形。

11.2　卡塞格伦天线的几何参数

图 11.2 - 1 为卡塞格伦反射面天线结构示意图。图中，双曲面直径为 D_s；双曲面焦距 $f_c = 2c$；双曲面口径边缘对焦点 F' 的半张角为 θ_0；双曲面顶点到焦点 F 的距离为 L_v；抛物面直径为 D；抛物面焦距为 f；抛物面口径对虚焦点 F 的半张角为 ψ_0。

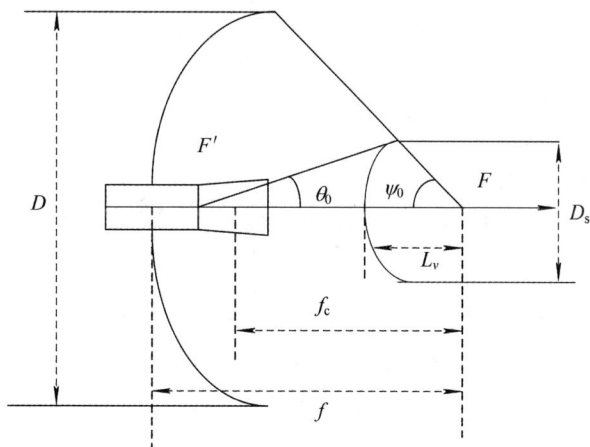

图 11.2 - 1　卡塞格伦天线结构示意图

七个参量之间的关系如下：

$$\tan\left(\frac{\psi_0}{2}\right) = \frac{D}{4f}$$

（11 - 1）

$$\left(\cot\psi_0 + \cot\theta_0\right)\frac{D_s}{2} = 2c \tag{11-2}$$

$$L_v = c\left[1 - \frac{\sin\frac{1}{2}(\psi_0 - \theta_0)}{\sin\frac{1}{2}(\psi_0 + \theta_0)}\right] \tag{11-3}$$

双曲面顶点到焦点 F 的距离关系式如下：

$$L_v = c - a \tag{11-4}$$

$$2a = F'P - FP \tag{11-5}$$

$$2a = \frac{D_s}{2}\frac{1}{\sin\theta_0} - \frac{D_s}{2}\frac{1}{\sin\psi_0} \tag{11-6}$$

$$2c = \frac{\sin(\psi_0 + \theta_0)}{\sin\theta_0 \sin\psi_0}\frac{D_s}{2} \tag{11-7}$$

离心率 e 的定义是

$$e = \frac{c}{a} \tag{11-8}$$

$$e = \frac{\sin\frac{1}{2}(\psi_0 + \theta_0)}{\sin\frac{1}{2}(\psi_0 - \theta_0)} \tag{11-9}$$

放大率 M 的定义为

$$M = \frac{e+1}{e-1} \tag{11-10}$$

$$M = \frac{\tan\frac{\psi_0}{2}}{\tan\frac{\theta_0}{2}} \tag{11-11}$$

11.3 卡塞格伦天线的工作原理

作为抛物面天线发展起来的双反射面天线的一种，卡塞格伦天线的工作原理和抛物面天线相似。如图 11.3-1 所示，抛物面天线利用了抛物面的反射特性，馈源位于抛物面的焦点上，直接照射到抛物面口径上，结构和工作原理简单，但却不能很好地通过调整馈源特性来控制天线口径面上的波束和功率分布。卡塞格伦天线由于引入了双曲副面，并将前馈式馈源结构变为后馈式的馈源结构天线，所以从馈源天线辐射出的类似球面波前首先会遇到双曲副面，由副面反射，然后反射波经抛物面二次反射作用，辐射向自由空间。

由于包含两个不同的反射面，它的几何关系较普通抛物面天线而言相对复杂。为说明它的工作原理，首先对双曲面的母线——双曲线的几何特性进行分析。

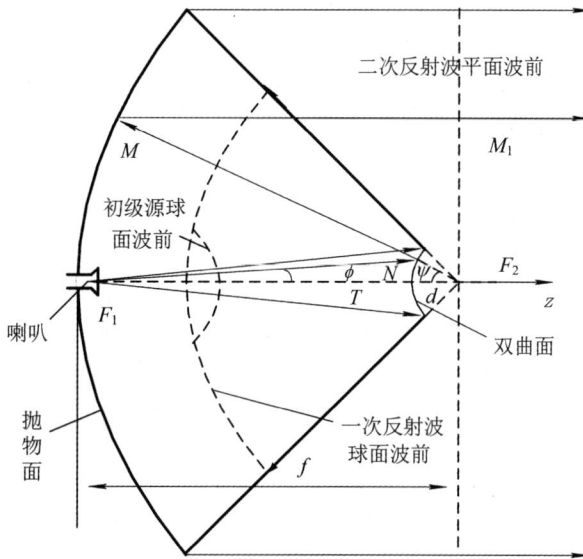

图 11.3-1　卡塞格伦天线

如图 11.3-2 所示，双曲线有两个焦点，通常称为实焦点 F_1 和虚焦点 F_2，两者间距为 $2c$，两曲线顶点间距为 $2a$。在直角坐标系中，若定义两焦点以 y 轴为对称轴，则两焦点分别位于点 $F_1(0,0,-c)$ 与点 $F_2(0,0,c)$，双曲线的方程为

$$\frac{z^2}{a^2} - \frac{y^2}{c^2-a^2} = 1 \tag{11-12}$$

双曲线的另一个参数是离心率 $e = \dfrac{c}{a} > 1$。

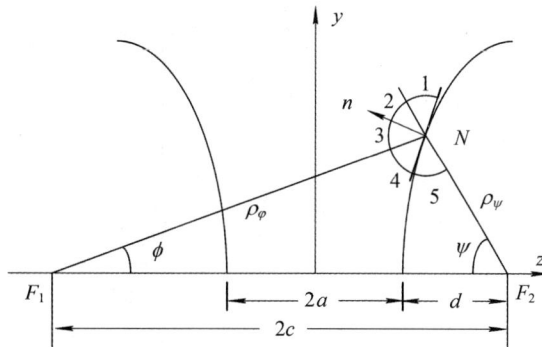

图 11.3-2　双曲线的几何关系

如图 11.3-2 所示，双曲线具有如下几何特性：

(1) 双曲线上任一点 N 到两个焦点的距离差等于一常数，即

$$NF_1 - NF_2 = 2a \tag{11-13}$$

(2) 当射线从实焦点 F_1 照射到双曲线上任意一点时，其反射线的反向延长线恰好经过虚焦点 F_2。由此可见，如果将馈源的相位中心置于实焦点 F_1 上，则经过双曲线反射后，反射线的方向就如同从虚焦点 F_2 发出来的一样。根据双曲线和抛物线的性质，如果把辐

射源的相位中心置于实焦点 F_1 上，并使双曲线的虚焦点 F_2 与抛物面的焦点重合，就构成了双反射器天线。由于虚焦点与抛物面的焦点重合，从辐射器发出的射线经双曲线反射后，等效于从抛物面的焦点发出，经抛物面反射后形成平行的射线。

如图 11.3-2 所示，根据抛物面的性质：

$$F_2N + NM + MM' = 2f \tag{11-14}$$

同时，利用双曲线的几何性质：

$$F_1N - F_2N = 2a \tag{11-15}$$

将式(11-14)与式(11-15)相加得到

$$F_1N + NM + MM' = 2(f+a) \quad (常数) \tag{11-16}$$

可见，从辐射器发出的射线到达口面上的波程是相同的，因此，卡塞格伦天线的口径场是同相分布的。

11.4 卡塞格伦天线的分析方法

1. 等效抛物面法

等效抛物面法是将卡塞格伦天线等效为一次反射的普通抛物面天线。另外，仍保持辐射器的口径不变以及主反射器的口面面积与等效的普通抛物面天线的口面面积相同。只要两者在抛物面的口面上的场相同，则根据等效原理，这两个天线在空间所产生的场也相同，两天线具有相同的方向特性。这样就可以用普通抛物面的分析方法对卡塞格伦天线进行分析。在图 11.4-1 中，(a)为卡塞格伦天线，(b)为其等效抛物面天线模型，如虚线所示。

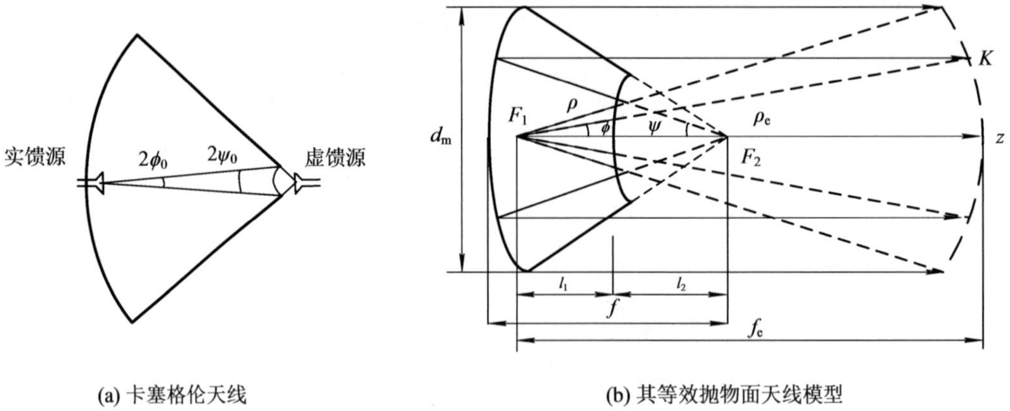

(a) 卡塞格伦天线　　　　　　　　　　(b) 其等效抛物面天线模型

图 11.4-1 等效抛物面法

可以证明，从实焦点 F_1 发出来的射线的延长线，与此射线经过副反射器、主反射器上两次反射后形成的平行线的交点 K 的轨迹，是一个抛物面。此抛物面的焦点与双曲线的实焦点 F_1 重合，则由焦点 F_1 处的辐射器发出的射线经此抛物面反射后形成平行于 z 轴并沿 $-e_z$ 方向传播的射线。此射线与由辐射器发出的同一射线经卡塞格伦天线副反射器和主反射器反射后与平行于 z 轴的射线重合。可用射线管的概念证明辐射器在此等效抛物面口面上所产生的场分布与卡塞格伦天线主反射器口面上的场分布是相同的。

如图 11.4-2 所示，沿 ϕ 方向的张角为 $d\phi$ 的射线管内投射到等效抛物面 $Q_1'Q_2'$ 区域的功率应和此射线管经副反射面和主反射面反射后投射到主反射面 Q_1Q_2 区域内的功率相同，而此射线管经等效抛物面和原来主反射面分别反射后又汇合成为同一射线管，即两射线管在各自的口径面上的截面相等。当 $d\phi \to 0$ 时，通过卡塞格伦天线主反射面口径上任意一点的功率密度和通过等效抛物面口面上对应点的功率流密度相等，于是证实了卡塞格伦天线和等效抛物面天线的口面场分布是完全相同的。

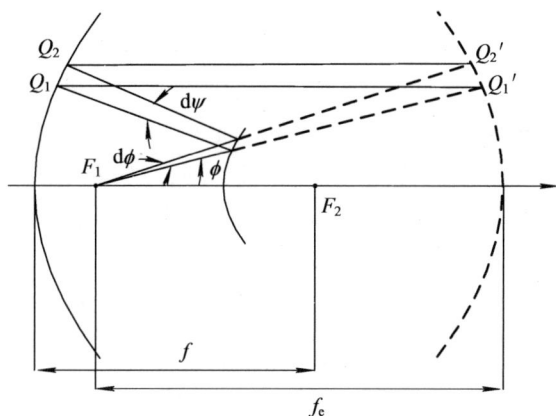

图 11.4-2　等效抛物面的口径场分布

由上述分析可知，卡塞格伦天线与等效抛物面天线的口径尺寸、口面场大小及分布均相等，两者为同相场，因此，两者具有同样的空间场分布和方向特性。

由图 11.4-1(b)可知

$$\rho \sin\psi = \rho_e \sin\phi \tag{11-17}$$

将抛物面方程代入式(11-17)，并利用三角函数式

$$\tan\frac{\psi}{2} = \frac{\sin\psi}{1+\cos\psi} \tag{11-18}$$

可得

$$\rho_e = \frac{2f}{1+\cos\psi} \cdot \frac{\sin\psi}{1+\cos\phi} = \frac{2f}{1+\cos\phi} \cdot \frac{\tan\frac{\psi}{2}}{\tan\frac{\phi}{2}} \tag{11-19}$$

令 $M = \tan\frac{\psi}{2}/\tan\frac{\phi}{2}$，则有

$$\rho_e = \frac{2Mf}{1+\cos\phi} \tag{11-20}$$

式(11-20)与式(11-3)有相似的形式，也满足抛物面的基本方程。若令

$$f_e = Mf \tag{11-21}$$

则 f_e 就是图 11.4-2 中虚线所示等效抛物面的焦距。

在典型的双反射器天线中，实际抛物面主反射器的半张角 ψ_0 大于等效抛物面的半张角 ψ_0，也即 ψ 大于相应的 ϕ。因此，M 为大于 1 的实数，将其定义为放大率。相应地，等效抛物面的焦距 f_e 大于卡塞格伦天线主反射器的焦距。

从以上分析可以看出，一个实际焦距比较短的双反射器天线，可等效为一个具有较长焦距(为原有焦距长度的 M 倍)的抛物面天线。适当加长焦距，可以使口面场分布更为均匀，并在一定程度上提高双反射器天线的口面利用率，增强方向性系数。因此，同样口径的卡塞格伦天线较普通抛物面天线其方向性更强。同时，双反射器天线的辐射器置于主反射器抛物面的顶点附近，即双曲线的实焦点处，与辐射器相连的馈线及收发设备可置于主反射器的后方。这种结构有利于缩短馈线长度，减小天线噪声，也便于安装调整。

2. 等效馈源法(虚馈源法)

将馈源和副反射面组合成为等效馈源。参看图 11.4 - 3，由几何光学法，位于实焦点 F_1 的馈源发出的射线 1 投射到双曲面上 N 点，经双曲面反射后为射线 2，将射线 2 反向延长与天线轴交于 F_2 点。因为根据几何光学原理，在双曲面上任意点 N，射线入射角与反射角相等。由双曲面几何特性，N 点与两焦点的连线(1 和 2)间的夹角为该点的法线平分。所以，从馈源发出的所有射线经双曲面反射后的反向延长线都汇聚于焦点 F_2。馈源与副反射面组合，相当于副反射面不存在，而是将等效馈源置于焦点 F_2 时的情况。于是卡塞格伦天线等效为由虚馈源照射主反射面的普通抛物面天线。这就是所谓等效馈源法，或称虚馈源法。

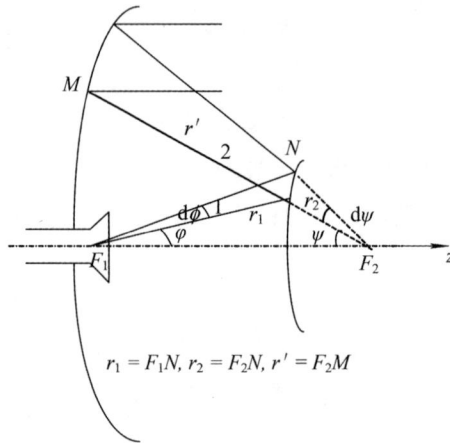

$$r_1 = F_1N, \ r_2 = F_2N, \ r' = F_2M$$

图 11.4 - 3　等效馈源法

下面我们讨论由馈源发出的电磁波，经过副反射面和主反射面两次反射后的口径场幅度分布。卡塞格伦天线口径场分布，由两个因素确定：一是副反射面反射时，在反射点能量射线管张角改变，各点 $d\psi/d\phi$ 不同(见图 11.4 - 3)参考图；另一是从馈源到副反射面和从副反射面到主反射面上路程上，电磁场强度存在空间衰减。

根据能量守恒定律，电磁波在无耗均匀媒质中传播时，有

$$|E_i|^2 ds_i = |E_r|^2 ds_r \tag{11 - 22}$$

式中，E_i 和 E_r 分别为在副反射面上任意点的入射波和反射波的电场强度；ds_i 和 ds_r 分别为入射时和反射后的射线管横截面积。

设馈源电磁波是线极化的。从图 11.4 - 3 的几何关系，得到

$$\begin{cases} ds_i = r_1^2 \sin\psi d\phi d\phi \\ ds_r = r_2^2 \sin\psi d\phi d\phi \end{cases} \tag{11 - 23}$$

式中，ϕ 是垂直于天线轴线的平面内的角坐标。

又

$$r_1 \sin\phi = r_2 \sin\psi \tag{11-24}$$

将式(11-23)代入式(11-22)，得到

$$\left|\frac{E_r}{E_i}\right| = \frac{r_1}{r_2}\sqrt{\frac{\sin\phi\,\mathrm{d}\phi}{\sin\psi\,\mathrm{d}\psi}} = q_1 \tag{11-25}$$

在副反射面表面处，入射波和反射波的射线管横截面积相等，即

$$\mathrm{d}s_i = \mathrm{d}s_r \tag{11-26}$$

从式(11-23)和式(11-26)，得到 $q_1 = 1$，即由副反射面辐射时，在反射点电场强度不变。于是，副反射面的反射场，即等效馈源场归一化方向函数为

$$F_1(\psi) = \frac{r_{10}}{r_{20}}\frac{r_1}{r_2}F_0(\phi) = q(\psi)F_0(\phi) \tag{11-27}$$

式中，$F_0(\phi)$ 为馈源归一化方向函数。

为了分析方便，这里假定馈源方向图是圆对称的。r_{10} 和 r_{20} 分别是 r_1 和 r_2 在 $\phi = \psi = 0$ 时的值。从式(11-27)可知，$q(\psi) = \dfrac{r_{10}}{r_{20}}\dfrac{r_1}{r_2}$ 是馈源和等效馈源之间的变换系数，它与双曲面的几何特性有关。可以证明：

$$q(\psi) = \frac{1+\mu}{1+\mu\cos\psi} \geqslant 1 \tag{11-28}$$

$$\mu = \frac{2e}{1+e^2} \tag{11-29}$$

离心率 e 为不同数值时，$q(\psi)$ 与 ψ 的关系如图 11.4-4 所示。由于卡塞格伦天线的馈源发出的电磁波，经副反射面反射后，场的幅度分布发生了变化。变化后的场幅度分布，等效于将原抛物面口径场从中心向边缘加强。由于馈源方向图通常是使抛物面口径场从口径中心向边缘减弱，所以卡塞格伦天线副反射面的作用是使天线口径场分布比普通抛物面更均匀。如果计入空间衰减因子的影响，则主反射面口径场幅度分布为

$$A(\psi) = \frac{f}{r'}F_1(\psi) \tag{11-30}$$

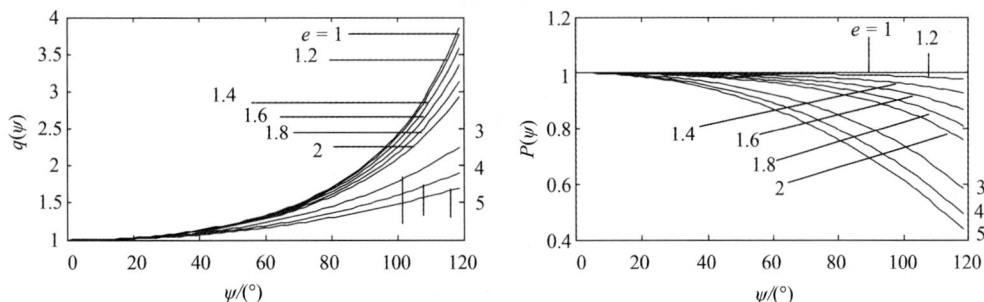

图 11.4-4　e 为不同值时 $q(\psi)$ 和 $P(\psi)$ 与 ψ 的关系

根据抛物面几何关系有

$$A(\psi) = \frac{1+\mu\cos^2(\psi/2)}{1+\mu\cos\psi}F_0(\phi) \tag{11-31}$$

由馈源电磁波幅度分布变换为天线主反射面口径场幅度分布的归一化变换函数

$$P(\psi) = \frac{1 + \mu \cos^2(\psi/2)}{1 + \mu \cos\psi} = q(\psi)\cos^2\frac{\psi}{2} \qquad (11-32)$$

离心率 e 为不同数值时，$P(\psi)$ 与 ψ 的关系如图 11.4-4 所示，且 $P(\psi) \leqslant 1$。从图可见当离心率 $e \neq 1$ 时，主反射面张角 ψ_0 越大，系数 $P(\psi)$ 从口径中心向边缘减小得越多。

11.5   最小遮挡设计原则

卡式天线比单反射面天线多了一个副面，馈源辐射出的电磁波要经副面反射后才能到达主面口径上。所以，相比于单反射面天线而言，卡式天线的设计更为复杂，且须考虑的因素也相应增加。

双反射面可以根据所需要方向图的主瓣宽度或天线增益来确定主反射面的口径直径，再根据副面相对于焦点处的最大张角和馈源喇叭的波瓣宽度及其他因素确定主面焦距，确定主反射面的焦径比。而在卡式天线的设计中，副面、馈源和支撑杆对口径或等效馈源的辐射会产生遮挡，在主反射面的焦径比确定之后，还要考虑馈源和副面对天线口径面的遮挡，且应使馈源和副面对口径面的遮挡面积最小，由馈源相对于主面的前伸量尽量小的原则，来确定副反射面的直径及离心率。

根据几何光学法，遮挡效应使口面场分布分为两部分：一是整个口面上原来的场，二是遮挡面积上反相的场。显然，如果能限制遮挡面积，就能减小遮挡损失，提高天线的口径效率。

如图 11.5-1 所示，副面对口径的前向辐射产生遮挡，其遮挡面积等于它在口径上的垂直几何投影（图 11.5-1 中实线圆内的面积）。副面的面积越大，遮挡面积就越大。馈源对副面的反射场或散射场产生遮挡，利用等效馈源原理，则以虚焦点为顶点且围绕喇叭口径周界的立体角边缘与主面相截，其截线所围的面积就是馈源在口径上的遮挡面积（图 11.5-1 中虚线圆内的面积）。喇叭的口径直径越大，或者喇叭离副面越近，遮挡面积就越大。

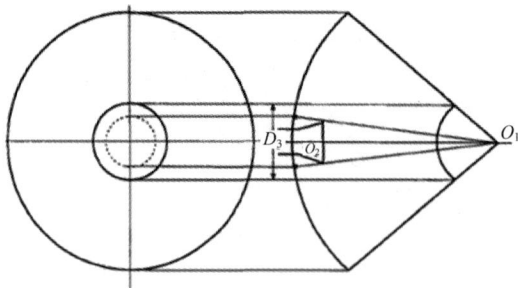

图 11.5-1   副面与馈源的遮挡面积

给定主面的直径 D_m 和焦径比 F_m/D_m 时，即主面结构确定的情况下，如果要保持馈源对副面的照射角保持不变，当调整馈源前伸量的值时，馈源口径直径也要相应的进行调整，这便会引起馈源对口径面的遮挡作用改变。如果保持馈源对副面边缘的照射电平不变，天线副面口径与主面口径的遮挡比 D_s/D_m 变小的话，副瓣电平也会随之下降。对天线的口径效率来说，D_s 太小会导致天线的绕射效率过小，D_s 过大会使副面对主面口径造成过大的遮挡。在实际设计中，要综合考虑馈源遮挡和副面遮挡对主面口径的遮挡作用。

由图 11.5-2 可以看出，副面和喇叭在主面上的遮挡面积会有部分重叠，但大多数情况下不相等。只有当两者的遮挡在主面上的映射面积大致相等时，才能使副面和喇叭对主面的遮挡影响减至最小，称此时的副面直径 D_{sn} 为副面最小遮挡直径，如图 11.5-2 所示。

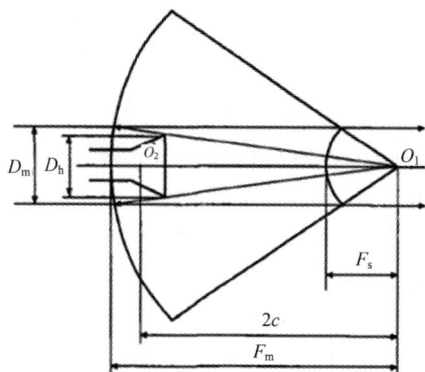

图 11.5-2　副面最小遮挡直径

由相似三角形关系近似得副面最小遮挡直径的计算公式为

$$D_{sn} = \sqrt{\frac{2D_h F_m}{\cot\theta_{m1} + \cot\theta_{m2}}} \tag{11-33}$$

副面最小遮挡直径也可以由式(11-34)近似确定。

$$D_{sn} = \sqrt{\frac{2F_m}{k}\lambda} \tag{11-34}$$

其中，K 是喇叭口径直径与其遮挡直径之比，通常可取 0.7。副面直径 D_s 的下限为 $7\lambda \sim 8\lambda$，否则会引起绕射损失增大；D_s 的上限为 $0.15D_m$。

11.6　赋形波束反射面天线

在雷达应用领域，要求天线的辐射方向图在一定的空间立体角范围内符合给定的函数形状，这类型的天线通常被称为赋形波束天线，而产生给定波束的方法之一就是适合赋形反射面天线的反射表面。图 11.6-1 为赋形反射面天线的几何示意图。

赋形波束优点是仅在所需要的方向，有效地使用最合适的电平辐射的微波功率；减少不必要的地面或环境的反射以及减小相邻天线间的相互干扰；在复合天线的主口径面上产生一个最优化的照射分布。

通常赋形反射面天线是指由馈源发出的信号经赋形的反射面反射后在天线的远区场产生与天线波束所覆盖区域相对应的方向图，如图 11.6-1 所示。因此，反射面天线的赋形既可以通过改变馈源也可以通过改变反射面的形状来实现，还可以将这两种方式结合起来使用。

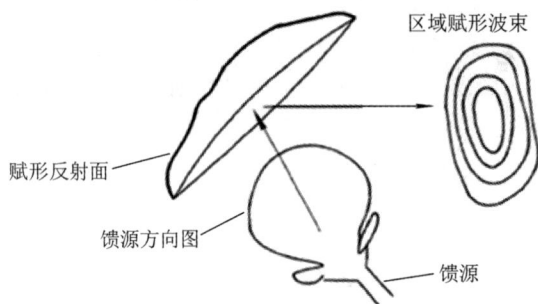

图 11.6-1 赋形反射面天线的几何示意图

赋形反射面天线按照使用馈源的数目可分为：单馈源和多馈源两种类型。在通信卫星天线中，通常使用馈源阵列抛物反射面天线，如图 11.6-2(a)所示，这种赋形天线的重点是优化各个馈源的几何分布和激励系数。对于单馈源单反射面赋形天线，如图 11.6-2(b)所示，其结构和加工都相对更为简单。

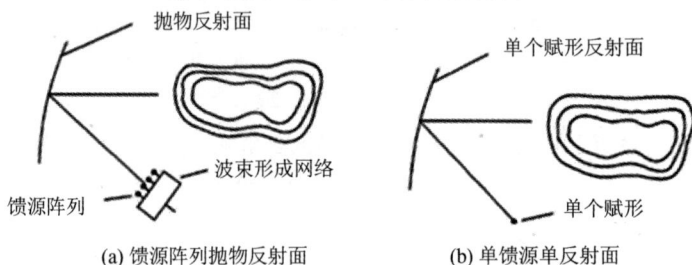

(a) 馈源阵列抛物反射面   (b) 单馈源单反射面

图 11.6-2 赋形反射面天线示意图

赋形反射面天线按照反射面的类型又可分为：单反射面天线和多反射面(一般为两个反射面)天线。单反射面赋形天线常采用偏馈结构，如图 11.6-3(a)所示，为单反射面偏馈抛物面天线。而多反射面赋形天线一般为双偏置抛物面天线，其双偏置结构是指副反射面对馈源的偏置，主反射面对副反射面的偏置，如图 11.6-3(b)所示，为偏置卡塞格伦天线。双反射面赋形天线一般是通过合理配置两个反射面的偏置状态或对两个反射面的形状进行赋形，来达到天线波束赋形的目的。

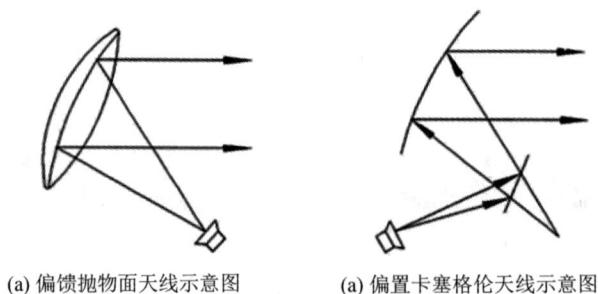

(a) 偏馈抛物面天线示意图   (a) 偏置卡塞格伦天线示意图

图 11.6-3 两种常见的赋形反射面天线示意图

11.6.1　赋形格里高利天线

赋形格里高利天线的坐标系如图 11.6 - 4 所示。标准的格里高利天线的主镜是抛物面，它有一个固定的焦点，其副镜是一个椭球面，它有两个焦点，一个焦点是与主镜抛物面的焦点重合，另一个焦点便是馈源的相位中心。对于赋形后的格里高利天线，其副镜不再是标准的椭球面，它的一个焦点变成了焦区，这个焦区为一条直线段，从修正后的副镜顶点开始到标准椭球面原来的焦点为止，另一个焦点仍是馈源的相位中心；而主镜也不再是标准的抛物面，其焦点也变成了一个焦区，该焦区即为副镜的焦区。

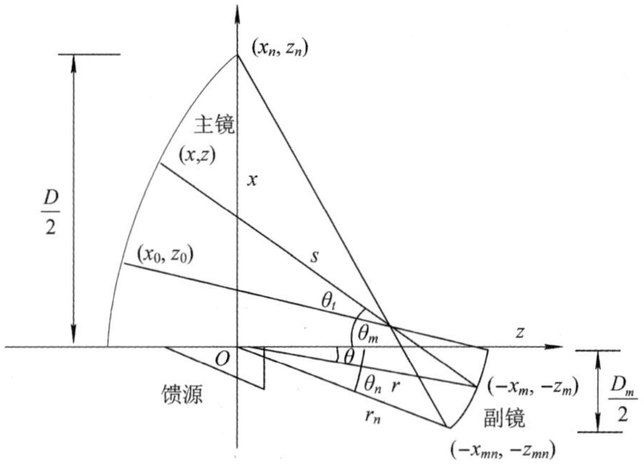

图 11.6 - 4　赋形格里高利天线的坐标系示意图

图 11.6 - 4 中各符号表示的意义为：(x, z) 是主镜上任意一点的坐标；$(-x_m, z_m)$ 是副镜上任意一点的坐标(馈源相位中心发出的射向副镜下半部分的射线，经副镜反射后射向主镜的上半部分，因此副镜下半部分某点的坐标就为 $(-x_m, z_m)$，而 x_m 表示正值)；O 是直角坐标系的原点，也是馈源的相位中心；r_n 是副镜边缘到点 O 的距离；r 是副镜上任意一点到点 O 的距离；s 是副镜上任意一点 $(-x_m, z_m)$ 到主镜上任意一点 (x, z) 的距离；D 为主镜的口面直径；D_m 为副镜的直径；θ 为副镜上任意一点 $(-x_m, z_m)$ 和 O 点连线与 z 轴的夹角；θ_n 是馈源的相位中心对副镜边缘的半照射角；θ_t 为主镜上任意一点 (x, z) 和副镜上任意一点 $(-x_m, z_m)$ 的连线与 z 轴的夹角；θ_m 为主、副镜边缘连线与 z 轴的夹角 z_{mn} 为副镜边缘的 z 坐标值；$x_0 (= D_m/2)$ 为副镜投影到主镜中心阴影部分的半径；$x_n (= D/2)$ 为主镜半径；$x_{mn} (= D_m/2)$ 为副镜半径。

令图 11.6 - 4 围绕 z 轴旋转一周后便可得赋形格里高利天线的整体示意图。

根据图 11.6 - 4 的几何关系可得

$$\tan\theta_t = \frac{x_m + x}{z_m - z} \tag{11 - 35}$$

$$\begin{cases} \tan\theta_m = \dfrac{x_{mn} + x_n}{z_{mn} - z_n} \\[3mm] \theta_m = \arctan\left(\dfrac{x_{mn} + x_n}{z_{mn} - z_n}\right) \end{cases} \tag{11 - 36}$$

由式(11 - 35)和式(11 - 36)可得

$$z = z_m - (x_m + x)\cot\theta_t \tag{11-37}$$

$$z_n = z_{mn} - (x_{mn} + x_n)\cot\theta_m \tag{11-38}$$

由式(11-36)可以算出 θ_m，由式(11-38)可以算出 z_n。

在图 11.6-4 中：

$$r_n = \frac{x_{mn}}{\sin\theta_n} \tag{11-39}$$

$$z_{mn} = r_n\cos\theta_n \tag{11-40}$$

以坐标原点所在的 xOz 平面作为参考平面，则等光程条件为

$$c = r + s - z \tag{11-41}$$

在式(11-41)中 c 表示射线的光程。

$$s = c - r - z \tag{11-42}$$

$$s = \frac{x + x_m}{\sin\theta_t} \tag{11-43}$$

把式(11-43)代入式(11-41)中可得

$$c = r - z + \frac{x + x_m}{\sin\theta_t} \tag{11-44}$$

当 $\theta_t = \theta_m$ 时，则

$$c = r_n - z_n + \frac{x_n + x_{mn}}{\sin\theta_m} \tag{11-45}$$

设馈源的电场方向图为 $f(\theta)$，主镜口面场的分布函数为 $F(x)$。根据能量守恒定律，则有

$$\int_{x_0}^{x} F^2(x)x\,\mathrm{d}x = A\int_0^{\theta} f^2(\theta)\sin(\theta)\,\mathrm{d}\theta \tag{11-46}$$

在式(11-46)中

$$A = \frac{\displaystyle\int_{x_0}^{x_n} F^2(x)x\,\mathrm{d}x}{\displaystyle\int_0^{\theta_n} f^2(\theta)\sin\theta\,\mathrm{d}\theta} \tag{11-47}$$

对式(11-46)两边进行微分，可得到关于 x 的微分方程

$$\frac{\mathrm{d}x}{\mathrm{d}\theta} = A\frac{f^2(\theta)\sin\theta}{F^2(x)x} \quad (x\mid_{\theta=\theta_n} = x_n) \tag{11-48}$$

由副镜表面的反射定律可得

$$\frac{\mathrm{d}r}{r\,\mathrm{d}\theta} = -\tan\frac{\theta_t - \theta}{2} = \tan\frac{\tan\dfrac{\theta}{2} - \tan\dfrac{\theta_t}{2}}{1 + \tan\dfrac{\theta}{2}\tan\dfrac{\theta_t}{2}} \tag{11-49}$$

由图 11.6-4 得

$$\begin{cases} \sin\theta_t = \dfrac{x + \sin\theta}{s} \\[3mm] \cos\theta_t = \dfrac{r\sin\theta - z}{s} \end{cases} \tag{11-50}$$

$$\tan\frac{\theta_t}{2}=\frac{\sin\theta_t}{1+\cos\theta_t}=\frac{x+r\sin\theta}{s+r\cos\theta-z}=\frac{x+r\sin\theta}{c-r+z+r\cos\theta-z}$$

$$=\frac{x+r\sin\theta}{c-r(1-\cos\theta)} \tag{11-51}$$

将式(11-51)代入式(11-49)可得

$$\frac{\mathrm{d}r}{r\mathrm{d}\theta}=\frac{x-(c-2r)\tan\dfrac{\theta}{2}}{c+x\tan\dfrac{\theta}{2}}\quad(r\mid_{\theta=\theta_n}=r_n) \tag{11-52}$$

把式(11-48)和式(11-52)联立，便可构成以 θ 为变量求解 x 和 r 的方程组，即

$$\begin{cases}\dfrac{\mathrm{d}x}{\mathrm{d}\theta}=A\dfrac{f^2(\theta)\sin\theta}{F^2(x)x}\quad(x\mid_{\theta=\theta_n}=x_n)\\[4mm]\dfrac{\mathrm{d}r}{r\mathrm{d}\theta}=-r\dfrac{x-(c-r)\tan\dfrac{\theta}{2}}{c+x\tan\dfrac{\theta}{2}}\quad(r\mid_{\theta=\theta_n}=r_n)\end{cases} \tag{11-53}$$

由式(11-53)解出 x 和 r 后，用相应的几何关系可求出其他的几何参数

$$\begin{aligned}x_m&=r\sin\theta\\z_m&=r\cos\theta\end{aligned} \tag{11-54}$$

利用(11-51)可求出 θ_t

$$\theta_t=2\arctan\frac{x-x_m}{c-r+z_m} \tag{11-55}$$

由式(11-37)可计算出 z。

这样，主、副镜的全部几何参数 θ，θ_t，x，z，r，x_m，z_m 都可以计算出来，由此确定了赋形格里高利天线的形状。

11.6.2　赋形卡塞格伦天线

标准的卡塞格伦天线主镜仍为抛物面，有一个固定焦点，其副镜是双曲面，它有两个焦点，一个焦点是馈源的相位中心，另一个与标准的格里高利天线一样也是主镜抛物面的焦点。而赋形后的卡塞格伦天线，其主镜不再是一个固定的焦点，而是一个焦区。副镜与主镜重合的焦点也变成了一个焦区，该焦区是一条直线段，一端是副镜的顶点，另一端是标准抛物面的焦点，另一个焦点不变。赋形卡塞格伦天线可采用与赋形格里高利天线基本相同的数学处理，不同的是从馈源相位中心发出的射线射向副镜的上半部分，经副镜反射后射向主镜的上半部分。

因此副镜上半部分某点的坐标表示为 (x_m,z_m)，(x,z) 仍是主镜上任意一点的坐标；s 是副镜上任意一点 (x_m,z_m) 到主镜上任意一点 (x,z) 的距离；θ 为副镜上任意一点 (x_m,z_m) 和 O 点连线与 z 轴的夹角；θ_t 为主镜上任意一点 (x,z) 和副镜上任意一点 (x_m,z_m) 的连线与 z 轴的夹角；$x_0(=D_m/2)$ 为副镜的遮挡所造成的主镜阴影部分的半径。

赋形卡塞格伦天线的几何示意图和坐标选择，如图 11.6-5 所示。

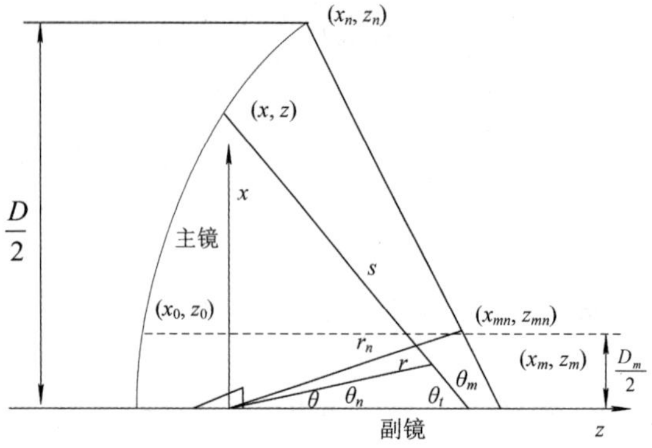

图 11.6 - 5　赋形卡塞格伦天线的几何示意图坐标选择

由图 11.6 - 5 得

$$c = r_n - z_n + \frac{x_n + x_{mn}}{\sin\theta_m} \tag{11-56}$$

根据能量守恒定律

$$\int_{x_0}^{x} F^2(x)x\,\mathrm{d}x = A\int_0^{\theta} f^2(\theta)\sin\theta\,\mathrm{d}\theta \tag{11-57}$$

其中：

$$A = \frac{\displaystyle\int_{x_0}^{x_n} F^2(x)x\,\mathrm{d}x}{\displaystyle\int_0^{\theta_n} f^2(\theta)\sin\theta\,\mathrm{d}\theta} \tag{11-58}$$

构成以 θ 为变量求解 x 和 r 的联立方程组

$$\begin{cases} \dfrac{\mathrm{d}x}{\mathrm{d}\theta} = A\,\dfrac{f^2(\theta)\sin\theta}{F^2(x)x} & (x\,|_{\theta=\theta_n} = x_n) \\[3mm] \dfrac{\mathrm{d}r}{r\,\mathrm{d}\theta} = r\,\dfrac{x - (c-r)\tan\dfrac{\theta}{2}}{c + x\tan\dfrac{\theta}{2}} & (r\,|_{\theta=\theta_n} = r_n) \end{cases} \tag{11-59}$$

由式(11 - 59)解出 x 和 r 后，代入上面相关方程并利用相应的几何关系，可求出 θ_t 和 z 等全部几何参数，从而确定赋形卡塞格伦天线的形状。同理，在图 11.6 - 5 中，如果围绕 z 轴旋转一周后便可得赋形卡塞格伦天线的整体示意图。

由以上分析可知，赋形格里高利天线和赋形卡塞格伦天线的赋形方程形式虽然不相同，但它们的边界条件却相同，并且其射线光程 c 值的表达式也相同。以上两者在赋形过程中唯一不变的是由边界条件所确定的焦点，此焦点是标准情况下的焦点。

11.7　喇叭抛物面天线

无论抛物面天线还是卡塞格伦天线，都会有一部分由反射面返回的能量被馈源重新吸收，这种现象被称为阴影效应。阴影效应不仅破坏了天线的方向图形状，降低了增益系数，加大了副瓣电平，而且破坏了馈源与传输线的匹配。尽管可以采用一些措施来加以改善，但是会因此缩小天线的工作带宽，很难做到宽频带尤其是多频段。假如我们能把馈源移出二次场的区域，则上面所提到的阴影效应也就可以避免了。喇叭抛物面天线正是基于这种考虑提出的。

喇叭抛物面天线是由角锥喇叭馈源及抛物面的一部分构成的。馈源喇叭置于抛物面的焦点，并将喇叭的三个面延伸与抛物面相接，在抛物面正前方留一个口，让经由抛物面反射的电波发射出来。其天线的结构如图 11.7-1 所示。

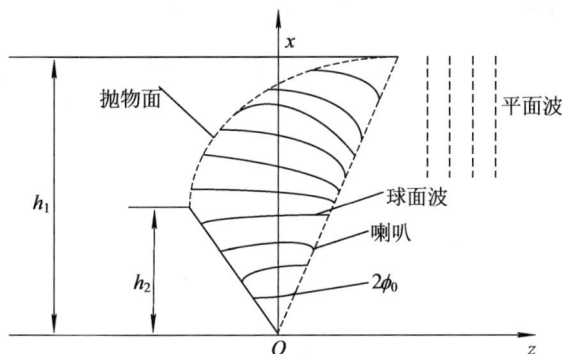

图 11.7-1 喇叭抛物面天线结构

喇叭抛物面天线的工作原理与一般抛物面天线的工作原理相同，即将角锥喇叭辐射的球面波经抛物面反射后变为平面波辐射出去。从图 11.7-1 可以看出，喇叭抛物面天线的波导轴 x 与抛物面的焦轴 z 垂直，经过抛物面的反射波不再回到喇叭馈源，从而克服了抛物面天线的上述缺点。

喇叭抛物面天线的喇叭张角 $2\phi_0$ 做得较小，一般取为 $30°\sim40°$；喇叭顶点到抛物面之长度 h 做得比较长，常取为 $(50\sim100)\lambda$；在喇叭与馈电波导之间接有一段长为 $(10\sim15)\lambda$ 的过渡段，以便改善匹配性能。

喇叭抛物面天线具有如下几点优越性能：

(1) 由于喇叭很长，张角又不大，因此它的口径场分布比较均匀，面积利用系数得到了提高($\upsilon\geqslant65\%$)。

(2) 由于喇叭很长，还有过渡段，故特性阻抗变化缓慢，并且消除了反射波对馈源的影响，因此可以在极宽的频带内获得较好的匹配(驻波比 VSWR≈1.2)。例如，这种天线可以同时工作于 4 GHz、6 GHz 和 11 GHz 等几个频段。

(3) 由于这种天线三面皆由金属屏蔽，消除了因馈源量散开所产生的副瓣，反向辐射也很小。两副并排放置的喇叭抛物面天线之间隔离度可达到 90 dB(每副为 45 dB)，而两副靠背喇叭抛物面天线之间的隔离度可达到 130 dB(每副为 65 dB)。

喇叭抛物面天线在实际电路中使用时，为了防止雨水、潮气、尘埃等进入馈电喇叭内，破坏天线的电气性能，天线开口处介质密封，内部充有加压的干燥空气或惰性气体。这种天线虽然具有尺寸大、重量重、造价高等缺点，但由于其电气性能良好，且可同时供几个频段的微波线路使用，因此，在多波道大容量微波干线通信中的应用较为广泛。

　　喇叭抛物面天线虽然具有频段复用能力、效率较高等优点，但体积庞大笨重，加工密封不便，成本也很高。为了达到既能频段复用又有良好的结构特点的目的，研制出了改进型的频段复用天线，其中最具有代表性的频段复用天线的结构如图 11.7－2 所示。它是一种偏置激励的双反射面天线，由一个小喇叭抛物面馈电及偏置的主、副反射面组成。这样，既保证了天线有较高的效率又避免了直接反射，以达到多频段的良好匹配；天线顶部加罩吸收，避免了有害辐射的影响；其结构紧凑，加工方便，而复用能力又比较强。

　　这种天线与喇叭抛物面天线相比在结构上有效高度可以缩短一半，方便装置排列；它只需要对小口径馈电器进行密封，使充气密封工艺大为简便。若采用多模及混合模喇叭，还可望在交叉极化去耦及口径效率等方面有进一步的改进。

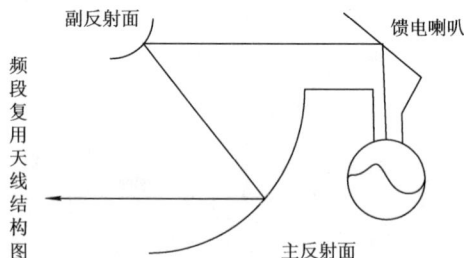

图 11.7－2　频段复用天线结构图

　　旋转抛物面天线和卡塞格伦天线产生的都是针状波束，方向性强。但是，有的无线电系统需要一个平面的方向图窄，而另一个与之垂直的平面方向图宽的波束，称之为扇形波束。有的特殊场合，还需要特殊的波束形状。为了设计出不同形状的波束，可以对反射面进行切割，或采用抛物柱面式反射面，或采用其他形式的反射面。

11.8　卡塞格伦反射面天线实例

　　本节给出卡塞格伦天线的一个实例，天线指标如下：

（1）工作频段：f_1 为 19.6～21.2 GHz；f_2 为 29.4～31 GHz。

（2）天线增益：≥41 dBi。

（3）电压驻波比：≤1.5。

（4）副瓣：≤－20 dB。

（5）极化形式：双频右旋圆极化。

（6）交叉极化：≤－40 dB。

11.8.1　卡塞格伦反射面天线实例介绍

　　由图 11.8－1 所示，对卡塞格伦天线进行设计时，主要从主面直径 D、副面直径 D_s、焦径比 F/D 这几方面来进行考虑。实际的设计中，D 是依据反射面天线的工作频段和增益进行选择，参照公式 $G = 4\pi A/\lambda^2$；D_s 依照工程经验通常选为 $(0.1\sim0.15)D$；另外，焦径比 F/D 通常取 0.3～0.5 为宜。

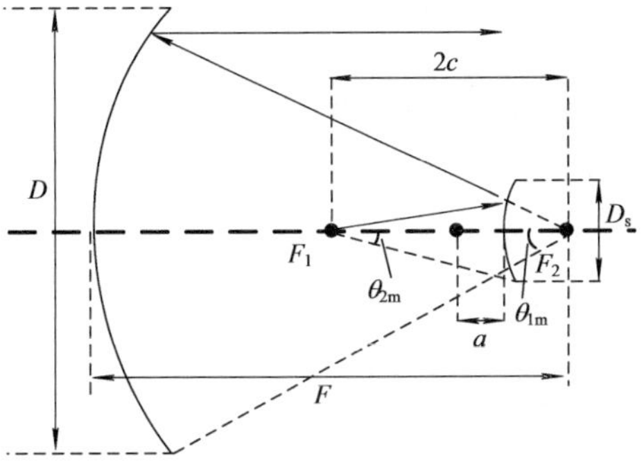

图 11.8 - 1　卡塞格伦天线原理图

图 11.8 - 2 为卡塞格伦天线的仿真模型图。该天线由双频波纹喇叭馈源、抛物面主面以及双曲面副面组成。

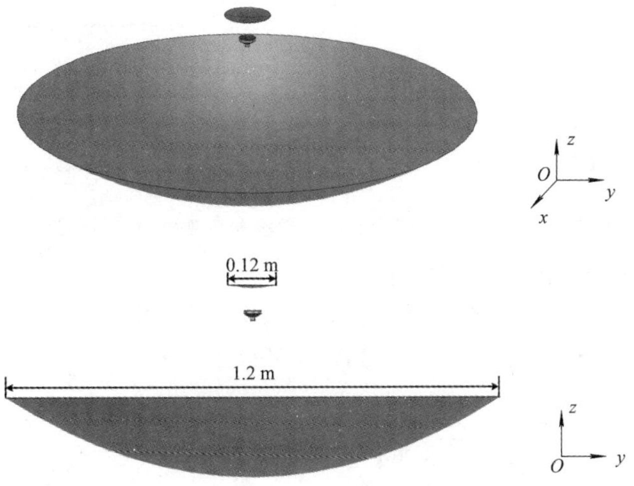

图 11.8 - 2　卡塞格伦天线的仿真模型图

图 11.8 - 3 为波纹喇叭的仿真模型图。为了具备对称性，通常反射面天线的馈源需要具备旋转对称的方向图，波纹喇叭天线便具备这样的特征。设计时一般锥削电平取 -12 dB 为宜，此时对应的锥削角即为馈源相位中心与副面边缘的夹角。

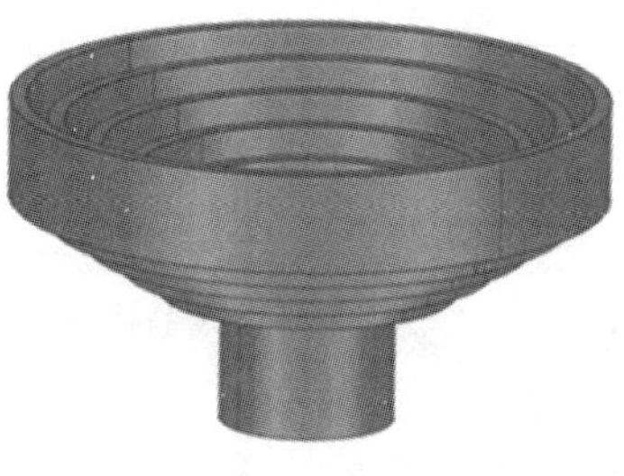

图 11.8 - 3　波纹喇叭的仿真模型图

依据上述条件，可以确定卡塞格伦天线的基本形状以及和馈源间的相对位置。

11.8.2 卡塞格伦反射面天线实例结果分析

1. 电压驻波比

图 11.8-4 给出了卡塞格伦天线低频段和高频段的电压驻波比，从图中可以看出，在频带内，天线的电压驻波比均小于 1.5，匹配性能良好。

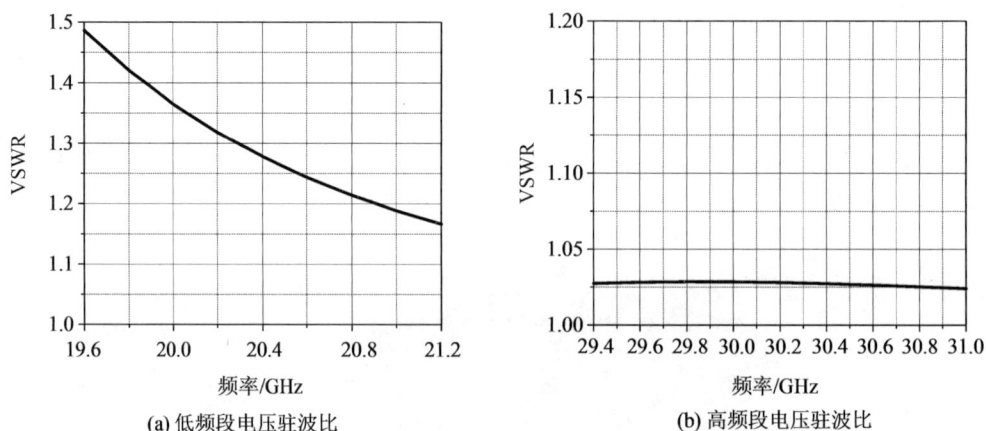

(a) 低频段电压驻波比　　　　　(b) 高频段电压驻波比

图 11.8-4　卡塞格伦天线低频段和高频段的电压驻波比

2. 波纹喇叭天线的仿真方向图

图 11.8-5 给出了波纹喇叭天线的仿真方向图，从图中可以看出，在频带内，天线 E 面方向图和 H 面方向图等化性好；照射角内交叉极化水平正常。

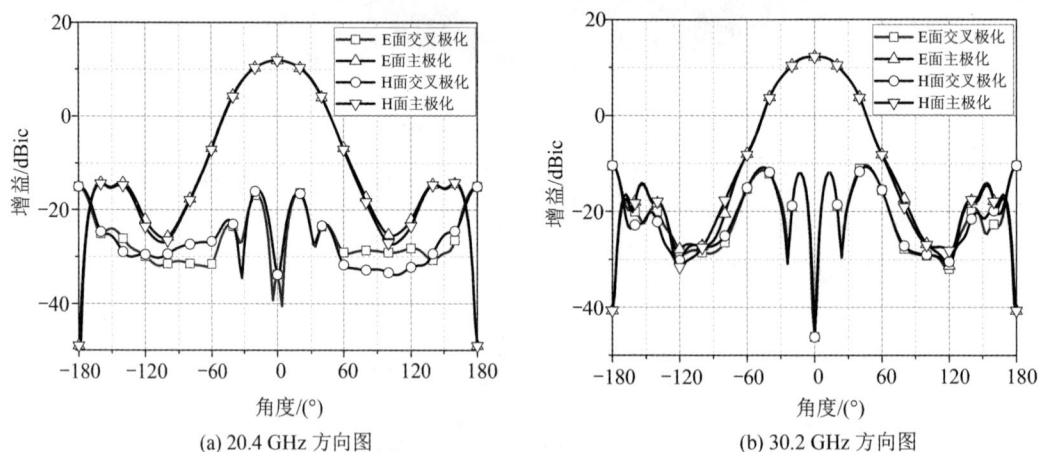

(a) 20.4 GHz 方向图　　　　　(b) 30.2 GHz 方向图

图 11.8-5　波纹喇叭天线的仿真方向图

3. 卡塞格伦天线的仿真方向图

图 11.8-6 给出了卡塞格伦天线仿真方向图，从图中可以看出，该天线的主瓣波束很窄，是典型的高增益天线。分析可知，该天线在频段内定向辐射特性稳定，仿真性能良好。

卡塞格伦天线是双反射面天线系统中经常采用的一种形式。副面的存在使反射面的设计更加灵活,同时由于馈源为后馈式,便于设计和支撑相应的馈电结构,因此被广泛应用于卫星通信领域。

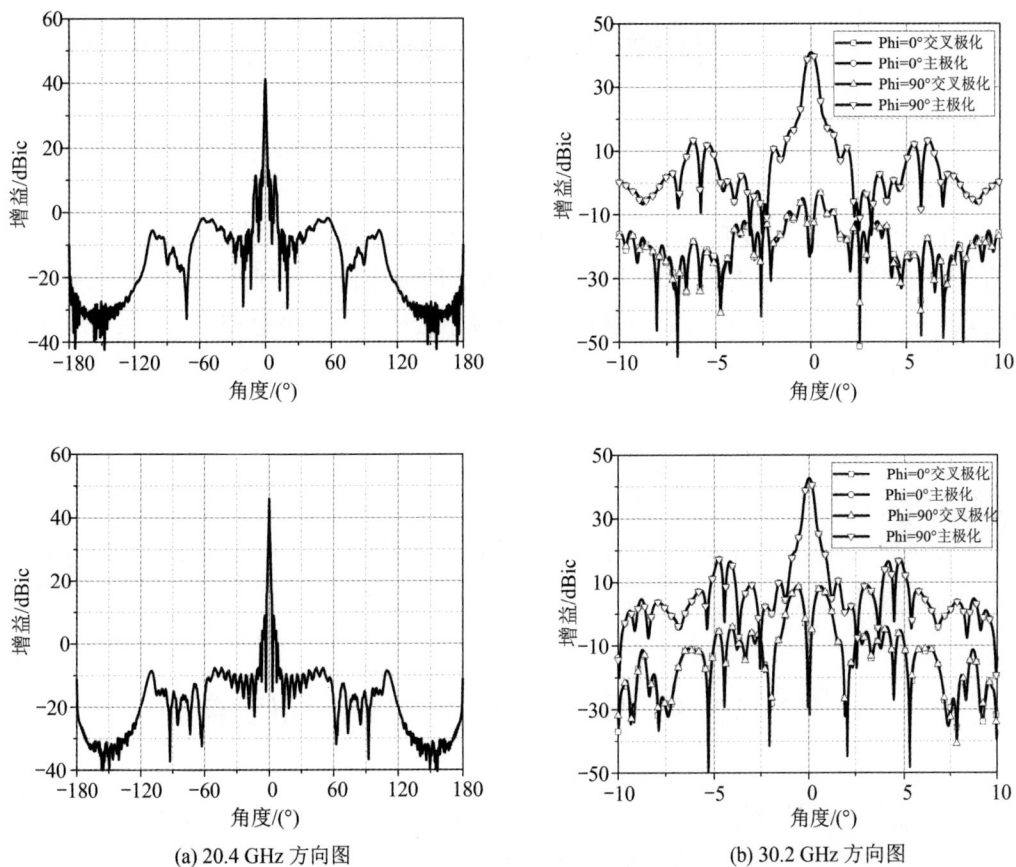

(a) 20.4 GHz 方向图

(b) 30.2 GHz 方向图

图 11.8 - 6 卡塞格伦天线的仿真方向图

第 12 章
环焦反射面天线

在卡塞格伦天线和格里高利天线中，都存在着馈源的球面波遮挡与副反射面平面波遮挡的矛盾，因此会造成天线性能的下降。环焦天线的提出使这一问题得到了解决。因为只要馈源的横向尺寸小于副反射面的直径，馈源将不会造成球面波遮挡，而环焦天线在实际应用中，馈源的口径总是小于副反射面的直径，显然，这种结构本身就消除了馈源遮挡与副反射面遮挡的难题，从而提高了天线的极化鉴别率并降低了天线的副瓣电平；同时，由几何光学可知，馈源照射副反射面的能量不会被反射到馈源内，所以环焦天线被广泛应用于地球站天线中。

本章主要从环焦天线的几何结构、工作原理、分析方法与赋形环焦反射面等方面介绍环焦反射面天线。

12.1 环焦反射面天线的几何结构

环焦天线一般采用双反射面结构，主反射面采用焦轴偏移的旋转抛物面形式，其焦点偏移中心，其焦点的空间轨迹是其直径与副反射面相等的圆环，又称焦环，环焦天线也因此得名。

环焦天线又称为抛物线焦轴偏移轴对称双反射面天线、偏焦轴天线等。副反射面一般有椭球形与双曲面型两种形式，目前应用广泛的是椭球形环焦天线。副反射面是长轴与抛物面轴线成 β 角的椭圆绕天线对称轴旋转一周得到的，环焦天线的结构如图 12.1 - 1 所示。馈源的相位中心置于椭球面的焦点处，另一个焦点置于主反射面焦环上。旋转抛物面的焦轴与馈源的轴线平行，馈源与主面共轴。

环焦天线的主反射面与副反射面是共焦点的旋转面，副反射面从外观上看有一个锥形的尖顶。环焦天线由于其主反射面采用了环焦设计，减弱了馈源遮挡大于副反射面导致次级遮挡的缺点，因此具有旁瓣较低、驻波比小、口面效率高，同时工作带宽宽等优点。

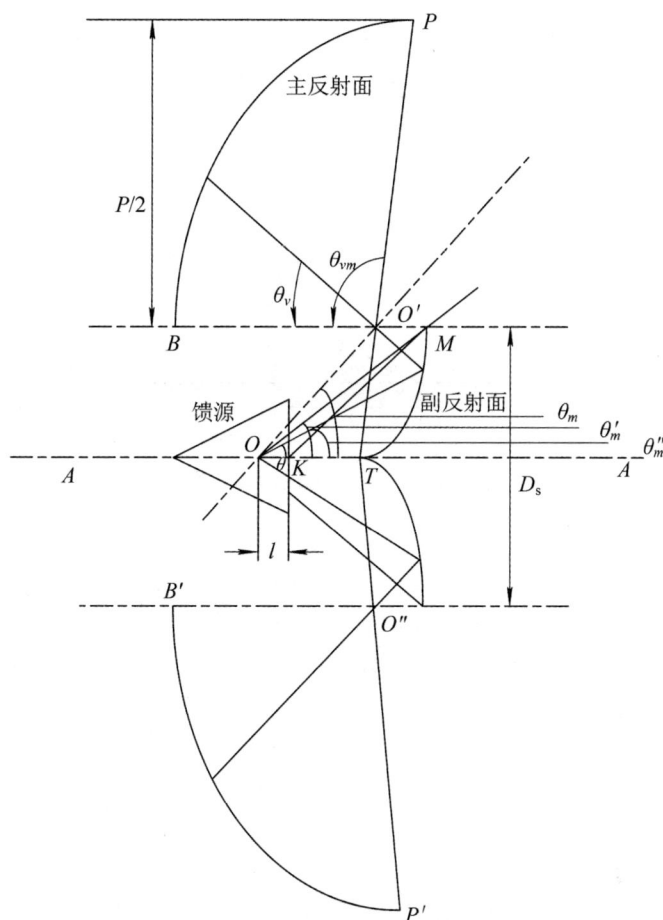

图 12.1-1 环焦天线的结构图

12.2 环焦反射面天线的分析方法

环焦天线几何参数如图 12.2-1 所示。图中，参数 f 为副反射面母线，即椭圆焦距，(x,z) 是直角坐标系的两轴，O' 为原点，(ρ,α) 为极坐标系，O' 为极点。

$$\alpha = \theta_v + \theta_m \tag{12-1}$$

$$\rho = \frac{(1+e)f}{1+e\cos\alpha} = \frac{(1+e)f}{1+e\cos(\theta_v + \theta_m)} \tag{12-2}$$

$$\begin{cases} x = \rho\sin\theta_v \\ z = \rho\cos\theta_v \end{cases} \tag{12-3}$$

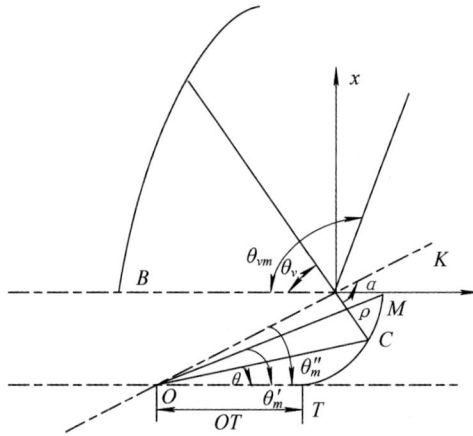

图 12.2-1 环焦天线的几何参数

放大因子 M 由下式求得

$$M = \frac{\tan\dfrac{\theta_m + \theta_{vm}}{2}}{\tan\dfrac{\theta_m}{2}} = \frac{1+e}{1-e} \tag{12-4}$$

$$e = \frac{M-1}{M+1} = \frac{\sin\dfrac{\theta_{vm}}{2}}{\sin\left(\theta_m + \dfrac{\theta_{vm}}{2}\right)} \tag{12-5}$$

式中，e 为椭圆的离心率。因为

$$\tan\frac{\theta_m - \theta_m'}{2} = \frac{1}{M}\tan\frac{\theta_m}{2} = \frac{1-e}{1+e}\tan\frac{\theta_m}{2} \tag{12-6}$$

$$\tan\frac{\theta_m'}{2} = \frac{\dfrac{2e}{1+e}\tan\dfrac{\theta_m}{2}}{1 + \dfrac{1-e}{1+e}\tan^2\dfrac{\theta_m}{2}} \tag{12-7}$$

把式(12-5)代入式(12-7)，则有

$$\tan\frac{\theta_m'}{2} = \frac{\sin\theta_m \sin\dfrac{\theta_{vm}}{2}}{\sin\theta_m \cos\dfrac{\theta_{vm}}{2} + 2\cos\theta_m \sin\dfrac{\theta_{vm}}{2}} \tag{12-8}$$

根据图 12.2-1 中的几何关系，从馈源相位中心 O 到副反射面顶点 T 的距离为

$$OT = \frac{D_s}{2}(\cot O_m + \cot\theta_{vm}) \tag{12-9}$$

主反射面的口面直径

$$D = 4F\tan\frac{\theta_{vm}}{2} + D_s \tag{12-10}$$

式中，主反射面的焦距用 F 表示。O 与 O' 之间的距离等于副反射面焦距 f

$$OO' = f = \frac{D_s}{2\sin\theta_m} \tag{12-11}$$

副反射面母线椭圆的长轴

$$2a = \frac{D_s}{2}\left[\cot\theta_m + \cot\frac{\theta_{vm}}{2}\right] \tag{12-12}$$

副反射面母线椭圆长轴与其焦距之差的二分之一

$$g = \frac{2a-f}{2} = \frac{D_s}{4}\frac{\cos\dfrac{\theta_{vm}+\theta_m}{2}}{\sin\dfrac{\theta_{vm}}{2}\cos\dfrac{\theta_m}{2}} \tag{12-13}$$

以上就是环焦天线的主要参数，对于分析天线十分重要。

12.3　环焦反射面天线的工作原理

从馈源发出的球面波入射到副反射面上时，由于椭球面的几何特性与反射规律可得，各个方向的入射波经副面发射后将汇聚于椭球面的另一个焦点处；又因为副反射面的焦点与主反射面的焦环重合，焦环上的点可以等效为主反射面的点源。由抛物面的几何特性可得，从焦点处发出的以任意方向入射的电磁波经抛物面反射后，将平行于抛物面轴线射出；其上任意一点到焦点的距离与它到抛物面准线的距离相等。因此从馈源发出的球面波经主、副反射面反射后变为平面波，形成平行波束，在主反射面口径上形成传播方向平行于主面轴线的同向口径。

天线采用对称结构，主反射面的波源等效为焦环上的点源，故副反射面的反射波的波阵面也是环状。焦环是副反射面的散焦区，为避免反射波重新进入馈源，副反射面的直径必须小于等于焦环的直径。此时从 $\phi=0$ 到 $\phi=\phi_{max}$ 范围的主反射面完全被馈源发出的电磁波照射。

环焦天线有如下特点：

（1）与天线共轴、直径等于副面直径的柱体内副面反射的电磁波无法照射。

（2）由射线路径特性决定，只要波纹馈源的口径 D_K 不大于副反射面直径 D_s，喇叭的遮挡小于副面的遮挡。

（3）由副反射面的几何特性导致倒转反射，将馈源方向图中心的能量反射到主反射面的边缘，而馈源方向图边缘的能量反射到主反射面的中心。

（4）由于副反射面结构上锥形尖顶的影响，天线口径面上的幅度分布在主面边缘处下降剧烈，这是由于此部分能量来自尖顶的反射，若尖顶的面积约为零，则反射波的能量密度等于零。

环焦天线的优点是可以克服初级馈源所引起的遮挡大于副反射面而引起的次级遮挡，特殊的几何结构使馈源的输入驻波特性优良，是一种实现中小型天线低旁瓣化和高极化鉴别率的新方向。

12.4 环焦反射面天线的设计

环焦天线的设计是根据系统性能指标要求，特别是天线的电气指标，设计其主面和副面的几何尺寸及其与馈源的相对几何关系。环焦天线的主面直径是由总体指标确定的，在设计中为已知的几何参数。

在频谱复用的卫星通信体制中，由于复杂的频谱复用网络和希望采用小张角波纹喇叭馈源以提高天线的极化鉴别率而增加了整个馈源系统的纵向长度，这种情况下通常采用长焦距环焦天线。天线主要的几何关系如下所述。

（1）环焦天线的焦距直径比 τ。

$$\tau = \frac{F}{D - D_s} \tag{12-14}$$

对于大型和中型卫星通信地球站天线，为降低天线副瓣电平，通常 $D_S/D \approx 0.1$。当选定 D、D_s 和 F 后，则由式（12-10）可求出

$$\theta_{vm} = 2\arctan\frac{D - D_s}{4F} \tag{12-15}$$

（2）选定馈源喇叭对副镜边缘的照射锥削和馈源喇叭的口面相差 ϕ_m 后，该照射电平所对应的空间因子。

$$u_m = ka_h\sin\theta_m'' \tag{12-16}$$

式中，θ_m'' 是副镜边缘与喇叭口面中心连线与喇叭轴的夹角。

如果选定 θ_m''，则

$$a_h = \frac{u_m}{k\sin\theta_m''} \tag{12-17}$$

一般 θ_m'' 可选在 $25° \sim 30°$ 之间。

如果选定 a_h，则

$$\theta_m'' = \arcsin\left[\frac{u_m}{2\pi}\frac{\lambda}{a_h}\right] \tag{12-18}$$

式（12-18）中，a_h 为馈源喇叭槽的内半径。

（3）由副镜边缘到波纹喇叭口面中心的斜距 R_0。

$$R_0 = \frac{D_s/2}{\sin\theta_m''} \tag{12-19}$$

（4）从喇叭相位中心至副镜边缘的斜距 R_1。

$$R_1 = \sqrt{R_0^2 + l^2 + 2R_0 l\cos\theta_m''} \tag{12-20}$$

（5）副镜边缘对喇叭相位中心的半张角。

$$\theta_m' = \arcsin\left[\frac{D_s/2}{R_1}\right] \tag{12-21}$$

（6）利用式(12-8)可计算出 θ_m。

$$\sin^2\theta_m = \frac{4\tan^2\dfrac{\theta_m'}{2}\sin^2\dfrac{\theta_{vm}}{2}}{\left(\sin\dfrac{\theta_{vm}}{2} - \tan\dfrac{\theta_m'}{2} - \cos\dfrac{\theta_{vm}}{2}\right)^2 + 4\tan^2\dfrac{\theta_m'}{2}\sin^2\dfrac{\theta_{vm}}{2}} \qquad (12-22)$$

$$\theta_m = \arcsin\left(\frac{2\tan\theta_m'^2\sin\dfrac{\theta_{vm}}{2}}{\left[\left(\sin\dfrac{\theta_{vm}}{2} - \tan\dfrac{\theta_m'}{2}\cos\dfrac{\theta_{vm}}{2}\right)^2 + 4\tan^2\dfrac{\theta_m'}{2}\sin^2\dfrac{\theta_{vm}}{2}\right]^{\frac{1}{2}}}\right) \qquad (12-23)$$

（7）将式(12-23)代入式(12-5)，求出副反射面的离心率 e，再利用式(12-4)求出放大因子 M。再由式(12-9)求出副反射面顶点到喇叭相位中心的距离 OT。由式(12-11)求出椭圆的焦距 OO'。由式(12-12)和式(12-13)分别求出椭圆的长轴 $2a$ 和 g。

长焦距环焦天线的全部几何参数已求得。

12.5　赋形环焦反射面天线

一般可以通过口径场的分布函数和馈源的方向性函数来确定赋形环焦天线的曲面。选择较均匀分布的口径场可以提高环焦天线的效率。

图 12.5-1 为环焦天线的赋形坐标系，图中各参数几何意义如下：

(x,z)代表主面上任意一点的坐标位置；(x_s,z_s)代表副面上任意一点的坐标位置；(x_m,z_m)代表主面边缘坐标；(x_{sm},z_{sm})代表副面边缘坐标；O代表馈源相位中心，也是副面椭圆的一个焦点；r_m是副面边缘到焦点的距离；r是副面上的点(x_s,z_s)到焦点的距离；

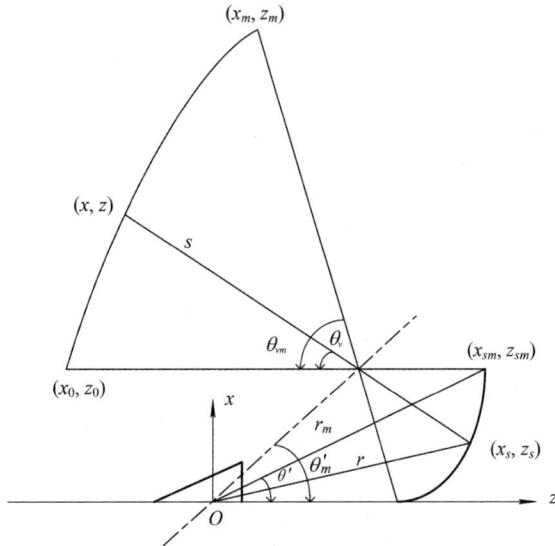

图 12.5-1　环焦天线的赋形坐标系

s 是主面上的点 (x,z) 到副面上的点 (x_s,z_s) 之间的距离；θ 是副面上任意一点 (x_s,z_s) 与焦点连线与 z 轴的夹角；θ_m 是馈源相位中心对副面边缘的半照射角；θ_v 是主面上任意一点 (x,z) 与副面上任意一点 (x_s,z_s) 与 z 轴的夹角；θ_{vm} 是主面边缘 (x_m,z_m) 与副面边缘 (x_{sm},z_{sm}) 连线与 z 的夹角；D 是主面直径；D_s 是副面直径。由图 12.5-1 可知

$$\tan\theta_v = \frac{x-x_s}{z_s-z} \tag{12-24}$$

当 $\theta_v = \theta_{vm}$ 时，可以得到

$$\tan\theta_{vm} = \frac{x_m}{r_{\min}-z_m} \Rightarrow \theta_{vm} = \arctan\left(\frac{x_m}{r_{\min}-z_m}\right) \tag{12-25}$$

由式 (12-24) 和式 (12-25) 可以得出

$$z = z_s - (x-x_s)\cot\theta_v \Rightarrow z_m = r_{\min} - x_m\cot\theta_{vm} \tag{12-26}$$

从图 12.5-1 可知

$$\begin{cases} r_m = \dfrac{x_{sm}}{\sin\theta_m'} \\[2mm] z_{sm} = r_m\cos\sin\theta_m' \end{cases} \tag{12-27}$$

环焦反射面的射线光程条件为

$$c = r + s - z \tag{12-28}$$

结合图 12.5-1 中环焦反射面的几何关系

$$\begin{cases} s = c - r + z \\[2mm] s = \dfrac{x-x_s}{\sin\theta_v} \end{cases} \Rightarrow c = r_{\min} + \dfrac{x_m}{\sin\theta_{vm}} - z_m \tag{12-29}$$

由能量守恒定律可知，馈源照射到副面 θ_m' 角度范围内的能量和主面 x_0 到 x_m 范围内的能量相等

$$\int_{x_0}^{x} F^2(x)x\,\mathrm{d}x = A\int_{\theta}^{0} f^2(\theta')\sin\theta'\,\mathrm{d}\theta' \tag{12-30}$$

其中，$A = \dfrac{\displaystyle\int_{x_0}^{x_m} F^2(x)x\,\mathrm{d}x}{\displaystyle\int_{\theta_m'}^{0} f^2(\theta')\sin\theta'\,\mathrm{d}\theta'}$ 。

由式 (12-30) 得

$$\frac{\mathrm{d}x}{\mathrm{d}\theta'} = -A\frac{f^2(\theta')\sin\theta'}{F^2(x)x} \qquad (x\,|_{\theta'=\theta_m'} = x_0) \tag{12-31}$$

副反射面表面的反射定律为

$$\frac{r\,\mathrm{d}r}{r\,\mathrm{d}\theta} = \tan\frac{\theta_v+\theta'}{2} = \frac{\tan\dfrac{\theta_v}{2} + \tan\dfrac{\theta'}{2}}{1 - \tan\dfrac{\theta_v}{2}\tan\dfrac{\theta'}{2}} \tag{12-32}$$

$$\begin{cases} \sin\theta_v = \dfrac{x - r\sin\theta'}{s} \\[3mm] \sin\theta_v = \dfrac{r\cos\theta' - z}{s} \end{cases} \tag{12-33}$$

$$\tan\frac{\theta_v}{2}=\frac{\sin\theta_v}{1+\cos\theta_v}=\frac{x-r\sin\theta'}{c-r(1-\cos\theta')} \tag{12-34}$$

将式(12-34)代入到式(12-32)中计算得

$$\frac{\mathrm{d}r}{r\,\mathrm{d}r}=\frac{x+(c-2r)\tan\dfrac{\theta'}{2}}{c-x\tan\dfrac{\theta'}{2}}\qquad(r\mid_{\theta'=\theta'_m}=r_m) \tag{12-35}$$

将式(12-31)与式(12-35)联立构成求解 x、r 的方程组

$$\begin{cases}\dfrac{\mathrm{d}x}{\mathrm{d}\theta'}=-A\,\dfrac{f^2(\theta')\sin\theta'}{F^2(x)x} & (x\mid_{\theta'=\theta'_m}=x_0)\\[4mm]\dfrac{\mathrm{d}r}{r\,\mathrm{d}r}=\dfrac{x+(c-2r)\tan\dfrac{\theta'}{2}}{c-x\tan\dfrac{\theta'}{2}} & (r\mid_{\theta'=\theta'_m}=r_m)\end{cases} \tag{12-36}$$

利用上式求得 x、r 后,可以代入相关方程求出其他几何参数。

环焦反射面天线有两种,一种是环焦副面结构,即椭球面;另一种副面结构是双曲面,此处所述的设计方法适用于前者。基于椭球面的副反射面有两个焦点,其中一个焦点位于 z 轴上,与馈源的相位中心重合;另一个焦点位于抛物面的焦点 O' 上,O' 绕 z 轴旋转形成闭合的圆弧。赋形后,O 点保持不变,而 O' 点变成了 O' 附近的焦线,所以旋转后形成一个圆环,即形成所谓的“焦环”。

环焦反射面的赋形通常还需要考虑赋形频率的选择。传统形式的反射面天线如卡塞格伦与格里高利形的赋形反射面考虑接收端 G/T 值,通常选择低频为赋形频率。而环焦天线赋形频率的选择的主要考量因素是初级馈源如波纹喇叭等的主波束辐射的能量经副反射面尖顶反射后分布于主反射面的边缘部分,而非副反射面在主反射面投影的外部。综合这些因素,一般采用高频赋形法,同时赋形后需计算低频的 G/T 值。

12.6　环焦反射面天线实例

本节给出环焦反射面天线的一个实例,天线指标如下:
(1) 工作频率:10.7~14.5 GHz。
(2) 天线极化方式:线极化。
(3) 驻波比:<1.5。
(4) 副瓣:<−14 dB。

12.6.1　环焦反射面天线实例介绍

图 12.6-1 为环焦反射面天线示意图,其中图 12.6-2(a)为天线的侧视图,图(b)为天线的俯视图,图(c)为天线的馈源结构图。图中可以清晰地观察到副面与馈源之间的支撑结

构没有采用传统的金属支撑臂，而是采用了 $\varepsilon_r = 2.53$ 的介质天线罩作为副面的支撑结构。馈源采用波纹喇叭作为副面的照射器，在喇叭中心圆波导末端设有小张角过渡结构，后端连接轴向槽波纹，波纹深度逐层递减。如图 12.6 - 2(c)所示，最外环的波纹高度低于内层，该结构主要用于固定介质套筒，介质套筒对副反射面起到支撑作用。在环焦反射面的背面，与馈源喇叭中心圆波导直接相连的是正交模耦合器(OMT)，其目的是采用极化分离的方式使环焦反射面工作在接收频段(10.7～12.7 GHz)和发射频段(13.75～14.5 GHz)内。

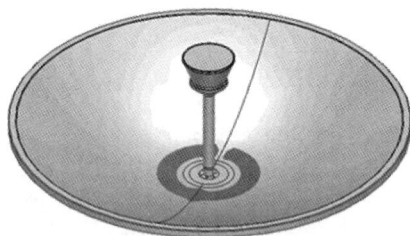

图 12.6 - 1　环焦反射面天线

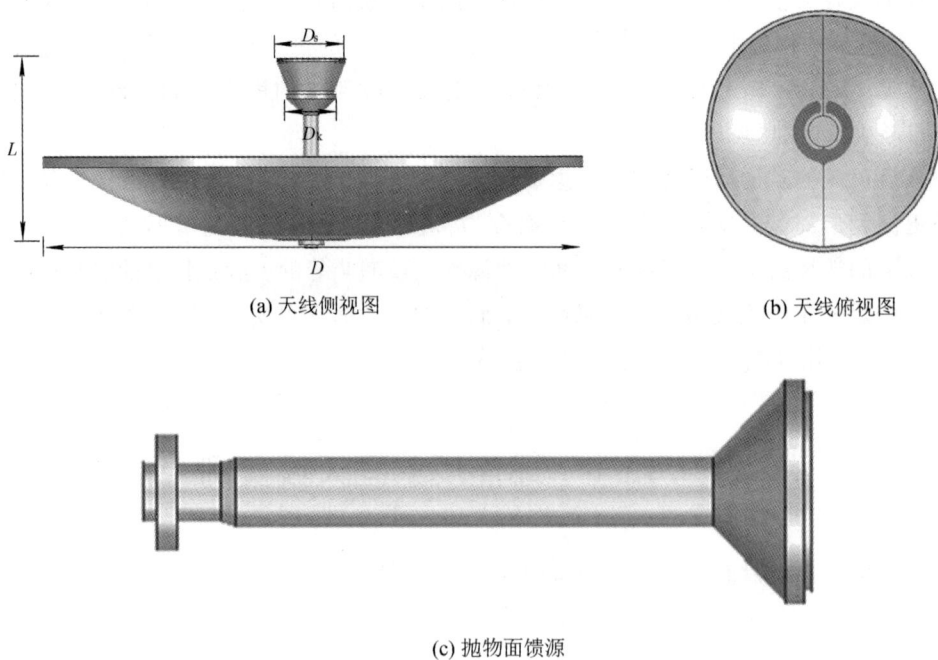

(a) 天线侧视图

(b) 天线俯视图

(c) 抛物面馈源

图 12.6 - 2　天线结构

　　由于设计指标对旁瓣电平有严格要求，因此对环焦反射面进行赋形设计来实现改善天线的近轴旁瓣水平，以此提高天线口径效率的目的。双反射面的口面场分布直接决定了天线的辐射性能，例如，低旁瓣水平、高增益、低交叉极化等关键特性。因此需要选择合适的口面场分布函数，根据环焦反射面的几何特性、结构表面的反射定理以及能量守恒定律建立赋形方程，求解后可得赋形曲线。

表 12.6 - 1 为天线主要参数。

表 12.6 - 1　天 线 参 数

参　　　数	数　　　值
焦径比	0.35
D/m	1.0
D_s/m	0.1
L/m	0.354
D_k/m	0.096

12.6.2　环焦反射面天线实例结果分析

图 12.6 - 3 给出环焦反射面在 10.7～14.5 GHz 的端口电压驻波比特性，可以看到接收频段电压驻波比小于 1.3，发射频段电压驻波比小于 1.2，在整个工作频段内均能够满足设计指标。

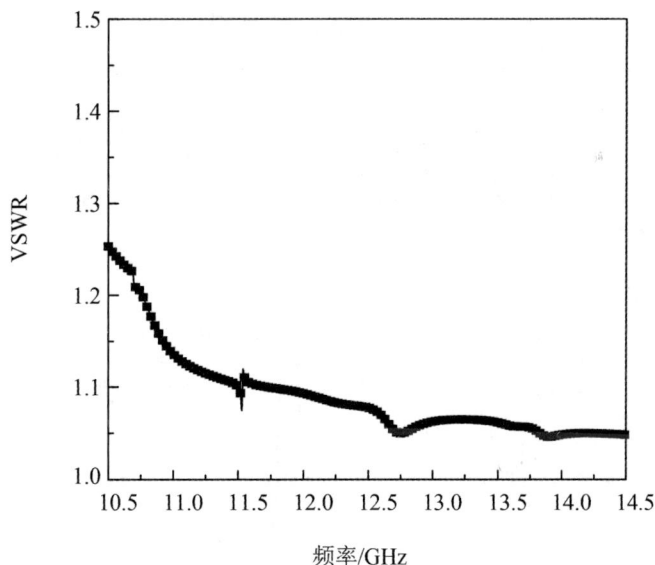

图 12.6 - 3　端口电压驻波比

表 12.6 - 2 列出了环焦天线的增益、第一旁瓣电平、交叉极化的测试数据。从表中可以看出，赋形后的环焦反射面在收发频段的 7 个频点上，测试的第一旁瓣优于 −15.0 dB，交叉极化优于 31.0 dB，天线的口径效率优于 58%，在 13.75 GHz 口径效率最高，达到了 65.5%。

图 12.6 - 4 给出了环焦天线不同频点的辐射方向图，其具有明显的针状窄波束特征。

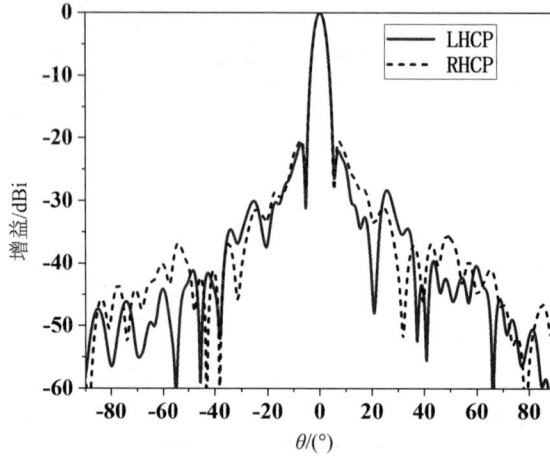

(a) 16.2 GHz

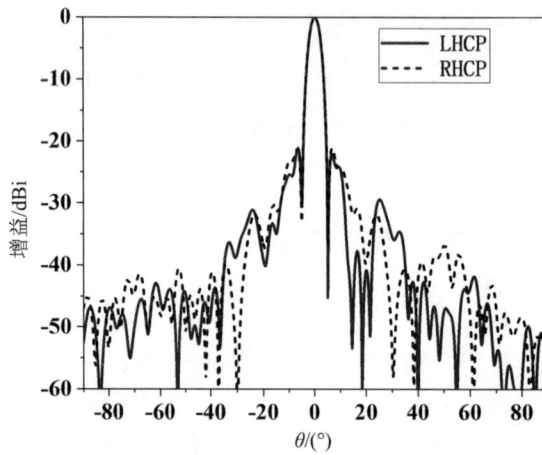

(b) 16.7 GHz

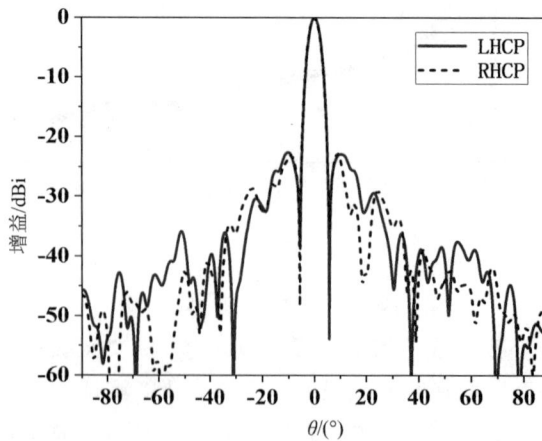

(c) 17.2 GHz

图 12.6 - 4　天线辐射方向图

表 12.6 - 2 测 试 数 据 表

频点 / GHz	增益 / dBi	E 面第一旁瓣电平 / dB	H 面第一旁瓣电平 / dB	E 面交叉极化 / dB	H 面交叉极化 / dB
10.75	38.69	−17.19	−15.28	−31.73	−38.13
11.75	39.67	−19.62	−18.47	−36.06	−45.87
12.75	40.4	−16.9	−15.0	−38.37	−42.99
13.75	41.33	−16.6	−15.6	−39.45	−30.18
14.0	41.35	−16.74	−19.64	−38.71	−35.31
14.25	41.57	−16.57	−17.34	−47.1	−40.93
14.5	41.38	−15.76	−15.54	−38.84	−36.22

环焦天线反射面实物图如图 12.6 - 5 所示。

图 12.6 - 5 环焦天线反射面实物

随着卫星通信需求的快速增长，为了避免其他干扰引发接收误码和信号波动，对卫星通信中天线的旁瓣包络提出了严格要求。标准反射面天线，如卡塞格伦天线、格里高利天线等，它们的口面场分布是均匀的，其辐射方向图不能满足现在对卫星通信地面站的旁瓣规范。为了实现低副瓣的目标，需要对反射面天线的主面和副面进行赋形设计。所以利用赋形方程设计高效率、低副瓣的赋形反射面天线具有广阔的应用前景。

参 考 文 献

[1]　魏文元，宫德明，陈必森. 天线原理[M]. 北京：国防工业出版社，1984.

[2]　汪茂光. 天线基本理论与线天线[M]. 西安：西北电讯工程学院. 1977.

[3]　ELLIOTT R S. Antenna Theory and Design[M]. New Jersey：Prentice-Hall 1981.

[4]　KRAUS J D. Antennas[M]. New York：McGraw-Hill，1950.

[5]　LOVE A W. Electromagnetic Horn Antenna[M]. New York：IEEE Press，1976.

[6]　SCHORR M C，BECK E J. Electromagnetic field of the conical horn[M]. [S. L.]：Journal of Applied Physics，1950.

[7]　杨可忠，杨智友，章日荣. 现代面天线新技术[M]. 北京：人民邮电出版社，1993.

[8]　KUMAR A，HRISTOV H D. Microwave Cavity Antennas[M]. Boston：Artech House，1989.

[9]　BURBERRY R A. VHF and UHF Antennas[M]. London：Peter Peregrinus，1992.

[10]　HANSEN R C. Microwave Scanning Antennas：Vol. II[M]. New York：Academic Press，1966.

[11]　叶尚辉，李在贵. 天线结构设计[M]. 西安：西北电讯工程学院出版社，1985.

[12]　王景泉. 通信卫星天线技术的新发展[M]. 中国航天. 1996.

[13]　OLVER A D. Microwave Horn and Feeds[M]. New York：IEEE Press，1994.

[14]　SILVER S. Microwave Antenna Theory and Design[M]. New York：McGraw-Hill，1949.

[15]　LOVE A W. Reflector Antennas[M]. New York：IEEE Press，1978.

[16]　POPOVICH B. Synthesis of an aberration corrected feed array for spherical reflector antennas [J]. IEEE/APS Symposium Digest，1983.

[17]　黄立伟，金志天. 反射面天线[M]. 西安：西北电讯工程学院出版社，1986.

[18]　林昌录. 天线工程手册[M]. 北京：电子工业出版社，2002.

[19]　WALTERS C H. Traveling Wave Antennas[M]. New York：1970.

[20]　HARRINGTON R F. Time-Harmonic Electromagnetic Fields[M]. New York：McGraw-Hill，1961.

[21]　BEVERAGE H H. RICE C W. KELLOGG E W. The wave antenna：a new type of highly directive antenna[J]. AIEE Transactions，1923.

[22]　张天龄. 赋形反射面天线及馈源系统研究[D]. 西安：西安电子科技大学，2011.

[23]　RUMSEY V H. Frequency independent antennas[J]. IRE National Convention Record，1957，114-118.

[24]　CORZINE R G. MOSKO J A. Four-Arm Spiral Antennas[M]. Boston：Artech House，1990.

[25]　DUHAMEL R H. Dual polarized sinuous antenna[M]. U. S，1987.

[26]　GUPTA K C，GARG R，CHADHA R. Computer Aided Design of Microwave

Circuits[M]. Boston: Artech House, 1981.

[27]　CARREL R L. The design of log-periodic dipole antennas[J]. IRE National Convention Record, 1961.

[28]　INGERSON P G. Modulated arm width spiral antenna[P], U. S. patent 3, 681, 772, 1972.

[29]　KAISER J A. The Archimedean two-wire spiral antenna[J]. IRE Transactions on Antennas and Propagation, 1960, 8: 312-323.

[30]　LUDWIG A C. The definition of cross polarization[J]. IEEE Transactions on Antennas and Propagation, 1973, 21(1): 116-119.